LECTURES
SUR
L'HISTOIRE NATURELLE
DES ANIMAUX

SUIVIES D'UN VOCABULAIRE DES MOTS TECHNIQUES
EMPLOYÉS DANS L'OUVRAGE

PAR

PAUL BERT
Membre de l'Institut, professeur à la Faculté des Sciences de Paris

OUVRAGE CONTENANT 75 GRAVURES

PARIS
LIBRAIRIE HACHETTE ET Cie
79, BOULEVARD SAINT-GERMAIN, 79

LECTURES

SUR

L'HISTOIRE NATURELLE

DES ANIMAUX

Les mots suivis d'un astérisque (*) sont expliqués dans le Vocabulaire technique placé à la fin du volume.

4888. — Imprimerie A. Lahure, rue de Fleurus, 9, à Paris.

LECTURES

SUR

L'HISTOIRE NATURELLE

DES ANIMAUX

SUIVIES D'UN VOCABULAIRE DES MOTS TECHNIQUES
EMPLOYÉS DANS L'OUVRAGE

PAR

PAUL BERT

Membre de l'Institut, professeur à la Faculté des Sciences de Paris

OUVRAGE CONTENANT 75 GRAVURES

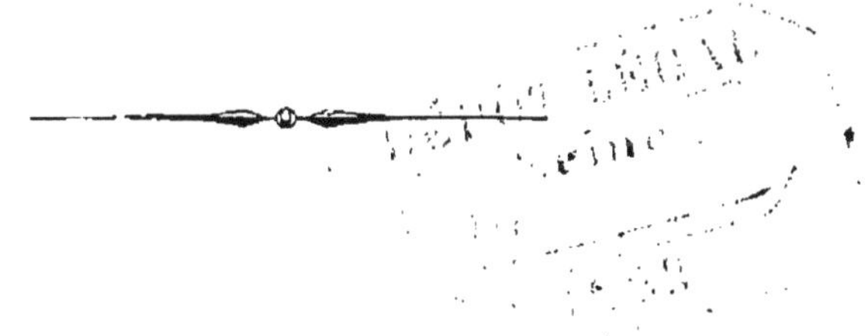

PARIS

LIBRAIRIE HACHETTE ET Cie

79, BOULEVARD SAINT-GERMAIN, 79

1882

AVANT-PROPOS

Je disais dans la Préface de mes *Premières notions de Zoologie :*

« Il est telle de mes leçons qui pourra alimenter une dizaine d'entretiens.

« C'est dans les livres de voyages surtout qu'on trouvera, non théoriques et froids, mais vivants, pittoresques, en pleine réalité, les développements nécessaires. Aussi j'appelle de tous mes vœux la publication d'extraits, de récits authentiques sur les chasses, les pêches, les animaux domestiques des peuples étrangers. Je dis *extraits* et non pas *abrégés*, l'abrégé étant presque toujours sec, ennuyeux, incolore. »

Ce sont ces extraits, ces récits, que je me suis décidé à rassembler moi-même. Le choix n'a pas été sans difficultés, à cause de l'abondance des matériaux, et je dois quelque explication sur les principes qui l'ont dirigé.

Ma première idée avait été de mettre en scène le plus grand nombre possible d'animaux. Mais je dus y renoncer bientôt; ces changements incessants de sujets fatiguaient l'esprit, comme les papillotements d'une lumière fatiguent l'œil. D'autre part, la brièveté nécessaire des récits donnait à leur série une rebutante sécheresse.

Je me décidai alors à ne parler que de quelques animaux, les plus importants par les services qu'ils rendent à l'homme ou les dangers qu'il lui font courir, et à donner alors sur eux assez de détails pour intéresser à leur histoire et la faire bien connaître.

Je choisis encore ces animaux parmi les plus caractéristiques des diverses grandes régions du globe, et j'adoptai pour la disposition des récits l'ordre géographique. C'est qu'à mon sens l'histoire naturelle ne doit pas seulement servir à la connaissance des êtres vivants considérés en eux-mêmes, elle doit encore animer et faire vivre la géographie. Il ne suffit pas que les divers pays se présentent à l'esprit de l'enfant avec leur disposition physique, le relief du sol, la distribution des eaux, et même les villes, les canaux, les limites politiques : il faut encore qu'ils se peuplent de leur végétation et de leurs habitants animés. C'est à ce prix seulement que l'élève s'intéresse à l'histoire physique des diverses régions du globe.

Certes il y a de quoi intéresser et presque émouvoir un enfant en décrivant l'énorme chaîne de l'Himalaya, avec les hauts plateaux du « Toit du Monde » qui la continuent au nord, avec ses pics si élevés que l'air y manquerait à l'homme qu'un pouvoir magique y aurait transporté; avec les deux grands fleuves qui la longent au nord et au sud, avant de se réunir en un vaste delta, et la fente prodigieuse à travers laquelle passe le Satledj, portant à la mer d'Oman les eaux du lac sacré de Mansaraour.

Mais combien cette description le frappera davantage encore, s'il voit, par la pensée, les bandes de yaks et d'argalis paissant sur les hautes régions, tandis que dans les vallées pleines de cerfs, d'antilopes, de singes, de sangliers, de loups, d'ours, de léopards, rugissent les tigres, rampent d'innombrables serpents, et se prélassent, en brisant comme des roseaux des arbres robustes, les troupeaux d'éléphants !

Cette vie donnée par l'histoire naturelle à la géographie ne doit pas servir seulement à l'instruction de l'enfant. Il me semble qu'elle doit surexciter sa curiosité et lui inspirer l'ardent désir de voir par lui-même ces régions merveilleuses ou redoutables, mais toujours attrayantes. Si quelque chose peut faire revivre en ce pays l'esprit de voyages et même d'aventures qui était jadis une des forces de notre nation, c'est cette méthode d'enseignement pour l'histoire de la Terre.

Je serais très fier que ce petit livre pût contribuer à ce renouveau. C'est pour y essayer que j'ai fait précéder pour chaque contrée les récits qui ont pour objet l'histoire d'un animal déterminé, d'impressions générales sur la faune et l'aspect du pays. Il est impossible qu'un enfant à l'imagination un peu chaude ne soit pas très impressionné par le vivant récit de la promenade nocturne de M. Trémaux sur les bords du haut Nil (p. 65), et qu'il ne ressente bien plus sûrement tout ce qu'il lira désormais sur la vie animale en Afrique.

Il me reste à remercier les voyageurs qui m'ont permis de mettre leurs œuvres à contribution, et je le fais de grand cœur.

Auxerre, 14 juillet 1882.

PAUL BERT.

LECTURES

SUR

L'HISTOIRE NATURELLE DES ANIMAUX

POLE NORD

Les âpres régions du Pôle nord, malgré leurs glaces éternelles, ne sont pas toujours et partout des solitudes inhabitées. Bien loin de là : quand la vie y est possible, les animaux se montrent variés et nombreux.

Les baleines, les dauphins et autres *cétacés* se jouent dans les eaux libres; les phoques et les morses se hissent et se traînent sur les glaçons, digérant le poisson qu'ils ont dévoré, au grand risque de se faire happer par l'ours blanc toujours en quête d'une proie.

Partout où apparaissent des traces de végétation, les troupeaux de rennes et de bœufs musqués accourent pour paître.

Les oiseaux forment d'innombrables essaims autour des rochers où ils nichent au printemps; il n'est pas jusqu'aux moustiques qui pullulent quand la saison cesse d'être absolument glaciale, et se rendent presque aussi incommodes aux voyageurs que dans les contrées chaudes.

Une belle journée de chasse.

Le mois de juillet s'ouvre avec un ciel bleu, le soleil et une température d'été. D'ailleurs, accalmie* complète : la mer est unie comme un miroir, les glaçons y brillent comme des diamants à côté d'émeraudes. Notre dîner venait justement de finir, lorsque le lieutenant descendit me demander si je voulais tuer un « kobbe » (phoque). Je prends vite mon fusil et le suis. A notre portée, sur la glace, un grand phoque hume le soleil ; je tire, mais la balle ne fait que le blesser ; il disparaît soudain dans son trou, laissant sur les glaçons une large traînée de sang. Je prends ma revanche sur un autre, vers lequel je rame sans bruit ; un premier coup le blesse au dos, le second projectile l'étend raide mort ; c'est le plus grand mammifère que j'aie tué, en attendant mieux.

Une brise légère souffle de temps en temps. Les « Montagnes aux oiseaux » apparaissent au loin.

Le 2 juillet, le *Pröven* jette l'ancre vers les quatre heures du matin : la longue-vue vient de nous faire découvrir à terre quatre magnifiques rennes en train de brouter paisiblement. Notre alimentation s'était trouvée trop bornée aux salaisons et aux conserves pour que nous ne languissions pas après un menu plus varié ; aussi saisissons-nous avec empressement l'occasion de nous ravitailler de chair fraîche. Accompagné d'un de nos hommes, le brave Nils, je m'élance en canot vers le rivage convoité.

Un brouillard intense dérobe notre approche à l'ennemi. Mais, comme par un coup de baguette, il se dissipe bientôt, dévoilant le plus étrange spectacle qui ait jamais frappé mes regards. Tout près du *Pröven*, que nous venons de quitter, et des deux côtés, nous voyons soudain se dresser deux montagnes resplendissantes, plongeant leurs flancs abrupts dans la mer. Les assises échelonnées du rocher sont littéralement couvertes à perte de vue de myriades d'oiseaux : à leur plumage d'un noir d'ébène sur le dos et blanc au-dessous, à leur vol, ou à leur position verticale lorsqu'ils sont en repos et à leurs cris, on reconnaît le petit *guillemot*. Ils se tiennent sur les saillies de la montagne, graves, impassibles, pressés les uns contre les autres, couvant chacun son œuf. D'autres s'élèvent dans les airs en troupes innombrables, mais toujours en ne formant qu'une seule ligne : vus de notre canot et brillant des rayons du soleil qu'ils nous interceptent, on dirait d'immenses colliers de perles qu'une main invisible promène dans l'espace. Parmi eux, on distingue çà et là la *mouette*

Guillemot.

à trois doigts, et bien haut dans le ciel, le *goéland bourgmestre*. Sur les vagues soulevées en cadence, d'autres guillemots encore semblent prendre plaisir à se laisser mollement bercer ou à plonger le bec dans l'eau pour pêcher leur nourriture. D'autres enfin, enflammés de colère, se livrent un combat à outrance, ordinairement terminé par l'intervention d'un voisin pacifique qui oblige les belligérants à conclure la paix ; ces querelles commencent presque toujours sur les corniches de la montagne, entre deux voisins en train de couver, mais le défaut de place les oblige à chercher sur mer un plus vaste champ de bataille.

La gent ailée s'unit pour former un étrange concert : on croirait entendre les aboiements frénétiques d'une meute affamée ou parfois le grondement du tonnerre répercuté dans les montagnes.

Plus loin, nous avons devant nous tout un banc de *dauphins* blancs, qui, au nombre de plusieurs centaines, agitent l'eau avec la violence d'une tempête. Notre canot passe au milieu d'eux et nous les voyons défiler en paix sans qu'ils songent à nous, car, comme on nous l'a enseigné au collège :

> Cet animal est très ami
> De notre espèce ; en son histoire
> Pline le dit ; il faut le croire.

Les uns étaient des jeunes apparemment, à en juger par leurs dimensions moindres et leur couleur grisâtre ; les adultes ont, en effet, la peau d'un blanc éclatant et irisant. La plupart atteignaient une longueur de quatre à cinq et même six mètres. Ils nagent avec le dos tantôt au-dessus, tantôt au-dessous de la surface de la mer : dans ce dernier cas, ils font parfois entendre un son étrange bien connu des pêcheurs du nord. J'envoie une balle à tout hasard sur l'un d'eux, mais sans résultat : comme on le sait, ces mammifères ne sont vulnérables qu'à un seul endroit, l'œil, remarquablement petit par rapport à la grande dimension du corps.

Aussitôt débarqués, nous halons notre canot sur la plage et nous nous mettons en marche. Partout et toujours des oiseaux ! Voici une troupe d'oies d'Écosse au cou noir, et, plus loin du bord, des oies sauvages.

Cependant le soleil est devenu d'une ardeur surpre

Volées de Guillemots.

nante; j'avoue qu'à cette haute latitude (72°) cela me fait l'effet d'un non-sens ou d'un rêve. Et pourtant rien de plus réel : nous sommes en nage. Il est vrai que nous portons de la laine, et que nous nous frayons une route par monts et par vaux; tantôt ce sont des torrents qu'il faut traverser à gué, tantôt c'est un plateau de terre glaise où nous nous embourbons à tout moment.

« Docteur, me dit tout bas Nils en me tirant brusquement par la manche. — Eh bien? — Voyez-vous là-bas? — Quoi donc? » Et se rapprochant encore davantage : « *En ræv* (un renard)! » me glisse-t-il dans le creux de l'oreille. En effet, j'aperçois à quelque distance un superbe isatis. Par bonheur, le fin matois ne nous a pas remarqués; je puis l'observer tout à loisir et l'admirer dans son costume d'été, je veux dire dans son manteau de velours noir aux pans fauves. Comme on le sait, en hiver il porte un pelage tout blanc, qu'apprécient fort les marchands de fourrures. D'ailleurs il est en tout point semblable à ses parents du monde civilisé et n'a perdu en ces hautes régions aucune des qualités propres à sa race. Le museau incliné vers le sol, il bondit tantôt d'un côté, tantôt de l'autre ; notre rusé compère fait évidemment la chasse aux *lemmings**. Soudain, il disparaît derrière une colline; nous y courons, mais du renard point de nouvelles! Son flair subtil lui a dénoncé notre présence et il a détalé prudemment et lestement. Au bout de quelques instants, nous le revoyons au loin, fuyant d'une course désespérée vers les montagnes. Néanmoins je m'estime heureux d'avoir pu voir en liberté cet animal qui n'appartient qu'au haut Nord. Il se rencontre souvent dans les parties septentrionales de la Scandinavie, mais ce n'est que sur les montagnes les plus élevées, dans le voisinage des neiges éternelles, de sorte qu'il échappe facilement à l'observateur. Cependant on cite des isatis qui sont descendus vers le sud de la Suède, et même jusqu'au Sund. C'est le plus grand ennemi des oiseaux de ces hauts parages; il s'en donne à bouche que veux-tu pendant l'été; l'hiver, qui le prive de cette pâture, le fait maigrir extraordinairement.

Nous reprenons notre marche. Le brave Nils, toujours sur le qui-vive, avance avec circonspection, s'assurant de temps à autre avec son arme de la fermeté de cette croûte congelée. Tout à coup il jette un cri d'effroi : je viens de disparaître subitement dans une de ces ouvertures; en voulant la franchir d'un bond, mon pied s'appuie sur un quartier de glace qui cède, et je tombe comme une lettre à la poste. La chute heureusement est amortie par l'eau, profonde d'un demi-mètre; mon compagnon se couche tout de son long, me tend les mains et je reparais bientôt au soleil, joyeux d'en être quitte pour un bain froid seulement. Si l'eau eût été assez profonde pour me faire perdre pied, la situation n'eût pas laissé que d'être critique, car, tout près de là, le glacier se termine à pic dans la mer et le torrent y forme une puissante cataracte.

Après avoir remis mon fusil en état et vidé mes grandes bottes de marin, nous continuons notre marche. Du sommet d'un monticule, nous apercevons enfin, mais hors de notre portée, un renne qui paît en toute innocence sur le bord de la mer. Nous avançons à pas de loup, profitant du vent contraire qui nous empêche d'être trahis par le flair extrêmement sensible du renne. Nous sommes loin d'être aussi bien favorisés par le sol, formé d'un schiste qui s'effrite sous nos pas, en cliquetant contre nos grandes bottes. Nous approchons enfin du dernier sommet; encore un effort et nous y serons.... mais il faut redoubler de circonspection, ramper jusqu'en haut, en retenant le souffle.... et voici que nous apercevons dans le ravin, non pas un, mais quatre *rennes*, dont deux grands ornés d'un bois splendide; d'après leur taille, les deux autres sont évidemment de jeunes rennes. La distance est pourtant encore trop grande pour nos fusils. Nouveau conseil de guerre: l'ami Nils a sa marotte; il penche pour l'expectative, estimant qu'il vaut mieux attendre pour voir quelle direction prendront les rennes; il me fait un raisonnement à n'en plus finir, tout en s'étendant de son long sur le sol et en se délectant comme un phoque dans un *dolce far-niente**, aux doux rayons du soleil.

Les rennes se dirigent enfin à notre gauche, vers la crête d'une montagne qui s'étend transversalement devant nous. Nous nous glissons derechef par le chemin que nous avions pris pour monter; servis à souhait par un rocher qui surplombe l'abîme et voile notre marche, nous tenons bientôt nos rennes à portée de fusil. Autre arrêt pour concerter le plan d'attaque : Nils, armé de mon remington, tirera sur le plus grand renne, qui est le plus éloigné, tandis que je me charge de l'animal le plus rapproché. Aussitôt dit, aussitôt fait; deux coups partent simultanément et font deux victimes : les autres rennes s'enfuient vers les hauts sommets. Nous accourons, sans contenir notre joie. Mon renne a été tué sur place; c'est un jeune faon d'un an ou deux. Celui de Nils, d'une belle taille, se traîne avec peine vers le glacier qui se trouve sur le versant opposé, mais mon compagnon ne lui laisse pas le temps d'aller bien loin : d'un coup de couteau, il met un terme aux souffrances du pauvre animal.

Quel spectacle, pour un chasseur, que ces deux rennes étendus sur ce champ de neige resplendissant au soleil! Nils se met vite en besogue; il étend les victimes sur le dos en les appuyant sur leurs bois, ainsi que cela se pratique dans le Nord, et en un tour de main il les ouvre, leur enlève les viscères, sans quoi la chair de l'animal deviendrait bientôt hors d'emploi. Des mouettes-sénateurs viennent bientôt voltiger autour de nous, curieuses d'assister à une scène qui leur offre apparemment tout le charme de la nouveauté.

Nos rennes n'avaient pas encore quitté leur pelage d'hiver, qui est presque tout à fait blanc. Les poils touffus étaient pourtant si peu enracinés, qu'on pouvait sans effort les prendre à poignées, découvrant au-dessous la peau d'un gris brun, — leur costume d'été. Les bois

Rennes sauvages.

sont encore recouverts de peau, ce qui est toujours le cas des cerfs tant qu'ils n'ont pas atteint tout leur développement de l'année. Mais le renne s'écarte de ses congénères*, en ce que les femelles aussi portent des bois. Nos victimes ressemblent aux rennes sauvages de la Norvège et de la Sibérie, et comme eux se distinguent de ceux du Spitzberg par des jambes plus longues et un corps plus grand. En automne, ces cerfs du Nord deviennent excessivement gras, à la Nouvelle-Zemble comme au Spitzberg.

Nous dirigeant vers la mer, nous arrivons à l'*Alkberg* (c'est-à-dire mont des Guillemots), que nous avons aperçu en quittant le *Pröven*. Notre faim apaisée, grâce aux œufs de ces oiseaux, — c'est un mets des plus friands, — et notre soif étanchée dans l'eau d'un torrent voisin, je reste longtemps penché sur le bord de l'abîme, contemplant la république volatile.

Aussi loin que peut s'étendre ma vue, les saillies des rochers à pic sont occupées par des files innombrables de guillemots, si serrés les uns contre les autres, qu'il n'y a pas entre eux de quoi placer la main : dans un espace de cent mètres carrés environ, j'estime approximativement qu'il se trouve cinq cents oiseaux. Ce n'est donc pas exagérer que d'évaluer par millions la totalité des individus réunis ici.

L'heure nous rappelle au *Pröven*. Laissant nos rennes pour venir les rechercher plus tard avec un bateau, nous rejoignons nos amis juste à temps pour partager leur déjeuner.

Dans l'après-midi, nous descendons au fond de la mer quelques guillemots dans un grand filet fixé à un anneau de fer de soixante centimètres de diamètre. Au bout d'une heure, le filet est brusquement ramené à bord, non seulement avec le squelette des oiseaux, mais encore avec des centaines d'amphipodes*. Nous avons employé ces filets, avec de pareils appâts, pour la capture d'animaux marins; c'est presque le seul moyen qui réussisse pour prendre de grands crustacés* de l'ordre des Décapodes*.

Le soir, notre maître-queux* nous sert en triomphe un succulent rôt de renne; ce gibier rappelle assez le chevreuil.

(NORDENSKIOLD*, *Expédition polaire de* 1875.)

Ours polaire.

L'ours polaire — à tout seigneur tout honneur ! — a une robe duveteuse d'un blanc jaunâtre et un museau noir qui tranchent de très loin sur les plaines de glace. Il pèse de dix à douze quintaux, et surpasse de beaucoup en grosseur les échantillons de sa race qui se trouvent dans nos ménageries et nos jardins zoologiques. Il est vrai que ceux-ci, emmenés jeunes en Europe, y dépérissent, faute de rencontrer des conditions favorables à leur développement. Cet animal, comme puissance et férocité, ne le cède ni au lion ni au tigre ; mais la zone glacée où il vit lui refroidit singulièrement le sang, le rend circonspect et plein de défiance.

Sa nourriture de prédilection, c'est le veau marin. Il le guette aux fentes des glaces, sur les blocs flottants où cet animal se chauffe au soleil, et fond sur lui avec l'astuce du tigre, dont il a d'ailleurs l'approche sournoise et silencieuse. Il poursuit également les phoques lorsqu'ils plongent; car c'est un nageur consommé, et il n'y a que le renne qui le surpasse en vélocité. Il grimpe aux parois déchiquetées des rochers, et court sur les aspérités de la glace avec une habileté féline, qu'il doit aux rugosités de la plante de ses pieds, à ses griffes et au pelage de ses pattes.

Il tue sa proie avant de la dévorer, mais il aime à jouer d'abord avec elle. Il se laisse porter jusqu'en Islande sur les glaçons qui suivent le courant polaire. On le voit souvent à plusieurs lieues de la côte. Il nage vers les chaloupes et les navires jusqu'à ce qu'on le chasse à coups de fusil. Ce grand mangeur de phoques ne dédaigne pas non plus les mets délicats : il est très friand d'œufs de canard ; en quelques heures il en nettoie complètement un îlot.

Somme toute, c'est un compagnon dont la rencontre est scabreuse au milieu de la nuit polaire ; son premier mouvement peut être de vous prendre pour un veau marin, et, s'aperçût-il ensuite de son erreur, il est trop tard. Un fusil et de bonnes cartouches, voilà le plus sûr moyen de ne point faire connaissance avec ses dents longues de deux pouces.

Cet animal est pourtant digne de pitié. Son existence n'est qu'une série de peines et de privations, tout cuirassé qu'il est contre le froid par une enveloppe graisseuse de plusieurs pouces. Nous trouvâmes un jour, pour tout potage, dans l'estomac d'un ours polaire, qui, plusieurs mois durant, n'avait point cessé de guetter notre bâtiment, et semblait chargé d'en faire le siège, un morceau de flanelle jeté au rebut par nos tailleurs. Beaucoup de ces animaux tués par nous avaient la panse absolument vide ; d'autres n'avaient dîné qu'avec de l'eau ou des herbes marines, genre de régal que la faim excuse seul chez les ours. Bref, c'est un triste lot que celui de ces bêtes, forcées d'errer sans relâche à la recherche de leur nourriture, à travers ce monde glacé, engourdi et ténébreux ; en proie aux horribles tempêtes de neige que les montagnes seules peuvent impunément affronter ; jouet de mille chocs chaotiques parmi cette nature aux éléments de glace qui sans cesse se broient ou s'entassent formidablement ; entourées de crevasses perfides, ou bien emportées en pleine mer par un glaçon qui se détache et forme radeau. En vérité, l'ours brun d'Europe mène une vie de bénédiction, en comparaison de son cousin polaire.

C'est surtout au printemps que le sort de ce dernier devient misérable. Sa cuirasse de graisse fond alors tota-

Ours blancs.

lement. Le 1er avril 1880, nous tuâmes, auprès du navire, un ours qui était d'une maigreur inimaginable. Cet animal a-t-il une période de sommeil hivernal*? Nous n'avons pu faire d'observations directes à cet égard. Son sommeil d'hiver doit être, en tout cas, fort court et bien agité; car, durant toute cette saison, nous ne cessâmes point d'être visités par cet incommode voisin.

L'odeur du lard qu'on fait cuire l'attire de plusieurs lieues. On le voit venir alors, guettant à la ronde, et le museau en l'air pour flairer le rôti. Les Esquimaux l'attaquent avec succès à coups de pique, manœuvre qui exige beaucoup d'adresse et de sang-froid. Plus d'un de ceux que nous tuâmes portaient des traces visibles de ces combats singuliers. A moins qu'on ne le blesse à la tête, il est rare qu'un coup de feu le mette hors d'état de résister. Il arrive aussi souvent que, dans une course en traîneau, la colonne voyageuse, n'ayant ni le temps ni la possibilité de faire la chasse, passe devant un ou plusieurs ours, qui, arrêtés seulement à quelques pas de distance, ne trahissent dans leur attitude que celui de la curiosité et de la surprise. Parfois encore ils se contentent de faire le tour du traîneau, la tête, constamment dirigée de son côté. Il y en eut un qui, un jour, escorta majestueusement par derrière le mécanicien Krauschner, qui s'en revenait au navire avec son traîneau. Ce ne fut qu'aux cris poussés par nous à son arrivée que notre homme, tournant la tête s'aperçut de l'équivoque société où il se trouvait.

La chair de l'ours polaire, surtout quand l'animal a un certain âge, est généralement inférieure à celle de l'ours brun. Elle est très filandreuse, coriace, et l'excès de graisse lui donne un goût d'huile plus ou moins prononcé. Nous n'avons pas éprouvé toutefois que cette chair, à part le foie, soit malfaisante. On sait que les Esquimaux qui habitent à l'ouest du détroit de Davis empêchent leurs chiens d'en manger.

L'ours polaire n'attaque guère de nuit les campements.

Sa propre circonspection est déjà une sûreté en pareil cas. Une tente lui fait l'effet d'une chose mystérieuse et inexplicable, qui excite sa méfiance en même temps que sa curiosité. Les compagnons de Kane*, ayant un jour été mis en alerte par le grognement d'un de ces animaux qui fourrait sa tête par une fente de la tente eurent la présence d'esprit d'enflammer vivement une boîte d'allumettes et de la lui mettre sous le nez : la bête fila, en laissant magnanimement l'offense impunie.

Le plus difficile est de soustraire à sa rapacité les réserves de provisions qu'on emporte en voyage. Le meilleur moyen est de les enfermer sous de l'eau et du sable gelés ; cela vaut mieux que les plus lourdes pierres ; la bête y émousse ses griffes. Notez qu'elle dévore presque tout, bougies, tabac, caoutchouc, café en poudre et toile à voiles.

Au printemps, ces carnassiers, les tissus vides de graisse, et mourant de faim, avaient fait, en rôdant le long de la côte, la découverte de notre navire ; cela les mit dans un tel émoi, qu'ils ne quittèrent plus le voisinage de la baie, et finirent même, soit dit sans exagération, par s'y masser en quelque sorte à l'instar d'un corps d'observation. Aussi, pendant la longue nuit polaire, ne s'aventurait-on point sans fusil à deux pas seulement du navire ; et comme le murmure gémissant des glaces poussées par le flot contre notre marégraphe* ou contre la rive ressemblait, à s'y méprendre, à un bruit de pas pesants, on était sans cesse sur le qui-vive. Les assiégeants poussaient même l'audace jusqu'à pénétrer la nuit au cœur de la place, par-dessus les fortifications de neige et de glace ; on en eut la preuve par des traces de pieds que l'on retrouva au matin.

Lorsqu'on rencontre une famille de ces plantigrades*, on commence toujours par tuer les vieux : cela va de soi, car une ourse privée de ses petits est un terrible antagoniste. Si elle n'est que blessée, elle pousse, en fuyant, ceux-ci devant elle, ou les couvre de son propre corps.

Quant aux jeunes oursons, ils ne se font nul scrupule, une fois que leur mère est morte, d'en dévorer la chair de bon appétit.

(PAYER, *Voyage de la Germania et de la Hansa.*)

Les histoires d'ours blancs sont fréquentes dans les récits de tous les voyageurs au pôle nord. Elles démontrent toutes le caractère agressif et surtout les impatiences d'estomac de ce malheureux et féroce carnassier.

Au dehors, les aventures d'ours se multipliaient. Le 10 janvier, le mécanicien étant allé avec un traîneau chercher de la neige sur le versant méridional du mont *Germania*, aperçut, en regagnant le navire, un de ces animaux qui le suivait d'une allure posée. Pris d'épouvante, il laissa là le traîneau et détala vers nous à toutes jambes. En un clin d'œil ce fut à bord un branle-bas* général de combat; mais l'ours, effarouché par les mouvements agressifs de tant d'inconnus, battit prestement en retraite, et les chasseurs, après une heure de recherches, s'en revinrent bredouille*.

Le 13, autre aventure d'un genre différent, dont le matelot Théodore Klentzer fut le héros. C'était dans la matinée. Les hommes étaient occupés dehors ou faisaient un tour de promenade. Klentzer eut l'idée, pour son compte, d'escalader le mont *Germania*, afin d'observer de là le panorama du pays. Arrivé en haut, il s'assit sur un rocher, et, pour charmer sa solitude, il entonna gaillardement une chanson.

Tout à coup, en regardant derrière lui, il discerna à quelques pas un ours gigantesque, qui le considérait d'un air grave. Pour un chasseur l'occasion était magnifique. La bête s'offrait à bout portant, et il n'y avait pas apparence qu'on le pût rater. Klentzer était d'ailleurs un homme plein de sang-froid, de vigueur et de résolution. Le malheur, c'est que ledit Klentzer était absolument sans armes, il n'avait pas même un couteau.

C'était là, direz-vous, une grande imprudence. Sans doute; mais réfléchissez, je vous prie, à la dose d'insouciance que la nature a départie au marin; songez aussi que jusqu'alors presque tous les ours que nous avions eus en perspective avaient fui devant nous sans trop de cérémonie, et, partant, ne nous avaient donné qu'une idée assez médiocre de leur personnage.

Il faut rendre justice à Klentzer : sa première pensée fut de se laisser dégringoler, au petit bonheur, du haut en bas du glacier. Il préféra toutefois, à la réflexion, obliquer du côté où la pente était le mieux ménagée. Sa retraite fut une fuite parfaitement caractérisée. Le plus singulier, c'est qu'au bout de quelques minutes, ayant retourné la tête, il vit son ours qui trottait, comme un chien de belle taille, fort à l'aise derrière lui. Klentzer s'arrêtait-il, la bête faisait halte de son côté; se remettait-il en marche, l'ours recommençait à cheminer sur ses pas; prenait-il sa course, Martin courait en mesure.

Tous deux avaient fait ainsi un bon bout de chemin, lorsque l'ours, ennuyé sans doute de son rôle, se rapprocha très sensiblement des talons de Klentzer. Inquiet de cette obsession, notre homme, autant pour effrayer la bête que pour appeler du secours, poussa un cri formidable, tout en continuant à détaler. L'ours, un moment déconcerté, n'en parut ensuite que plus excité à la poursuite, et il joua si bien de ses grosses pattes que Klentzer crut bientôt sentir sur sa nuque l'haleine du monstre.

Dans cette extrémité, il songea à ce voyageur qui, traqué comme lui par un ours, eut l'idée de jeter à l'animal tous ses vêtements un à un, et gagna ainsi le temps nécessaire pour que l'on vînt à son aide. Immédiatement, sans cesser de courir, Klentzer ôte sa jaquette et la jette derrière lui. L'ours s'arrête effectivement, flaire la veste et la tiraille en tous sens. Et Klentzer de reprendre du cœur au ventre, et de courir de plus belle, en poussant à plein gosier un appel de détresse dont toute la montagne retentit.

Malheureusement, l'ours, de son côté, s'était remis à serrer de près le fugitif. Celui-ci dut jeter, coup sur coup, sa casquette et son gilet. Une nouvelle avance sur la bête fut le prix de ce sacrifice. Déjà notre homme se voit sauvé, car on s'empresse sur la glace pour lui prêter assistance. Ramassant ses dernières forces, il court et crie de son mieux. Hélas ! tout semble indiquer qu'il est trop tard. Le monstre gagne de plus en plus du terrain. Klentzer ôte son châle — c'est tout ce qui lui reste — et le lance juste sur le nez de son ennemi. Mais celui-ci le rejette de côté d'un mouvement de tête dédaigneux, et presse toujours le pauvre marin sans défense, qui sent déjà le froid museau contre sa main.

Pour le coup, c'est bien fini, plus de ressource, plus d'expédient, à moins que Klentzer n'essaye d'étrangler la bête avec sa ceinture de cuir. Glacé d'effroi, il plonge ses regards dans les yeux féroces de l'ours : pause terrifiante et rapide, minute suprême de désespoir !

Au même moment, l'ours s'arrête frappé d'étonnement; quelque chose semble appeler de côté son attention ; puis, tout à coup, il prend la fuite au grand galop. Les cris de la troupe accourant à l'aide de Klentzer l'avaient effrayé, et il avait jugé prudent de se donner du champ.

C'est ainsi que, par un grand bonheur, notre camarade fut sauvé.

Tous, en effet, au hurlement de détresse qu'il avait poussé, et dans lequel nous avions reconnu tout de suite une voix humaine, nous nous étions mis à courir au plus vite dans la direction de la montagne, sans même savoir de quoi il s'agissait. Il fallait nous voir, en manches de chemise ou tête nue, quelques-uns même sans chaussures, rivaliser les uns et les autres de vélocité.

On n'avait pas même pris le temps de s'armer comme il faut : celui-ci avait saisi une pique, cet autre une hache, un troisième, dans le trouble universel, n'avait trouvé qu'un bâton. Dans cet équipage, nous avions couru avec de grands cris — le docteur muni de sa trousse — vers

Ours poursuivant un matelot.

l'endroit signalé. Quelle joie ce fut pour nous de retrouver, un peu chancelant, mais néanmoins sur ses jambes, le pauvre diable que nous avions craint de ne plus revoir qu'en lambeaux et inanimé !

Le criminel, cette fois encore, échappa aux effets de notre courroux.

. . . .

Le soir du 6 mars, à la veille de partir pour notre grande excursion de printemps vers le nord, nous étions tranquillement assis, en train de causer, dans la cabine, lorsqu'un cri de détresse retentit au dehors. Tout le monde de se précipiter aussitôt par le tunnel de neige, et de gagner l'ouverture de la tente qui recouvrait le pont. Un nouvel appel de terreur : « Un ours ! à moi ! » déchira le silence de la nuit. C'était la voix du docteur Börgen.

Il faisait complètement noir. Nous nous ruâmes presque à tâtons dans la direction d'où venait la voix, armés de bâtons et de fusils. On commença par tirer en l'air un coup de feu pour effrayer le monstre, qui, en effet, nous dit ensuite le docteur, lâcha un instant sa proie et recula de quelques pas. Mais, non moins tenace que celui de Klentzer, il revint tout de suite à la charge. Après avoir entraîné sa victime à travers les aspérités des petits icebergs, l'animal était près d'atteindre une plaine de glace bien unie, qui s'étendait au loin vers le sud. Il fallait à tout prix le rattraper avant qu'il eût gagné cette nappe lisse, car, une fois là, aucun obstacle ne contrariant plus sa marche, il pouvait, malgré son fardeau, s'enfuir avec la vitesse d'un cheval.

Nous eûmes le bonheur d'y parvenir. L'ours nous fit tête un instant, puis, selon sa coutume, devant le concert de notre attaque et nos coups de fusil, il se replia vivement, en abandonnant le docteur.

Nous relevâmes notre pauvre compagnon, qui se trouvait dans un triste état, et nous voulûmes le transporter à bras jusqu'au navire, opération qui n'était pas des plus faciles parmi les aspérités glissantes de la glace. Mais, au bout de quelques pas, le docteur déclara qu'il préférait faire la route à pied, tant bien que mal. Une fois dans la cabine, après le premier pansement, il nous raconta tous les détails de son aventure. Attaqué inopinément à cinquante pas du navire, comme il revenait de l'observatoire, le docteur n'avait pu faire usage de son fusil. La bête l'avait saisi à belles dents, et l'avait entraîné, en le tenant tour à tour par le bras, par la main et par le châle, sur un espace de plus de trois cents pas, sans prendre souci des bourrades impuissantes du patient. A plusieurs places, le crâne du docteur était à nu, le cuir chevelu déchiqueté par une infinité de petites morsures, sans préjudice d'autres blessures plus ou moins graves en divers endroits du corps, car l'ours, en charriant notre ami, l'avait cogné sans façon à tous les obstacles de la route.

Malgré cela, le docteur, très vigoureux de constitution et bien soigné par le docteur Pansch, ne tarda pas, grâce à l'usage illimité de la glace, à se rétablir le mieux du monde. Ce qu'il y a de plus singulier, c'est que pas un instant ses blessures ne lui causèrent la moindre douleur.

(PAYER, *Voyage de la Germania et de la Hansa.*)

Ces chasses à l'ours sont du reste extrêmement variées et fournissent les plus curieux épisodes.

A la fin retentit le cri si longtemps désiré : « Les ours ! les ours ! » En un clin d'œil, l'équipage fut sur le pont.

Les ours étaient là, en effet, aussi près que nous pouvions l'espérer : ils avaient sans doute vu la *Panthère* longtemps avant que nous les eussions nous-mêmes découverts ; paisiblement ils nous regardaient beaucoup plus curieux qu'effrayés. C'était une femelle et ses deux jeunes, immobiles à trois ou quatre cents mètres de nous, seuls êtres vivants dans cette solitude infinie. La mère avait un de ses petits de chaque côté; une honnête famille tranquillement établie sur le vieux champ de glace. J'éprouvais quelque remords à l'idée que nous allions si cruellement troubler son repos.

Le steamer fut arrêté aussitôt que possible; les deux parties se considéraient mutuellement, chacune occupée à deviner ce que l'autre voulait faire. Les ours, sans nul doute, ne voyaient que le navire; nous prenions bien garde de ne pas montrer notre tête au-dessus des passavants*; le vent venait du nord; il ne pouvait nous trahir; évidemment, la vapeur était à leurs yeux quelque énorme et noir objet de curiosité, avec lequel, — et nous en fûmes enchantés, — ils manifestèrent bientôt des dispositions à faire connaissance de plus près. La vieille mère conduisait la marche, les deux autres trottinaient à côté d'elle. Lentement, prudemment, elle se dirigeait par un long circuit vers l'arrière du navire, dans l'intention, très apparente, de venir sous notre vent. La glace favorisait son dessein : une énorme flèche se projetait en avant de la ligne générale du champ de glace. Arrivée au bout de cette pointe, elle nous flairerait certainement, mais alors il serait trop tard pour sortir du piège où elle s'engageait ainsi. Afin de ne compromettre en rien ce plan qui servait nos projets, nous dissimulions nos personnes avec plus de soin que jamais. Il semble contraire à toutes les règles cynégétiques* d'attendre que votre gibier vous évente; mais le capitaine, grand-veneur* en chef, connaissait son navire et savait ce qu'il pouvait lui demander : « Ils sont à nous, si seulement ils avancent un peu plus loin, » dit-il en ordonnant au mécanicien de marcher à demi-vitesse, et à Mick de mettre la barre* à bâbord*. Cette manœuvre fit tourner la *Panthère* sur ses talons; elle était maintenant en face des ours, qui, toujours avec la plus grande lenteur, cheminaient sur la langue de glace.

« Que faites-vous donc, capitaine? Les ours vont nous sentir et décamper au plus vite.

— Bah! la *Panthère* est là pour leur barrer le chemin!

— Mais la glace, la glace, capitaine! Vous ne lancerez pas le navire contre cette masse?

— Pourquoi pas? Je le lancerai dans un *iceberg** s'il le faut! »

La lutte se déclarait donc entre la force et l'adresse d'un côté, la ruse et l'agilité de l'autre.

Ces plantigrades polaires n'ont point une démarche élégante; ils portent leurs énormes jambes comme si elles n'avaient pas d'articulations et lèvent leurs pattes immenses de manière à faire croire qu'elles sont montées sur des patins. Leur long cou pyramidal est la seule chose gracieuse en eux.

L'excessive circonspection de la mère me frappait par-dessus tout. Elle n'osait pas trop s'approcher, mais elle ne voulait pas non plus partir.

Elle s'avançait à pas comptés : c'était une ourse bien nourrie et en bon point; sans doute elle venait de déjeuner et se laissait aller à l'apathie* qui accompagne la digestion d'un repas plantureux; elle ne traversait même pas les flaques d'eau qui se trouvaient sur sa route, mais elle en faisait tranquillement le tour, ne se sentant pas disposée à se mouiller les pieds. Parfois elle nous tournait le dos, parfois elle s'arrêtait, étendant son long cou et humant l'air à droite et à gauche, levant son nez aussi haut que possible, puis le reportant sur la glace, comme si elle eût pu y découvrir quelque chose. Pendant ce temps, les petits folâtraient auprès d'elle; ne la voyant pas effrayée, ils étaient en fort belle humeur et regardaient évidemment la *Panthère* comme un merveilleux spectacle, préparé par leur mère pour leur amusement exprès. Ils se poursuivaient comme deux petits chats, jouant à cache-cache autour de la vieille, et se donnant des coups de patte ou de dent à la façon de tous les animaux dans l'innocente période de l'enfance. Ils se roulaient dans les étangs, dont ils faisaient jaillir l'eau à droite et à gauche; c'étaient de gais et gentils oursons, sans nul doute fort heureux de cette diversion inaccoutumée.

La petite famille mit une demi-heure à gagner l'endroit où la mère saurait enfin à qui elle aurait affaire. Un instant, elle parut indécise, s'arrêta court et se retourna comme pour revenir sur ses pas, puis elle changea d'avis; pendant quelques minutes, elle sembla le jouet de deux impulsions opposées; celle qui l'entraînait vers le navire remporta la victoire. Arrivée sur la pointe, elle leva la tête et renifla bruyamment : la lumière se fit soudain dans son esprit; nous la vîmes pirouetter sur elle-même et regarder de tous côtés comme si elle cherchait des moyens de salut. Après un moment de réflexion, elle se dirigea de nouveau vers le champ de glace. Les petits, commençant à prendre l'alarme, couraient à leur mère, comme s'ils lui demandaient ce qui la préoccupait, et si le spectacle était fini, et pourquoi il fallait partir. Elle paraissait leur répondre qu'il n'y avait pas de quoi s'effrayer beaucoup, mais que mieux valait jouer des jambes et s'éloigner le plus vite possible. Les jeux n'étaient plus de saison; les pauvres petits obéirent, tout en se lamentant piteusement; ils avaient l'air malheureux d'enfants surpris par une pluie d'orage au retour de la foire. Inquiets et troublés, ils ne faisaient plus attention à rien et passaient par-dessus la glace pourrie qui cédait sous leurs pieds. Pendant qu'ils se poussaient de nouveau vers la glace, la mère avait marché; elle les attendait alors ou même revenait sur ses pas, sinon pour leur donner assistance, au moins pour les encourager. Elle-même aurait pu fuir et devait bien le savoir, mais elle ne voulait pas quitter ses petits; son dévouement était digne de notre admiration.

La *Panthère* ne restait pas oisive. Dès que la mère ourse fut sous notre vent et montra des symptômes d'alarme, le capitaine cria : « En avant, à toute vitesse! » L'hélice commença de tourner, et, avec toute la rapidité possible, le navire se dirigea vers la glace, dans le but de couper la retraite à l'infortuné trio.

C'était, depuis le début, le plan du capitaine, et pour

La *Panthère* chassant l'ours blanc.

lui une simple question de temps; la plupart d'entre nous, au contraire, se demandaient si le bâtiment aurait la force nécessaire pour accomplir le service qu'on réclamait de lui.

Un craquement terrible se fit entendre : nous venions d'attaquer la glace par l'endroit qui nous semblait offrir le moins de résistance; elle était autrement solide que celle de la veille, et le choc fut le plus terrible que nous eussions jamais ressenti ; mais notre vigoureux taille-mer* s'ouvrait déjà un passage, il se glissa sur la glace, l'écrasa sous sa masse et retomba dans l'eau; impossible de se tenir debout pendant cette manœuvre recommencée à deux fois. La vaisselle faisait tapage dans l'office, où le mousse, qui nous avait crié : « Bergs! » (montagnes de glace) au lieu de « Bears » (ours), s'était retiré, exténué de l'effort qu'il avait fait pour s'éveiller, et coiffé de la soupière, ce qui lui brisa presque le crâne, mais nous conserva le précieux ustensile. Blob, qui dessinait notre gibier futur, debout près du chambranle* de la grande écoutille*, piqua une tête dans la soute à charbon, où ses ours blancs passèrent subitement au noir. Mais l'espoir du capitaine se réalisait : la vigueur de l'assaut détermina en travers de la pointe une crevasse, qui s'étendit bientôt jusqu'à l'autre côté, et les malheureuses bêtes se trouvèrent à notre merci sur un radeau flottant séparé du champ général.

Nous pénétrâmes dans le chenal* que la *Panthère* venait de s'ouvrir. Se voyant ainsi coupés, les ours, dont l'effroi était maintenant très visible, firent retraite vers l'endroit du glaçon qui se trouvait présentement en arrière, nous forçant de virer de bord pour regagner l'entrée de la crevasse. Ils sautèrent à la mer pour arriver au grand champ, mais, nous voyant encore sur leur chemin, ils tournèrent tête en queue pour reprendre le glaçon. Mettant la barre à tribord*, nous suivîmes leur sillage; à cinquante mètres d'eux seulement, nous diminuâmes de vitesse.

Ils étaient magnifiques à contempler, leur longue fourrure ondulant gracieusement dans l'eau claire et bleue; leurs corps arrondis, dont la pesanteur spécifique leur permet de flotter sans peine, voguaient avec une vitesse désespérée vers le glaçon où la malheureuse famille comptait trouver le salut. La tendre sollicitude de la mère ne se démentait pas : plus nous approchions, plus elle se tenait près de ses petits; elle nageait au milieu d'eux; bientôt elle les invita à plonger, et, pendant quelques instants, nous pûmes les voir ramant de toute leur force à vingt pieds sous la surface de la mer. Lorsqu'ils remontèrent pour respirer, une volée de balles les accueillit; la mère et un des petits s'affaissèrent sans vie sur les eaux teintes de sang.

L'autre paraissait à peine effleuré; au moment où il grimpait sur la glace, un nouveau projectile lui entra dans le côté: il s'enfuyait en gémissant. Le capitaine poussa son navire dans la glace et, descendant par le bossoir*, se lança à la poursuite de l'ourson. Celui-ci s'arrêta et se cacha derrière un gros glaçon; mais, voyant arriver l'ennemi, il se prépara à prendre l'offensive. Ses lamentations se changèrent en un grondement terrible et il allait charger, lorsqu'une balle bien dirigée vint mettre un terme à la chasse.

Il ne restait plus qu'à porter le butin sur le pont, à peser et à mesurer les victimes, à en adjuger les peaux à ceux qui avaient porté le coup mortel. C'était la chose la moins facile de toutes : finalement, après de longues discussions, chacune des dépouilles trouva son propriétaire; nous nous amarrâmes à un iceberg pour faire de l'eau, et nous asseoir, après l'excitation et la fatigue de la nuit, devant un bon déjeuner du gibier des îles aux Canards.

(HAYES*, *La Terre de désolation.*)

Baleine.

C'est dans les régions polaires que les hardis marins du nord de l'Europe vont aujourd'hui poursuivre les baleines, presque entièrement détruites dans les mers plus accessibles. L'attaque et la prise d'un de ces gigantesques cétacés, qui atteignent 30 mètres de longueur, est tout un drame, et des plus émouvants.

La vigie a crié : « Elle souffle! Elle souffle! » et un tressaillement frénétique a répondu à ce signal. Le navire s'arrête comme amarré* au milieu de l'Océan. Les pirogues* s'éloignent en effleurant à peine la mer; un espace d'un ou deux milles les sépare du but....

Mais la baleine a sondé* l'abîme; tout a disparu, souffle, queue, ailerons*. Les rames sont levées; le matelot, appuyé sur le manche de son aviron*, se repose, tout prêt à reprendre sa course. Debout à l'arrière et à l'avant, l'officier et le harponneur, le cou tendu, l'œil fixe, explorent la surface de l'eau et épient le retour du gigantesque gibier. C'est ici que l'officier se révèle : sa maladresse pourrait perdre les cinq hommes qu'il commande; son courage va les rendre heureux et fiers. Bientôt un remous huileux s'arrondit et fait tomber le clapotis* soulevé par la brise; le cétacé* va revenir; quelquefois un frémissement sous-marin, un ronflement analogue au bruit sourd d'un tonnerre éloigné avertit aussi le pêcheur. L'officier a jeté un coup d'œil expressif à son harponneur; un seul mot, le mot : « Attention! » prononcé à demi-voix, la bouche presque fermée, tient l'équipage en éveil, et, quelques secondes plus tard, les avirons reprennent leur rapide mouvement.

La baleine a présenté d'abord l'extrémité de son nez noir; puis elle effleure l'eau de ses évents*, et une double colonne de vapeur s'élève et se dissout dans l'atmosphère; elle s'avance ainsi avec un certain air de lenteur et de majesté, en partie couverte de quelques centimètres d'eau, en partie sortie de la mer et exposée aux regards. De minute en minute, elle soulève un peu la tête! un nouveau souffle s'échappe! après le septième ou huitième, elle montre successivement tous les points de son dos, étale sa queue, la balance et plonge pour 25 ou 30 nouvelles minutes. Le pêcheur doit tenir compte de la manière dont l'animal a incliné sa queue, pour deviner la direction qu'il a prise, de la présence de la boëte* à la surface ou au fond de la mer, afin de savoir si les sondes seront plus ou moins longues, de l'isolement ou de l'existence d'un gamme*, afin de modifier ses attaques, ses feintes, ses repos selon les besoins du moment. Par le calcul du nombre de souffles exhalés et de la distance qui le sépare encore du cétacé, il sait s'il peut le joindre avant sa sonde, ou s'il doit attendre une chance meilleure. Les manœuvres de la pirogue varient à l'infini. Ou les hommes doivent nager à toc d'aviron*, ou ils doivent à peine remuer leurs rames; souvent même on s'avance à la pagaie*, selon qu'on a un petit espace à franchir ou qu'on craint de produire de trop grandes vibrations dans l'eau. Dans tous les cas, on doit accoster* presque jusqu'à s'échouer* sur l'animal, pour piquer solidement. On approche facilement à 15 ou 20 brasses*; mais la grande difficulté est d'arriver à 2 ou 3. Sans parler de la perspective des coups de queue et d'aileron, il y a presque toujours, au moment suprême, un peu d'hésitation; on craint d'être entendu, on attend une chance meilleure; on choisit avec anxiété l'organe que le harpon doit le mieux traverser; on lève le bras, et quand le trait va partir, la baleine se laisse couler, la mer se ferme sur elle et cache son trésor aux yeux du pêcheur désappointé.

Quand la pirogue est si près de l'animal qu'il ne peut plus fuir, le harponneur, debout, la cuisse engagée dans l'échancrure du gaillard* d'avant, a saisi son harpon à deux mains : la gauche, allongée en avant, empoigne presque la douille*, et la droite, relevée, soutient la partie moyenne du manche. L'officier, seul juge de l'opportunité du moment, crie : « Pique! » L'arme vibre, traverse l'espace, pénètre dans le lard et va se fixer dans les parties charnues et tendineuses. La baleine frémit et paraît se rapetisser sous le coup. Excitée par la douleur, elle s'apprête à fuir; empêchée par le trait qu'elle porte dans ses chairs, elle hésite d'abord, si bien que le harponneur tant soit peu habile peut lui envoyer un second harpon : en tout cas, au bout de quelques minutes, elle sonde. L'officier change alors de place et va prendre sa part d'action. Jusque-là il a commandé les manœuvres, maintenant il va agir lui-même : à lui le droit et le devoir de tuer l'animal.

La ligne se déroule et sort de la baille avec une éblouissante rapidité. Déjà plus de 200 brasses sont à la mer et l'animal sonde toujours. La force d'immersion est si grande, que si une coque fait obstacle au mouvement, la pirogue peut sombrer; on a vu aussi la ligne prendre, en se déroulant, un homme par un bras, par une jambe, par le corps même, l'entraîner dans la mer, et ne le laisser remonter qu'alors que la partie saisie avait été coupée par le frottement. On pourrait difficilement se faire idée du sang-froid que réclament ces premières manœuvres. C'est ici surtout que l'équipage doit obéir aveuglément; il ne peut être qu'une machine à nager* et à scier*, il y va du salut de tous. Dans ces moments solennels, la peur s'empare de certains matelots : sitôt la baleine amarrée, ils deviennent d'une pâleur livide; leur tête se perd; ils ne voient rien, n'entendent rien, et ne sauraient désormais obéir à aucun commandement. Le vrai baleinier ne connaît pas la peur; il brave la mort, mais avec circonspection.

Quand l'animal se relève de la première sonde, l'officier embraque* sur la ligne, se rapproche avec défiance, sans précipitation, même avec une apparente lenteur. Que de difficultés, et que de temps parfois pour envoyer le premier coup de lance! Pourtant ce n'est pas un, mais dix, vingt et plus, qu'il faudra pour déterminer la mort, et encore à la condition qu'ils porteront dans des lieux d'élection. Si une blessure mortelle n'est pas infligée dans le premier quart d'heure, la baleine revient de son épouvante, reprend ses sens et fuit, entraînant son ennemi après elle : alors alternent des sondes prolongées et de rapides courses dans le vent. La pirogue, emportée comme une flèche, passe à travers les lames comme entre deux murailles de vapeur : en vain deux ou trois embarcations, jetant leurs bosses à celle qui est amarrée, viennent se faire remorquer* et augmenter le fardeau traîné ; la course générale n'en est pas sensiblement ralentie.

Cette phase du combat commande une manœuvre nouvelle, plus difficile et plus dangereuse que celles qui l'ont précédée. Armé d'un louchet ou pelle tranchante, le baleiner attend que le cétacé élève sa queue de quelques mètres au-dessus de l'eau, et, se halant jusque sous cet organe formidable, il lance son louchet au niveau des dernières vertèbres caudales. S'il divise l'artère et les tendons, le sang jaillit à flots et la mobilité diminue dans une grande proportion. Grâce aussi à cette attaque par derrière, la baleine change souvent de route ; la pirogue se trouve par son travers et le service de la lance peut recommencer. Il serait impossible de peindre toutes les ruses, toutes les furieuses attaques, toutes les fatigues et enfin toutes les charges à outrance de l'homme contre cette masse vivante dont un seul coup d'aileron briserait toutes les pirogues d'un navire. Quand l'occasion le permet, une autre pirogue s'amarre en second, afin d'enlever au cétacé plus de chance de fuite et d'arriver au résultat final. A chaque coup, l'animal pousse des soufflements rauques et métalliques qu'on peut entendre de plusieurs milles de distance ; le souffle est blanc, épais, chargé de beaucoup d'eau pulvérisée, et s'élève à une très grande hauteur, jusqu'à ce qu'après un coup plus heureux deux colonnes de sang s'échappent des évents, s'élèvent dans l'air et dans leur chute rougissent la mer sur une large surface : à partir de ce moment, la baleine est considérée comme morte. Quelquefois la mort vient aussitôt après l'apparition du sang, mais le plus souvent la vie se prolonge encore une ou plusieurs heures : cette circonstance est regardée comme favorable, en ce que la grande perte du sang prépare, pour la suite, un corps spécifiquement plus léger et flottant mieux. Pourtant l'animal peut encore être perdu, si l'éloignement, la nuit, ou l'état de la mer, ne permettent pas au navire de le suivre. A l'approche de la mort, la pauvre baleine rassemble ce qui lui reste de force, et dans une fuite désordonnée, sans but, sans conscience du danger, elle nage, nage, renversant tout ce qu'elle rencontre sur son passage : elle ne voit rien, se jette à l'aventure sur les pirogues, sur les autres baleines, sur un rocher ou sur la plage. Bientôt un frisson général s'empare de son corps; ses convulsions font blanchir et bouillir la mer : on dit, suivant l'expression pittoresque des marins, qu'elle *fleurit**. Enfin, elle soulève une dernière fois la tête, une dernière fois elle cherche le soleil, et meurt. Devenue désormais corps inerte, elle se renverse et flotte, le dos en bas, le ventre à fleur d'eau, la tête un peu plongeante.

Aussitôt que le cétacé est mort, les pirogues s'en approchent, l'amarrent et le remorquent jusqu'au bâtiment, aux flancs duquel on l'attache pour le dépecer, opération qui se fait aujourd'hui en quatre heures. On procède ensuite à la fonte du lard, après quoi le navire reprend la pêche, jusqu'à ce que son chargement soit complet ou qu'il n'ait plus d'espoir de l'augmenter.

(THIERCELIN, *Journal d'un baleinier.*)

Phoque.

Après les baleines, les plus importants des animaux de ces régions glacées sont les phoques ou *Veaux marins*, que l'on chasse pour leur fourrure et pour la graisse huileuse qui, couvrant leur peau, les empêche de se refroidir dans l'eau glacée.

Ils vivent habituellement dans l'eau, et viennent respirer l'air à la surface; quand ils sont repus, ils s'étalent sur la glace.

Dans les contrées boréales, la mer est toujours plus peuplée que la terre. Cette règle n'est pas en défaut pour les mammifères. Quatre seulement sont terrestres, mais douze sont marins. Parlons d'abord des phoques ou chiens marins. Vivant de poissons, ils se rapprochent par leurs mœurs des carnassiers amphibies tels que les loutres*, dont l'aspect et l'organisation extérieure sont ceux des carnivores* ordinaires. Les phoques forment la transition entre ces animaux et les cétacés. Leurs membres, en forme de rames, ne leur permettent pas de se mouvoir à terre; ils ne peuvent que se traîner péniblement, mais ils plongent et nagent admirablement à l'aide des mem-

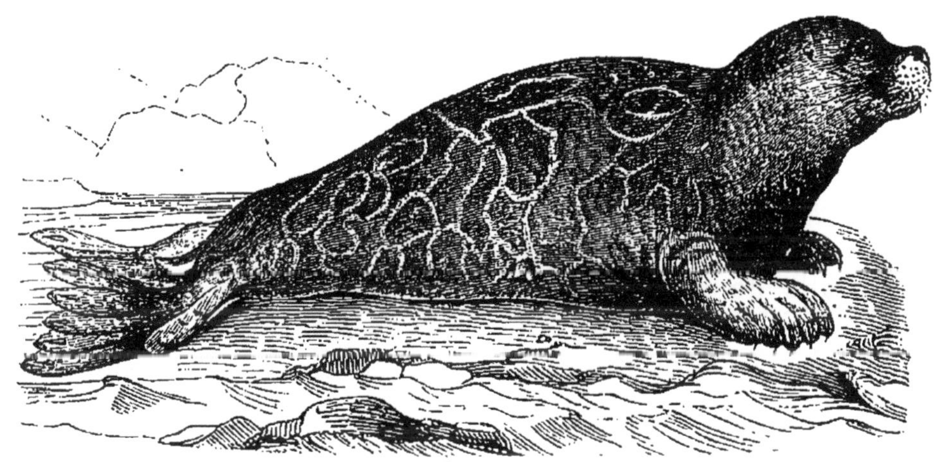

Phoque.

bres postérieurs qui, placés dans le prolongement du corps, rappellent par leur position et par leur forme la queue des cétacés, tels que les dauphins et les marsouins. Trois espèces de phoques habitent les côtes du Spitzberg ; ils vivent de poissons, de mollusques et de crustacés et se tiennent en général dans les baies tranquilles, où la nourriture est plus abondante : c'est là que tous les ans des pêcheurs russes et norvégiens leur font une guerre implacable. Nul animal ne mérite moins cette persécution. On ne le poursuit que pour s'emparer de sa peau et extraire l'huile de sa graisse ; lui-même, paisible et inoffensif, essaye de se rapprocher de l'homme; ses grands yeux, d'une douceur incomparable, semblent implorer sa bienveillance, ou du moins sa pitié. Lorsque je passais des heures entières devant le glacier de Magdalena-Bay pour prendre la température du fond de la mer, un phoque arrivait chaque fois; il nageait autour de l'embarcation, élevait sa tête au-dessus de l'eau, et paraissait vouloir deviner à quelle occupation se livraient les êtres nouveaux pour lui qui s'y trouvaient. Je me gardais bien de l'effaroucher, et il s'approchait tous les jours davantage. Il dut croire que l'homme n'était pas un animal malfaisant; devenu confiant, il voulut contempler la corvette de trop près, et fut tué d'un coup de fusil.

Nous quittâmes la baie de la Madeleine quelques jours après, et je n'eus pas le temps de regretter cet animal qui venait par sa présence animer ces eaux glaciales et abréger les longues heures que les exigences de la physique me forçaient à passer avec quelques matelots devant la muraille de glace qui terminait la baie. Il s'agissait de savoir si la température de l'eau de mer descend au-dessous de zéro sans geler. Quelques chiffres sont le résultat définitif de ce long et pénible travail. Je me figure que le phoque aurait bien ri s'il avait su pourquoi cet homme venu de si loin se morfondait si longtemps dans une embarcation devant un glacier du Spitzberg.

En hiver, le phoque est exposé à d'autres dangers : les fiords* gèlent, et le besoin de respirer l'amène dans le voisinage des trous et des intervalles que la croûte de glace présente de loin en loin. Mais quand il veut émerger hors de l'eau, l'ours polaire est là qui le guette et le saisit avec sa formidable griffe; le phoque plonge de nouveau, heureux s'il rencontre un autre trou par lequel il puisse sortir la tête hors de l'eau et respirer un moment. S'il ne trouve pas d'ouverture dans le voisinage, il meurt dévoré par l'ours ou asphyxié sous la glace.

(Ch. Martins, *Le Spitzberg.*)

Les navigateurs bloqués dans les glaces sont souvent fort heureux de trouver des phoques et de les tuer pour manger leur viande noire, coriace et huileuse.

Pendant l'hiver 1872 à 1873, des matelots de l'équipage du *Polaris*, accompagnés de quelques Esquimaux, étaient réfugiés, ayant perdu leur navire, sur un glaçon qui les entraînait à la dérive vers le sud. Les vivres, l'huile, et par suite la chaleur et la lumière vinrent à manquer. La pêche des phoques les sauva seule de la mort par la faim et le froid.

Voici quelques extraits du long récit de leurs souffrances, par le lieutenant Tyson.

Nous avions mis en réserve quelques morceaux de peau de phoque séchés pour réparer nos vêtements; Hannah vient d'essayer de les faire cuire. Les Esquimaux ont de si bonnes dents qu'ils peuvent venir à bout de tout. J'essaye d'en manger, mais je suis obligé d'y renoncer.

29 *décembre.* — Hier, Joe et Hans sont sortis pour aller aux phoques. Hans en a pris un, mais il l'a laissé partir. Joe lui-même ne serait point venu à bout du phoque de ce matin, si les hommes n'étaient venus à temps lui porter son *kiak*. Quoiqu'il criât bien fort, on a été excessivement long à lui répondre. Enfin il a amarré sa prise et tous nous avons mangé ce soir! Quel dîner, quelle fête!

Voici comment nous nous y prenons quand nous voulons partager un phoque. Nous enlevons d'abord le *blanquet*, c'est-à-dire la peau y compris le lard, sans chercher à séparer deux choses que la nature a si intimement jointes. Ensuite nous ouvrons l'animal soigneusement, en ayant soin d'empêcher que le sang ne se perde. Nous faisons en sorte que tout le liquide coule dans une cavité; nous le retirons avec une tasse sans en perdre une goutte. Quelquefois nous le gardons pour un autre régal. D'autres fois, nous n'attendons pas et nous buvons à la ronde tous dans le même verre. Le foie et le cœur sont nos morceaux favoris; nous les divisons aussi également que possible, afin que chacun en ait sa part; nous agissons de même avec la cervelle, quand nous ne la conservons pas. J'ai obtenu que les yeux seraient donnés aux deux petits enfants. Nous pesons les morceaux avec la balance de M. Meyer pour nous rendre compte de notre gain en viande. Cette fois j'ai fait une folie afin de me rendre populaire : les morceaux étaient aussi égaux que possible, et je les ai fait tirer au sort par un Allemand à qui l'on avait bandé les yeux.

Le phoque que Joe a attrapé était de la petite espèce, celui que les savants nomment, je crois, *vitulina*. Il pesait bien une quarantaine de livres ; cependant nous l'avons gaillardement enterré en un seul dîner. Son sang nous avait tenu lieu d'absinthe. Nous avons économisé un jour de vivres réglementaires ; nous avons de plus les entrailles que j'ai sauvées et qui, gelées, feront un repas dans quelques jours, puis nous avons de l'huile pour notre lampe : voilà la grande joie.... l'incommensurable bonheur ! Pendant trois semaines, car ce petit phoque était grassouillet, nous y verrons clair.

. . . .

Le jour de l'an 1873. — Je suis obligé de me souhaiter à moi-même la bonne année, car personne ne vient dans notre hutte. Mais le froid nous la promet singulièrement heureuse. M. Meyer prétend qu'il fait 29° au-dessous de zéro. Dieu que cela pique ! Heureusement je peux m'administrer pour me réchauffer une aune d'entrailles gelées ayant appartenu au petit phoque d'avant-hier, un peu de lard et du thé de pemmican*. Avec cela on peut vivre.

. . . .

2 *mars*. — Jour de grande victoire : Joe a tué un monstrueux oûgiouk, un phoque barbu de la plus grande espèce. Tout le monde a été occupé à le traîner jusqu'aux huttes. Je ne chercherai pas à décrire le sentiment qui nous anime. Il faut avoir été sur le point de mourir de faim pour le comprendre.

Hannah n'avait plus que deux morceaux de lard, à peine assez pour entretenir la lampe pendant deux jours. Hans n'en avait plus que pour un jour. Les hommes avaient usé toute leur part.

Ce gigantesque oûgiouk, tué si bien à propos, est le seul

que nous ayons vu dans la journée du 2 mars. Peut-être est-ce le premier qui se soit montré. Je crois qu'il doit peser six à sept cents livres. Nous en tirerons de cent vingt à cent cinquante litres d'huile.

On a bien tué quelques dovekies, mais on les regarde à peine. Un seul oûgiouk pèse à lui tout seul plus que trois ou quatre mille de ces misérables oiseaux.

3 *mars*. — Maintenant nous ne mangeons plus de pain ni de pemmican; la chair d'oûgiouk est notre seule nourriture.

Nous réservons notre biscuit et notre pemmican, la « nourriture civilisée », comme nous commençons à l'appeler, pour les jours où il pleuvra et où nous serons fatigués de vivre à la sauvage.

Les hommes, après un si long carême, ne peuvent modérer leur appétit. Je me garde bien de les mettre à la ration. Je suis heureux de voir qu'ils reprennent des forces. On peut dire que l'on mange et que l'on fait la cuisine nuit et jour. Nous avons imaginé de faire des cervelas d'oûgiouk; nous employons la peau de ses intestins comme enveloppe et nous bourrons cette peau avec de la graisse et de la viande bouillie. Nous servons ces cervelas à déjeuner; il nous manque, il est vrai, de l'ail.

Notre oûgiouk était une femelle, et nous avons mangé avec beaucoup d'appétit ses mamelles. Elles étaient délicieuses, quoiqu'elles ne fussent point encore distendues et gonflées comme lorsque les phoques commencent à allaiter leurs petits.

J'ai oublié de dire que l'animal mesurait sept pieds neuf pouces de la tête à la queue. En ajoutant la nageoire de derrière, qui n'est pas elle-même à dédaigner et que les gourmets d'Amérique apprécieraient s'ils pouvaient la manger fraîche, on arrive à la longueur totale de neuf pieds.

Nos huttes ressemblent maintenant à un abattoir; on ne voit partout que de la viande, du sang, des entrailles. Nos mains et nos figures sont toutes rouges; quelqu'un qui nous rencontrerait nous prendrait pour une tribu d'animaux carnassiers occupés à dévorer notre proie. Ils ne se tromperaient guère. (TYSON, *Le glaçon du Polaris.*)

Morse.

Le morse ou vache marine est un autre animal appartenant à la même famille que les phoques. C'est un de ces êtres que l'homme du monde appelle difformes, parce qu'ils ne rentrent dans aucun des moules auxquels nous attachons actuellement l'idée de beauté. Sa tête, à peine séparée du corps, porte deux énormes canines recourbées en arrière qui sortent de sa gueule. Son corps cylindrique atteint quelquefois cinq mètres de long et trois mètres de circonférence. Les membres ressemblent à ceux des phoques. A terre, vu le poids de son corps, le morse se meut encore plus difficilement que le phoque, mais il nage admirablement, vit par troupes sur les côtes, ou navigue sur les glaces flottantes. Il se nourrit de mollusques, parmi lesquels deux coquilles bivalves* forment la base de son alimentation. On ne se hasarde guère à attaquer les morses à la mer, car ils se défendent mutuellement, attaquent les embarcations et les font chavirer en se suspendant du même côté à l'aide des longues canines dont leur mâchoire supérieure est armée. C'est à terre, où ils peuvent à peine se traîner, que l'homme les tue lâchement à coups de lance et de harpon. Leur peau, qui sert à faire des soupentes *de carrosses, leurs dents, l'huile de leur graisse, sont les produits qui allument la cupidité des chasseurs. Aussi les morses sont-ils devenus rares sur les côtes occidentales du Spitzberg. Je n'en ai vu qu'un seul, qui naviguait endormi sur une glace flottante. Un coup de fusil le réveilla, mais il n'avait pas été blessé, et disparut immédiatement sous les flots. Ces animaux sont plus communs sur la côte orientale du Spitzberg, qui est habituellement bloquée par les glaces. Dans les années où cette banquise se rompt, les chasseurs se rendent dans ces parages ; les morses se sont multipliés en paix, et ils en font un horrible massacre.

(Ch. Martins, *Le Spitzberg.*)

Ce n'est pas cependant que ces animaux se laissent faire volontiers.

Tcheitchenguak préparait les lances pour une chasse aux morses; lui et son gendre voulaient essayer leur adresse dès le lendemain. Tout l'hiver, ces animaux avaient paru en troupes nombreuses sur la mer libre à l'ouverture du port, et de la grève glacée on entendait continuellement leurs cris rauques. Leur chair est la principale nourriture des Esquimaux; ils apprécient fort celle des rennes, mais comme une sorte d'entremets seulement; pour base d'un long et solide festin, rien, selon eux, ne vaut l'awak, comme ils appellent le morse, en imitation de son cri. Il leur est aussi indispensable que le riz à l'Hindou, le bœuf aux Gauchos de Buenos-Ayres, le mouton aux Tatars de Mongolie.

La chasse réussit à souhait. Hans et le vieillard, chargés de tout leur attirail en bon ordre, s'avancèrent vers la mer, où un grand troupeau de morses nageait près de la glace ; en rampant à quatre pattes, il s'en approchèrent sans être aperçus, puis, arrivés à quelques pieds du bord, ils se couchèrent à plat ventre et imitèrent le cri du morse ; toute la bande fut bientôt à portée de leur harpon. Se relevant à la hâte, Hans ensevelit le sien dans une des plus grosses bêtes ; puis son compagnon tira sur la ligne et en noua solidement le bout de la hampe de sa lance, qu'il planta dans la glace et maintint avec force. L'animal luttait avec vigueur, plongeait dans la mer et se débattait comme un taureau sauvage saisi par le lasso. Hans profitait de toutes les occasions favorables pour ramener la ligne à lui, jusqu'à ce que sa proie ne fût plus

Morses.

qu'à une vingtaine de pieds. La lance et la carabine firent alors promptement leur œuvre; les autres morses s'enfuirent au large avec des cris d'alarme, leurs profondes voix de basse retentissant dans les ténèbres. Le bord de la glace eût été trop mince pour porter cet énorme gibier; il fallut attendre que le froid l'eût suffisamment épaissie. Les chasseurs amarrèrent solidement leur victime pour que la mer ne l'entraînât pas au loin. Le jour suivant, la voûte s'étant un peu solidifiée, ils s'occupèrent de détacher avec soin toutes les chairs; la hutte de neige fut approvisionnée pour longtemps de graisse et de viande, nos chiens s'en donnèrent à cœur-joie, et la tête et la peau furent déposées dans un baril.

En jugeant le morse d'après l'apparence lourde de son vaste corps de limace, beaucoup de personnes, et j'ai été du nombre, le regardent comme un animal peu formidable. J'ai appris depuis que je commettais là une grave erreur à mes dépens, et envers cet amphibie une grande injustice. C'est une créature pleine de courage, n'hésitant jamais à accourir à l'appel d'un de ses congénères en danger et à prendre fait et cause pour lui contre tout agresseur, quel qu'il soit. Dans une occasion, — c'était vers la fin de notre séjour à Port-Foulke, — nous avions, un peu à l'étourdie, lancé notre baleinière à la poursuite d'une énorme bande de morses, qui nageaient à l'entrée du port. Les cris désespérés d'un vieux mâle, que nous avions tout d'abord blessé et harponné, attirèrent sur nous tout le troupeau furieux et mugissant. Je n'ai jamais vu une telle réunion de corps noirs sillonnant la mer, ni entendu un tel concert de sons caverneux, tenant le milieu entre le rugissement du lion et le beuglement du taureau. Il nous fallut combattre pour notre vie. Si l'activité ou le sang-froid nous avaient fait défaut, notre embarcation eût été mise en pièces et nous eussions misérablement péri dans les eaux glacées ou sous la dent des morses. Un assaut plus déterminé, plus furieux que celui qu'ils nous livrèrent, peut à peine s'imaginer, et la pensée humaine ne

Morses attaquant une barque.

peut guère se représenter d'ennemis plus effrayants que ces monstres à la gueule béante et aux longues défenses s'entre-choquant.

Contre de tels adversaires une carabine est d'un pauvre secours, et sans la force de nos avirons, énergiquement mis en œuvre, nous eussions été atteints et écrasés par la masse du troupeau.

(HAYES, *Voyage à la mer libre du pôle Arctique.*)

Renne sauvage.

Le renne sauvage, ou le cerf du Nord, n'est pas très rare au Spitzberg. En été, il trouve sur le bord de la mer l'herbe qui est sa nourriture normale et habituelle, et en hiver il gratte la neige, sous laquelle il découvre des lichens et des mousses; mais il maigrit alors prodigieusement, pour engraisser de nouveau pendant la belle saison. Le renne est le seul animal du Spitzberg dont la chair soit à la fois agréable et nourrissante; elle a beaucoup d'analogie avec celle du chevreuil. Le renne suffit à tous les besoins des Lapons, dont l'existence repose uniquement sur les nombreux troupeaux qu'ils parquent en été dans les îles ou promènent sur les montagnes de leur pays, tandis qu'ils les rassemblent en hiver autour de leurs villages, où la terre produit abondamment un lichen qui la recouvre de ses plaques soufrées. En hiver, l'animal retrouve sous la neige ce lichen ramolli par l'eau qui filtre, en automne et au printemps, à travers les neiges fondantes : son tissu coriace, devenu tendre, est plus aisément broyé par les molaires de l'animal. Au Spitzberg, les rennes ne se montrent pas par grandes troupes, mais par groupes isolés; ils sont très craintifs, très sauvages, et se laissent difficilement approcher; aussi est-il rare qu'on en tue beaucoup à la fois. Le renne n'a d'autre ennemi que l'ours blanc, mais celui-ci ne chasse guère sur la terre erme, et il ne pourrait atteindre que par surprise un nimal aussi méfiant et aussi rapide à la course que le erf du Nord. (CH. MARTINS, *Le Spitzberg.*)

Ni les rennes ni les bœufs musqués ne sont des animaux arouches. Les premiers trottent joyeusement à votre rencontre; les autres vous regardent d'un air interdit, et ne se

Tête de renne.

décident que lentement, et comme en rechignant, à s'éloigner de vous. Ces bœufs ont, du reste, le front tellement cuirassé, qu'un jour un de ces animaux, atteint d'un coup de fusil à cet endroit, n'en parut pas dérangé le moins du monde. La balle retomba par terre, aplatie comme une rondelle.

Une autre fois, nous fûmes témoins d'une scène bizarre. Nous vîmes, pendant une halte, une troupe de vingt ou trente rennes qui débouchaient d'un versant de montagne, à extrême portée de fusil. Ces animaux, arrivés sur la plaine de glace, — c'était au mois d'août 1870, — se couchèrent, séduits sans doute par la fraîcheur de l'endroit et peut-être aussi pour faire comme nous. Quand nous eûmes commencé de reprendre notre voyage, l'avant-garde de la troupe se releva et se remit en chemin. Il advint seulement que l'un des rennes, qui était évidemment le conducteur, s'aperçut avec déplaisir que le gros de la troupe n'avait point vu le départ des autres et continuait de se livrer au repos. Aussitôt il fit signe à ceux-ci de s'arrêter, rebroussa chemin vers les retardataires, et, les frappant un à un avec ses cornes, il n'eut point de répit que tous ne se fussent relevés et remis en route comme une file d'oies vers les pâtis* nouveaux.

La chair du renne est bonne, bien qu'un peu mollasse et spongieuse.

(PAYER, *Voyage de la Germania et de la Hansa.*)

Renne domestique.

Un peu plus au sud, les Lapons européens, les Ostiaks et les Samoïèdes asiatiques ont domestiqué le renne, qui leur donne régulièrement du lait et de la viande, et qu'ils attellent aux traîneaux.

Quand nous revînmes aux tentes, vers l'heure que chez nous on appellerait le soir, nous vîmes rentrer les troupeaux de rennes. Chaque bande, menée par trois ou quatre hommes, comprenait de soixante à quatre-vingts bêtes. Les rennes revenaient lentement, comme les bœufs qu'on ramène chez nous des pâturages; les uns s'attardaient pour brouter encore; les autres, parfois, s'écartaient du troupeau pour vagabonder dans les rochers. Au coup de sifflet du conducteur, de grands chiens bruns, à la peau fourrée comme des ours, au museau lisse, fin et pointu comme des renards, s'élançaient derrière les fugitifs sans aboyer jamais, et les ramenaient au troupeau par quelque vigoureux coup de dent ; quand les rennes se hâtent, leur trot sec et brusque fait craquer la corne de leurs pieds et les articulations de leurs jambes, comme si les jointures se déboîtaient à chaque mouvement.

Mon guide, grand ami de la conversation, se mit à causer avec les bergers. Je suivais, observant de mon mieux et notant exactement tout ce que je voyais. Quand nous fûmes à quelque distance des tentes, un des Lapons poussa un cri aigu ; aussitôt les femmes et les enfants sortirent, on ouvrit les barrières d'un enclos dont le pourtour était fait de branchages et de planches de sapin ; on s'avança au-devant du troupeau, qui fut cerné de toutes parts et poussé dans l'enclos, où il entra comme un flot, se pressant et se culbutant aux barrières trop étroites. Quand tous furent rentrés, on procéda immédiatement à une autre opération : il s'agissait de traire les rennes. Tout le monde s'y mit, hommes, femmes et enfants. On jetait une sorte de lazo* aux cornes de l'animal qu'on voulait prendre, on passait la corde deux ou trois fois autour de son museau et autour de son jarret, puis on commençait à traire ; il se tenait parfaitement tranquille, et le liquide épais et blanc retentissait en tombant dans des marmites de fer ou dans des jattes de bois. Dès qu'on sentait la mamelle tarir sous les doigts, on enlevait prestement la corde, et l'animal délivré s'éloignait d'un bond sauvage. Quand toutes les femelles eurent ainsi passé par les mains d'un Lapon, le guide, qui s'était assis par terre auprès de moi, alla trouver le chef de la famille, et lui demanda l'hospitalité pour nous deux. Le Lapon fit quelques pas vers moi, et ma bienvenue sous la tente me sourit dans toute cette honnête et franche figure. Le guide échangea nos civilités, et nous suivîmes le Lapon dans sa hutte. Quelle différence avec le gaard norvégien ! Au lieu du parquet frotté et luisant, ou couvert de sauge et de menthe, ici l'on marche sur le sol froid et nu.

. . . .

Notre hôte arriva près de moi en toilette du matin, et le marché se conclut vite. Pour dix-sept francs cinquante centimes, j'achetai les quatre quartiers d'un renne. Nous choisîmes un jeune sujet, qui me parut *au jugé* devoir fournir des grillades et des rôtis suffisants. L'embarras était de le saisir au milieu de ses frères et amis aux longues cornes. La chose se passa bien. C'était l'heure où le troupeau sort de l'enclos pour se rendre aux pâturages; les barrières furent ouvertes. On eut soin de retenir dans un angle la victime choisie, et comme le pauvre animal, pressentant son destin, bondissait vers l'enclos et menaçait de le franchir, le Lapon fit un signe de commandement à un énorme chien noir, qui lui sauta au naseau et l'arrêta net! L'homme, cependant, tira son couteau, et d'un seul coup porté sur la nuque, entre la seconde et la troisième vertèbre, il lui brisa cette colonne creuse où la vie circule dans la moelle. L'animal tomba foudroyé : jamais cerf aux abois ne fut si prestement *servi*, au milieu des fanfares de l'hallali*, par un veneur émérite. Le Lapon releva alors la manche de sa tunique, mit un genou en terre, prit un couteau plus long que le premier, et, frappant au défaut de l'épaule, atteignit le cœur. Il laissa le couteau dans la blessure, en ayant soin d'imprimer à la jambe de l'animal un fort mouvement de va-et-vient pour que le sang s'épanchât en dedans. Quelques gouttes étaient tombées sur le sol ; le Lapon prit la terre qu'elles avaient imprégnée, en pétrit une boule qu'il jeta derrière lui bien loin, sans retourner la tête.

« Il le faut! me dit tout bas Johansen, qui me voyait suivre attentivement tous les détails de l'opération.

— Pourquoi?

— Le sang du renne qui tombe à terre porte malheur. L'année passée, reprit Johansen, toujours flatté de l'effet de ses discours, l'année passée, les *Messieurs milords* que je conduisais demandèrent à *tirer* à la carabine le renne qu'ils avaient acheté. Le père Abo n'y consentit jamais : le renne *veut* être tué par son maître. »

On croit que, si le renne était tué par une main étrangère, il arriverait toutes sortes de malheurs au troupeau. Le père Abo, comme disait Johansen, poursuivait ses opérations avec le plus grand succès : il éventra, nettoya, écorcha et dépeça la bête avec autant d'habileté que de propreté. A l'aide d'un simple couteau de trois pouces de lame, il désarticula les jointures et apprêta les quartiers. Les femmes emportèrent le sang, qu'elles avaient reçu dans des chaudrons. Je croyais que les autres rennes avaient regagné leurs pâturages : en relevant les yeux, j'aperçus autour de l'enclos comme une ceinture de têtes cornues, dont les grands yeux fixes regardaient sans comprendre ce qui se pratiquait sur un des leurs. Les conducteurs avaient bien essayé de les emmener, mais on n'avait jamais pu faire partir les chiens, alléchés par l'odeur du sang. Quand les viandes furent enlevées, on leur ouvrit les barrières et on leur livra une curée chaude, qui fut d'une indescriptible férocité.

Le renne joue un grand rôle dans la vie du Lapon : il est pour lui plus encore que le chameau pour l'Arabe; il est sa vache, son mouton, son cheval; il le nourrit de sa chair et de son lait; il l'habille de sa peau; on l'attelle aux rapides traîneaux; on coud avec ses nerfs comme avec un fil solide; on façonne avec son bois toutes sortes de petits ustensiles à la fois solides et gracieux.

Le renne est l'animal du Nord par excellence. Les Grecs ne le connurent pas, les Romains l'entrevirent quand ils parcoururent, au pas de course de la victoire, les provinces extrêmes de leur empire : Pline le signale et Jules César le décrit. Le renne a le corps plus gros que le cerf, il est plus bas et plus trapu, il a les jambes plus courtes et plus massives, les pieds plus larges, le poil plus fourni, jaune en été, blanc en hiver, ce qui fit croire aux premiers naturalistes, plus poètes qu'observateurs, qu'il changeait de couleur à volonté. Son bois se divise en un grand nombre de rameaux terminés par des empaumures*, au lieu d'être, comme celui de l'élan, découpé et chevillé sur la tranche. Ce bois, renversé sur la croupe, est souvent aussi long que l'animal lui-même, parfois plus long. On a trouvé en Finlande des bois de rennes de plus de trois mètres. Souvent de ces bois couchés en arrière il sort une petite branche qui se projette en avant, partagée et divisée, comme le bois d'un cerf, en plusieurs andouillers*; parfois entre ses quatre cornes deux autres s'élèvent presque perpendiculaires. La tête de l'animal est ainsi chargée d'une forêt superbe. La femelle porte du bois comme les mâles, mais il est de dimension moindre. Le renne a la queue courte comme le cerf, mais ses oreilles sont plus longues. La marche est une sorte de trot assez rapide et qui peut se prolonger. En été, il vit surtout de bourgeons et de feuilles d'arbres ; il paraît préférer le bouleau, le genévrier et la ronce. En hiver, il fouille la neige profonde avec ses cornes, la détourne avec ses pieds, et trouve sur le sol glacé une mousse blanche et un lichen savoureux. Les pauvres ont des troupeaux de dix à douze rennes ; les riches en ont jusqu'à deux mille. Il y a des rennes sauvages. Pris jeunes, ils s'apprivoisent aisément. Leur naturel est timide et doux.

. . . .

Je ne connais rien de plus mal combiné que l'attelage de rennes, et rien de plus fatigant, à moins d'une longue habitude, que le traîneau lapon ; les karrioles de Norvège, les chaises de Malte, les talikas de Scutari, les arabas de Constantinople, les chameaux de Damas, qui vous donnent le mal de mer, tout cela en comparaison du traîneau vous semble du sybaritisme* le plus exquis. Long de six à sept pieds, le traîneau est large de deux à peine, il a une poupe un peu élargie, une proue aiguë. Je ne puis pas mieux le comparer qu'à une pirogue de sauvage ; sa quille, amincie pour sillonner la neige, le condamne à chercher toujours l'équilibre instable, qu'il ne trouve jamais que pour le perdre incontinent. Il faut une perpétuelle attention pour ne pas chavirer, et, quoi qu'on fasse, les chutes sont fréquentes, mais heureusement peu dangereuses : on ne saurait tomber de haut quand on est déjà par terre. Le harnachement du renne est des plus simples, je me hâte d'ajouter et des plus incommodes ; à son large collier on rattache un seul trait, qui passe entre ses jambes, et se fixe à l'anneau qui termine la proue du traîneau ; on conduit avec une seule guide, fixée à la corne gauche, et rejetée le long du flanc droit. Avec ce système, aussi primitif que peu ingénieux, la grande difficulté consiste à empêcher le renne de gagner d'un côté ou de l'autre ; il faut être toujours en mesure d'opposer une résistance égale à sa force. Il serait beaucoup moins pénible d'aller à pied. On a beaucoup exagéré dans les récits des voyageurs la rapidité de ce mode de locomotion. Le renne attelé ne court jamais ; la vitesse de son trot ordinaire est de deux lieues et demie à trois lieues par heure. Si la traite n'est pas longue, on peut doubler cette vitesse ; mais le renne n'a pas l'inépuisable patience du chameau mélomane*, qui oublie ses fatigues en écoutant un air de petite flûte, et qui meurt d'épuisement pour ne pas contrarier son maître. Le dévouement du renne ne va pas jusque-là : s'il connaît ses devoirs, il prétend connaître également ses droits ; c'est ainsi que commencent les révolutions ! il n'admet que lui-même pour juge de ce qu'il peut faire. Dès qu'on le surmène, il se révolte ; parfois alors il est terrible : il se retourne vers le conducteur imprudent, se campe sur ses pieds de derrière, et frappe des ergots antérieurs avec une redoutable violence. Serré et lié dans le traîneau, l'homme ne peut désarmer l'animal qu'à force de soumission et de repentir. Le renne est bon prince ; il pardonne et reprend sa course. La Laponie n'est point divisée comme la Norvège en *lobes* kilométriques. On apprécie la distance à l'œil ; un renne bien *arouté* change trois fois l'horizon dans sa journée, c'est-à-dire qu'il peut franchir trois fois l'étendue que le regard embrasse dans une plaine sans obstacle. J'estime que ce calcul à vol d'oiseau peut donner une distance d'environ dix ou douze lieues. On peut doubler l'étape, quand on doit faire halte le lendemain. Nous sommes bien loin de la vigueur des chevaux d'Orient, avec lesquels on fait, pendant plusieurs mois, des chevauchées de quinze à seize heures, sans séjour. On donne au renne de trait une charge d'environ trois cents livres.

(Louis Énault, *La Norvège.*)

Chiens.

Dans les régions polaires comme sur tout le reste du globe, le chien suit l'homme et lui rend d'innombrables services. Il garde la hutte ou le bateau, attaque les animaux féroces; enfin, dans ces contrées où l'on ne pourrait nourrir aisément des animaux domestiques herbivores, sa fonction principale est de tirer les traîneaux sur lesquels se placent provisions ou voyageurs. Quand le terrain est uni, les chiens peuvent faire ainsi sur la neige jusqu'à 16 kilomètres à l'heure.

Ce sont de braves animaux, courageux, intelligents, et reconnaissant avec un instinct admirable si la glace sur laquelle ils courent est de force à soutenir le traîneau.

Mais ils ne sont pas toujours commodes à diriger, et il faut à leur cocher une grande habileté. Les Esquimaux excellent à conduire cet indocile attelage.

Je suis parti en poste d'assez bonne heure et, conduit par maître Jensen, j'ai visité un petit fiord de dix kilomètres de longueur sur trois à six de largeur, qui est situé au nord de notre anse, dont il a pris le nom ; c'est l'échancrure la plus orientale de la baie de Hartstene. Notre départ a été superbe. Un beau traîneau et douze chiens! Ils sont tous en parfaite santé et courent comme l'éclair. Mon traîneau groënlandais sillonne la glace avec une célérité qui donnerait le vertige à des nerfs mal exercés. Onze kilomètres en vingt-huit minutes, et sans s'arrêter pour souffler! Ils ont refait la même route en moins de trente-trois. Sonntag et moi luttions de vitesse, et je l'ai gagné de quatre minutes. Ah! si mes amis de Saratoga ou de Breez-Point pouvaient de loin contempler ces coureurs d'un nouveau genre! Point n'est besoin d'éponger les chiens ou de les bouchonner : on les attelle au moyen d'un seul trait de dimension variable; les plus longs sont les meilleurs: ils ne s'emmêlent pas si facilement; le tirage des chiens placés sur les côtés en est beaucoup plus direct, et si vos coursiers vous entraînent sur la glace amincie, vos chances d'échapper au plongeon sont en proportion de la distance qui vous sépare d'eux. Les traits étant ordinairement de même longueur, les chiens courent côte à côte, et s'ils sont bien attelés, leurs têtes se trouvent sur la même ligne droite; les épaules

Tête de chien esquimau.

des miens sont juste à vingt pieds de la partie antérieure des patins. Les animaux les plus faibles sont placés au milieu et l'attelage entier est dirigé à droite ou à gauche suivant le côté où le bout du fouet touche la neige ou frappe les chefs de file s'ils n'ont pas tout de suite compris l'avertissement. On s'aide bien de la voix, mais ce n'est que sur le fouet qu'on peut réellement compter : votre influence sur l'attelage est en raison directe de la manière dont vous savez le brandir. Le fouet esquimau a toujours quatre pieds de plus que les traits et se termine par une mince lanière de nerf durci avec laquelle un habile conducteur fait couler le sang à volonté ; il sait même indiquer d'avance l'endroit où il touchera le réfractaire. Pendant notre course d'aujourd'hui, Jensen me montrait un jeune chien qui venait de mettre sa patience à une rude épreuve : « Vous voyez cette bête, me disait-il en mauvais anglais ; je prends un morceau de son oreille ! » Et comme il parlait encore, le fouet claquait dans l'air, le nerf s'enroulait autour du petit bout de l'oreille et l'enlevait aussi proprement que l'eût fait un couteau.

Ce fouet n'est autre chose qu'une mince bande de cuir de phoque non tanné et plus large à son extrémité antérieure ; le manche a tout au plus deux pieds et demi ; le peu de poids de cet instrument le rend très difficile à manœuvrer et le mouvement de poignet nécessaire pour enrouler la courroie autour du but est singulièrement pénible et demande de longs et patients exercices : ma persévérance a été récompensée, et si le malheur voulait que j'y fusse contraint, je ne reculerais pas devant la tâche ; mais Dieu veuille que je ne sois pas forcé à utiliser le talent que je viens d'acquérir !

Entre tous les durs métiers, je n'en connais pas de plus rude : le fouet doit sans cesse retentir et s'il n'est impitoyable, il devient complètement inutile. Les chiens ne sont pas longtemps à juger la force ou la faiblesse de leur conducteur : ils le toisent en un instant et courent où il leur plaît dès qu'ils ne sont pas parfaitement assurés que leur peau est à la merci du maître : un renard traverse la glace, ils trouvent les traces d'un ours, éventent un phoque ou aperçoivent un oiseau et les voilà franchissant les neiges amoncelées et les *hummocks**, dressant leurs courtes oreilles, relevant en trompette leur queue touffue et s'élançant comme autant de loups à la poursuite du gibier. Le fouet tombe alors sur eux avec une énergie cruelle ; oreilles et queues de s'abaisser, chiens de rentrer dans la bonne voie, mais malheur à l'homme qui se laisse déborder !

Désirant essayer mes forces, j'avais voulu faire le tour du port. Le vent soufflait arrière, et tout allait à merveille; mais quand il fallut revenir, les chiens ne se trouvèrent pas de cet avis : ils ne détestent rien tant que de marcher vent debout. Frais et dispos, ils se sentaient en gaîté et tout disposés à agir à leur guise : il est probable aussi qu'ils voulaient fixer leur opinion sur le nouveau conducteur qui se mêlait de les diriger; du reste, nous étions assez bons amis, je les caressais souvent, mais ils n'avaient pas encore éprouvé la force de mon bras.

(HAYES, *Voyage à la mer libre du pôle Arctique.*)

AFRIQUE

Le continent africain est, avec l'Inde, la contrée du monde la plus riche en animaux de grande taille. Et comme, à l'exception de la zone qui borde la Méditerranée, les tribus nègres qui l'habitent sont peu nombreuses et mal armées, ces animaux y vivent en souverains, comme si l'homme n'y existait pas. Rien ne limite leur pullulation, que les nécessités mêmes de la vie.

Du nord au sud et de l'est à l'ouest, les éléphants s'y promènent en troupes, souvent quasi innombrables; le voyageur Livingstone, qui n'a jamais exagéré, en a compté un jour 800 buvant dans un étang! Les rhinocéros, nombreux, quoique presque toujours solitaires, habitent les halliers; les hippopotames, les bords des lacs et des fleuves, en compagnie d'énormes crocodiles; dans les plaines désertes et les bois, les girafes, les buffles, les gazelles et beaucoup d'autres espèces d'antilopes, quelques-unes atteignant la taille du cheval, les zèbres, les autruches, s'offrent au chasseur, et fournissent une nourriture assurée au lion, le tyran de la nature africaine, aux panthères, aux hyènes et à maints autres carnassiers plus petits. Partout des myriades de singes, très variés de formes, gambadent sur les arbres ou les saillies des rochers, et sous l'équateur, dans les forêts du Gabon, vivent en petites familles, marchant gravement à terre, le chimpanzé et le gorille, les deux singes les plus voisins de l'espèce humaine.

Un officier de la marine française, qui a beaucoup voyagé sur les côtes africaines, décrit en ces termes la *faune** de la région ouest.

Les Européens que leur emploi ou leur commerce conduisent à la côte occidentale d'Afrique sont obligés de rompre avec leurs habitudes : la chasse est presque le seul plaisir qu'ils puissent se procurer; elle est pénible et dangereuse; elle a ainsi un double attrait pour les caractères aventureux.

L'autruche doit être mise en tête des oiseaux africains;

elle va en troupes et s'apprivoise facilement. Les Maures de l'Oued Noun et de la province méridionale du Maroc la chassent à cheval. Les cavaliers montent, pour cet usage, des juments d'un grand prix. Il se forme une société pour l'achat et l'entretien d'une de ces précieuses bêtes, dont la perte ruinerait un seul propriétaire. Le partage des chasses est fait d'après les intérêts que chacun des copartageants a dans le noble animal, dont le sang doit être des plus purs.

Les cavaliers africains attendent ordinairement que le soleil soit dans sa plus grande force pour se mettre en chasse. Ces juments sont suivies par des chameaux, que l'on charge du gibier à mesure qu'il a été abattu par le bâton plombé des cavaliers. Ces juments sont exclusivement nourries de lait de chamelle, de farine d'orge et de dattes, pendant la durée de la chasse.

Les outardes tiennent le premier rang parmi les échassiers après l'autruche. La grande outarde se trouve ordinairement dans les plaines visitées par les Maures, mais la petite outarde vient jusque dans les plaines qui avoisinent Gorée. Celle-ci se chasse à cheval et avec des chiens. Elle est un peu plus grosse qu'un faisan ordinaire; elle est haute sur pattes, a la queue courte, les ailes bien développées; les plumes de dessous les ailes sont roses. Après trois ou quatre remises, les outardes sont fatiguées, leur vol est lourd, et on les tire sans quitter la selle. J'en ai ainsi tué une au coup du roi, et elle tomba à mes pieds.

On rencontre dans les plaines africaines de nombreux troupeaux d'antilopes, qui recherchent de préférence les lieux pourvus d'un réservoir d'eau, où ils peuvent s'abreuver. Le matin et le soir, le chasseur doit y être à l'affût. Il est difficile de les atteindre autrement que par surprise, car lorsque les troupeaux paissent en plaine, ils sont sous la garde des vieux mâles qui ont l'œil perçant et l'oreille fine, et, dès qu'ils ont signalé l'ennemi, le troupeau fuit avec une rapidité sans exemple. Le lion suit généralement les troupeaux d'antilopes et en fait sa princi-

Abondance du gibier sur les rives du Zambèze.

pale pâture. Il ne dédaigne cependant pas les pintades et sait très bien étudier les passes que ces oiseaux, qui volent rarement, tracent dans les herbes, et, d'un coup de patte, il rafle toute une file.

Un officier qui commandait un des vapeurs qui stationnent dans le fleuve était passionné pour la chasse à la pintade : cet oiseau est ordinairement très farouche et fuit avec une grande rapidité ; on ne peut s'en approcher que rarement. Il parvint un jour à rejoindre le gros d'une compagnie et abattit deux belles pintades au moment où elles s'enlevaient. Il s'apprêtait déjà à relever son gibier, quand deux grosses pattes fauves sortirent du buisson auquel les pintades étaient acculées et s'emparèrent de sa chasse. Il n'est pas besoin de dire qu'il n'essaya même pas de les disputer au seigneur du désert. Il s'éloigna à reculons en glissant des lingots* dans son fusil. Quant au lion, satisfait d'avoir été servi à souhait, il ne se montra pas.

Le lion est solitaire et n'est pas à craindre lorsqu'on ne l'attaque pas. On m'a affirmé que le marabout, grande grue africaine dont la queue orne souvent la tête de nos Parisiennes, se tient dans les parages fréquentés par le lion, pour profiter des débris de ses repas ; car le lion ne vit que de bêtes vivantes.

Les onces et les oncelots que l'on voit dans les plaines qui avoisinent le Sénégal ne sont pas à craindre ; la panthère et le léopard fuient également l'homme. J'ai plusieurs fois tiré sur des léopards sans qu'ils aient fait tête*.

Le chacal suit le lion et est, dit-on, quelquefois son pourvoyeur. Le soir, ces quadrupèdes sortent de leurs terriers, et l'on entend leurs glapissements lugubres, qui ressemblent quelquefois à des cris d'enfant.

Le loup doré est un peu plus grand que le chacal.

L'hyène n'est pas à craindre pour l'homme. Ce carnassier sort rarement le jour ; il est surtout attiré par les émanations des corps en décomposition et se plaît autour des cimetières. Il faut entourer les tombeaux de pierres et les recouvrir d'épines, pour soustraire les restes qui y sont déposés à la voracité des hyènes.

On trouve encore en Afrique des civettes, petits carnassiers gros comme des chiens moyens. Elles ont une poche remplie de musc et sont surtout recherchées pour ce parfum. La civette a une crinière comme l'hyène. Sa fourrure, rayée de blanc et de noir, est grossière.

La chasse du fleuve est très attrayante en toute saison. Pendant l'hivernage elle est moins pénible qu'en saison sèche; les plaines étant inondées, le gibier se rassemble alors sur le tertre qui émerge, et il n'est pas rare de trouver des lions, des sangliers et d'autres quadrupèdes réunis sur un très petit espace.

Le crocodile infeste les eaux sénégalaises; il est insensible à la balle ronde, mais les balles coniques pénètrent assez aisément sa carapace*.

Les nègres sont friands de la chair du crocodile, dont la forte odeur de musc répugne aux Européens.

On a raconté beaucoup de faits qui feraient croire que l'instinct du crocodile est assez développé. Après avoir noyé sa proie, il la cache dans les cavernes sous l'eau et convie ses congénères à la partager.

Les noirs sont souvent enlevés par ces amphibies. Quelques femmes montrent un grand courage pour sauver leurs enfants et sacrifient quelquefois un membre. La tradition est qu'il faut enfoncer les doigts dans les yeux du crocodile pour lui faire lâcher prise. Il est rare que les crocodiles enlèvent les troupeaux au passage du fleuve; mais lorsque les bœufs sont isolés et se risquent au bord d'un marigot*, ils sont souvent saisis par le muffle et entraînés au fond de l'eau.

L'habileté des pasteurs peuls* est proverbiale. Ils exercent sur leurs troupeaux une merveilleuse influence. Lorsqu'ils craignent les surprises de l'homme ou celles des carnassiers, ils se réunissent ou se dispersent suivant l'intonation du signal de leur berger, en obéissant toujours ponctuellement à sa voix.

Les troupeaux du haut fleuve traversent la rivière devant N'dioum ou Saldé, pour se rendre de la grande terre dans l'île à Morfil; les noirs les suivent à la nage et sont souvent obligés de saisir les génisses ou les jeunes taureaux par les cornes, pour les ramener du côté où ils veulent diriger le troupeau.

Les hippopotames sont nombreux dans le Sénégal. On trouve les traces de leurs pas dans toutes les mares qui sont en communication avec le Sénégal. Il faut les attendre à l'affût.

L'éléphant est rare et ne descend vers le fleuve que lorsqu'il a été chassé des grands bois qui lui servent de retraite dans le haut Sénégal ou la Gambie. On en tue auprès de Dagana. On en a même vu descendre jusqu'à Sor, à l'entrée du fleuve.

Les noirs le craignent beaucoup, parce qu'il ravage leurs cultures, et, dès qu'il est signalé, des villages entiers se mettent à sa poursuite; les Yoloffs excellent à cette chasse, qu'ils font avec une ardeur extrême.

A la fin de l'automne, les singes viennent s'ébattre sur les bords du fleuve de Sénégal et sur les terrains du Cayor; ceux du bas fleuve sont petits et fort laids Une guenon grise est assez forte. Un singe rouge, qui a du poil noir aux oreilles, est plus petit. Ils sautent d'arbre en arbre, le long des rives du Sénégal, et donnent un spectacle amusant. Lorsque l'on tue une guenon qui a son petit, celui-ci ne lâche pas sa mère. Les grands singes de Galam ne quittent pas les terres élevées du haut Sénégal, où on les accuse de ravager souvent les récoltes des noirs. Ces babouins* forment trois ou quatre espèces différentes, et sont caractérisés par le manque de queue, l'arrière-train calleux* et le museau de chien; ils sont intelligents et s'apprivoisent vite, mais souvent ils sont méchants, mordent ou lancent avec adresse de grosses pierres. On saisit tous les singes en leur mettant un appât dans une calebasse*; ils y passent la main et ne peuvent plus la retirer.

Pendant nos séjours sur la rade de Gorée, nous nous réunissions souvent huit ou dix chasseurs, pour battre la plaine de Dakar. Les guides et les porteurs, qui servaient

Cynocéphale du Sénégal.

de rabatteurs, étaient toujours à la plage, attendant notre arrivée, et nous commencions à nous enfoncer dans l'intérieur, au milieu d'une obscurité qui était souvent augmentée par la brume. Le guide était naturellement en tête et l'un de nous servait d'éclaireur, les autres officiers suivaient à la file indienne.

Il arrive quelquefois des méprises aux chasseurs novices. En 1832, j'étais à Gorée, sur la frégate *l'Hermione*. A quatre heures du matin, un canot nous jetait à terre. Le guide m'arrête et me dit silencieusement, en yoloff guisna : « Regarde. » Une tête velue et vigoureuse se profilait au-dessus d'une des petites haies d'épines dont les nègres entourent leurs *longhans*, champs ensemencés. Je fais passer le signal, la colonne fait face en tête, apprête les armes. Le matin et le soir, nous avions toujours une balle coulée dans l'un des canons de fusil. Je vais à l'encontre de la bête, qui ne fuit pas et ne cherche pas non plus à s'élancer sur moi. Je reconnais bientôt que c'était le chameau du courrier de Saint-Louis, qui se reposait tranquillement de la fatigue de ses trois journées de marche.

Dans les excursions matinales, la silhouette de longues files de nègres, en sarrau blanc ou bleu, apparaît subitement dans les sentiers battus; ils se rendent, avant la chaleur, d'un village à l'autre pour leurs affaires ou vont à leurs cultures. Leur marche est grave et silencieuse; ils sont armés d'une sagaie* à fer acéré ou de la petite houe à queue d'hirondelle qui sert à défricher. Au lever du soleil, ils s'agenouillent en se tournant du côté du levant et font leurs génuflexions en se prosternant le front dans la poussière. Les Africains sont très religieux. Le soleil est levé, la chasse est commencée; elle doit se terminer à dix heures, sans quoi les rayons du soleil frapperaient d'une insolation l'imprudent Européen qui ne se retirerait pas à temps sous un toit hospitalier.

Mille cris vous assaillent dans les chasses africaines : les derniers rugissements du lion s'éteignent dans le lointain; les mugissements des troupeaux font penser que l'homme a dompté le désert; les perdrix rappellent les gelinottes et courent en abaissant leurs ailes;

les cailles piaulent; les coucous font entendre un vacarme dont on ne peut se rendre compte; les pintades poussent des cris stridents; les grands calaos, nommés *dobinæ* par les Yoloffs*, fuient à toutes jambes. Cet oiseau est aussi gros qu'un coq d'Inde; il a de belles caroncules* rouges; il porte sur son bec, très proéminent, une protubérance* qui couvre les narines. Cet appareil donne au son qu'il émet une sonorité qui fait ressembler le cri du calao à un clairon perçant. De petits faisans gris et des toucans à longs becs caquettent sur les arbres, où les perdrix africaines, armées de forts ergots, perchent aussi, lorsqu'elles sont pourchassées par les chiens d'arrêt. Mille oiseaux au plumage varié se croisent dans leur vol. Les veuves aux deux pennes blanches, le guêpier à la queue fourchue, la grive, le passereau à bec de corail, les petits bengalis aux couleurs éclatantes, viennent chercher leur pâture de tous les jours dans les champs de millet; les tourterelles de Barbarie font entendre leur roucoulement.

Quelques lièvres attardés partent deçà, delà, et viennent souvent gonfler le carnier que porte le rabatteur. Le *souï-manga*, colibri africain, voltige autour de la corolle des fleurs, qu'il fouille de son long bec recourbé, pour y trouver l'insecte dont il fait sa proie.

(Fleuriot de Langle, *Croisières à la côte d'Afrique.*)

Mais ces splendides spectacles ne sont pas sans danger pour le spectateur. Il n'est pas toujours prudent de se risquer, même armé, parmi ces animaux peu disposés à respecter le *roi de la création.* Les nuits surtout sont redoutables. Les grands carnassiers, qui dorment pendant la chaleur du jour, se réveillent alors, se mettent en marche, et, si l'occasion les y porte, mangent aussi volontiers un homme qu'une antilope.

Lisez cet émouvant récit d'une soirée de promenade un peu en retard sur les bords du haut Nil.

L'endroit où je me trouvais était délicieux; c'était un site d'une originalité charmante. De longues herbes élevaient leurs tiges jusque dans les branches des arbres et donnaient au paysage une douceur d'aspect extraordinaire; çà et là des plantes herbacées petites et grandes montraient des formes variées, étalaient leurs feuillages déliés; d'autres, avec leurs panaches recouverts de duvet fin et moelleux, se courbaient en gerbes gracieusement contournées. Des grèves recouvertes d'un sable fin et uni se déroulaient comme des rubans en serpentant entre l'eau et la végétation et semblaient attirer mes pas. Une nappe d'eau tranquille reflétait les accidents de ces douces rives et se perdaient sinueusement dans un lointain vaporeux.

En remontant le bras du fleuve auprès duquel j'étais parvenu, je m'aperçus que sur certains points son lit était à sec, ce qui me permettait de traverser l'île pour être plus tôt à même d'observer le cours principal que devaient remonter nos barques. Cette île contenait une forêt bordée d'une assez large zone de grandes herbes et de joncs. J'essayai de m'y aventurer; mais je ne tardai pas à reconnaître que j'allais me retrouver en face de difficultés du même genre que celles dont je venais de me tirer avec tant de peine. Elles étaient pires encore; car, non seulement ces herbes étaient aussi épaisses, mais je ne pus rencontrer aucun sentier frayé par les animaux; et, malgré le peu de largeur de cette zone d'herbages et de joncs, je dus renoncer à la traverser. Je continuai donc à suivre la grève pendant environ deux kilomètres pour attendre les barques. Elles avaient navigué très lentement, et je n'aperçus que la première, fort loin de moi encore; pour les attendre, je m'assis au bord du fleuve, sous de grands arbres, à une place qu'une troupe de singes venait de m'abandonner.

Ces animaux revinrent peu après lorsque je fus tranquillement assis, et je ne tardai pas à entrer en relation avec eux; en me voyant complètement inoffensif, les mains vides, ils s'approchèrent très près de moi, même jusqu'à deux ou trois pas de distance; ils ne semblaient nullement redouter mon voisinage. D'ailleurs, j'avais tellement

En compagnie des singes.

braconné ces deux jours, que la provision de capsules que j'avais dans ma poche se trouvait épuisée; mon fusil, couché sur la grève à mon côté, n'était plus qu'un bâton incommode. Les singes pouvaient rester impunément près de moi, comme si j'eusse été un indigène désarmé. Ils s'asseyaient pour m'observer plus à l'aise, tout en se livrant aux pantomimes grimacières qui leur sont habituelles. Ils se disputaient entre eux, se faisaient des grincements de dents; je pus reconnaître qu'ils avaient en liberté à peu près le même caractère que celui que nous leur connaissons dans l'état privé. L'un d'eux, qui se trouvait près de l'extrémité du canon de mon fusil, y porta la main à deux ou trois reprises, comme pour s'assurer de ce que pouvaient être ces deux tubes en métal; s'enhardissant encore, il s'approche de la bretelle de mon arme; la trouvant ensuite à sa convenance, il la saisit et voulut s'enfuir; mais elle tenait au fusil; celui-ci était lourd, et elle lui échappa. Plusieurs de ces animaux m'ayant montré les dents, je fis mine de leur jeter des pierres. A ce mouvement, un branle-bas s'établit dans mon entourage; quelques-uns des singes s'enfuirent au loin, les autres grimpèrent sur les arbres qui étaient au-dessus de moi, en jetant des cris étourdissants; l'un d'eux, qu'avaient suivi de près les ricochets de mon caillou, vint au-dessus de ma tête tenter une petite vengeance; il se mit à secouer les branches de toutes ses forces, comme pour faire tomber sur moi les débris de bois sec qui se brisaient sous ses efforts. Un autre, plus malicieux, se permit certaine inconvenance dont je faillis recevoir les éclaboussures. A la suite de cette petite guerre, les singes revinrtenencore; mais ils se tinrent à une distance plus prudente.

Les jeux de ces animaux m'amusèrent assez longtemps, trop longtemps même; car tout à coup les cris des animaux sauvages m'avertirent que la nuit commençait à répandre ses ombres. Un chacal, le premier, jeta sous les échos de la forêt son hurlement triste et prolongé : *ouaou, ouaou, ouaou;* d'autres, peu après, lui répondirent de divers points des alentours; ensuite tout bruit cessa. Pendant leur silence, les animaux cherchent à se réunir; quelque temps après, leurs cris retentissent de nouveau de toute part, puis ils se taisent encore jusqu'à ce qu'ils se soient rassemblés. Cela fait, ils ne recommencent leurs hurlements que si l'un d'entre eux s'égare ou se trouve isolé. D'autres cris, d'autres mugissements que je ne reconnaissais pas retentissaient sur plusieurs points de la forêt; l'hyène vint mêler son cri bref et vigoureux à cet étrange concert; tous ces êtres sauvages sortaient de leurs repaires.

Les cris, les hurlements devenaient de plus en plus multipliés; la nuit se précipitait, il fallait bien prendre un parti. Je n'avais pas le choix; il ne me restait qu'à redescendre le long du bras du fleuve jusqu'au point où il offre un passage à sec, et là traverser l'île pour m'approcher de la barque. Songer à coucher seul sur la rive était impossible; tous les animaux carnassiers allaient venir tour à tour s'y abreuver et guetter leur proie. Je pris donc mon fusil sur l'épaule, regrettant vivement son impuissance momentanée, ne fût-ce que pour faire du bruit au besoin, afin d'éloigner le danger ou prévenir les gens de la barque de ma présence dans ce lieu isolé.

J'avais à peine fait quelque cents pas, que les cris de l'hyène partirent du bois; ceux des chacals s'y ajoutèrens aussitôt; j'avançais toujours le plus silencieusement qu'il m'était possible en sondant l'obscurité du regard. Plus loin un effroyable soupir, un *woûf* d'une puissance de poumons à défier des soufflets de forge fit frémir les voûtes de la forêt, en avant de moi! Je m'arrêtai subitement. Qu'était-ce?... Quel être pouvait pousser un tel soupir; un soupir à glacer d'effroi tous les êtres vivants?... Je ne voyais rien devant moi. Pourtant, à ce terrible et grave soupir, tous les hurlements, tous les petits glapissements que j'entendais çà et là dans la forêt s'étaient tus subitement; la nature semblait muette.... Néanmoins il fallait avancer; je serrai le fleuve de plus près comme un refuge et je marchai avec précaution. Tout à coup un second soupir de même nature que le précédent se fit entendre, ni plus ni moins sonore que le premier. Il fut immédiatement suivi d'un terrible rugissement qui, ébranlant les profondeurs de la forêt, retentit en avant de moi et me parut venir de l'endroit où je devais traverser le bras du fleuve, sinon de plus près encore.

Il n'y avait plus de doute: c'était le lion, ce roi terrible de la forêt, que j'avais sur mon passage; d'autres rugissements suivirent bientôt le premier, puis tout sembla se taire.

Après un certain temps de silence, les cris, les hurlements des autres animaux recommencèrent au loin et de proche en proche se firent entendre de nouveau, tout près de moi. Il fallait à tout prix atteindre la barque; je m'enhardis un peu en songeant qu'au besoin je pouvais me jeter dans le fleuve pour y trouver un refuge: c'était en cas d'attaque la seule chance de salut qui me restât, chance bien incertaine cependant, car tous les fauves nagent mieux que l'homme; seulement je pouvais avoir pied plus loin que mes agresseurs et les combattre alors dans des conditions plus avantageuses; mais aussi je pouvais être atteint d'un bond à l'improviste. J'étais donc réduit à prévoir des éventualités fort peu encourageantes.

J'arrivai à un endroit où la rive du fleuve était interceptée; une lisière de buissons et d'arbres dont les branches tombaient dans l'eau couvrait les talus abrupts* et se reliait à la forêt; il fallait absolument abandonner le bord du fleuve, mon unique refuge. J'hésitais; le cri de l'hyène, qui était sur mes talons, coupa court à mon hésitation, et je m'engageai sous le bois. Là l'obscurité était complète; du côté du fleuve seulement j'apercevais des demi-jours scintiller entre les troncs d'arbres. Tout autour de moi c'était un étrange frémissement de la nature; je portais mes mains en avant de moi, pour ne pas me heurter aux mille obstacles qui m'enveloppaient. De temps à autre je m'arrêtais pour prêter l'oreille, puis j'avançais de nouveau en tâtonnant.

Tout à coup de vigoureux rugissements retentirent non loin de moi, une grande agitation se produisit sous la fôret; je me pressai involontairement contre les troncs d'arbres. Pourtant ce tumulte sembla s'éloigner et décroître; ce ne devaient être que quelques animaux paisibles qui avaient fui épouvantés; mais mon espoir de l'éloignement du lion était évanoui; il était encore sur ma route, où ses rugissements se renouvelaient de temps en temps. Néanmoins j'avançai jusqu'à ce que j'eusse rejoint le Nil.

J'avais déjà entendu en Algérie la voix de ce puissant animal : jamais elle ne m'avait semblé si terrible. Le fait est que, sans qu'elle parût coûter le moindre effort de poumons, cette voix remplissait l'espace de sons caverneux; elle semblait communiquer une commotion à tous les objets des alentours et avoir la même intensité dans le lointain que dans le voisinage.

Lorsque les rugissements eurent cessé, j'attendis encore, espérant cette fois que les lions laisseraient enfin le passage libre ; puis j'enlevai mes chaussures pour marcher plus silencieusement, et j'arrivai ainsi en vue de l'extrémité de l'eau qui interceptait la traversée du bras du fleuve. A l'idée que l'eau ne serait peut-être pas assez profonde pour me protéger et que je m'y trouverais à la merci de mes ennemis, je m'arrêtai court un instant. Cependant je me décidai à tenter de traverser le bras du fleuve; je m'y introduisis avec précaution, pour ne pas agiter l'eau, et j'arrivai ainsi sur l'autre bord dans la presqu'île.

Pendant un instant je prêtai l'oreille; n'entendant rien, je repris assurance; pourtant jamais encore je n'avais été si près du danger. A la faveur des dernières lueurs du crépuscule, j'apercevais, se dessinant faiblement sur le ciel, l'extrémité de la longue vergue de la barque, mouillée devant moi, vers le bord opposé de l'île. Je n'étais plus séparé de mon but que par un faible espace; seulement, pour l'atteindre, il fallait côtoyer la lisière de la partie boisée qui s'avançait de mon côté. La silhouette noire qu'elle formait à ma gauche était bien un peu inquiétante, mais le silence qui régnait de ce côté me rassura ; je n'entendais plus que les nombreux animaux de la rive gauche, qui avaient recommencé à remplir la forêt de leurs voix sinistres. Jetant donc mon fusil sur l'épaule, je marchai directement vers la barque.

Presque aussitôt, au bruit que firent mes premiers pas sur le sable, un animal que je ne pus qu'entrevoir se leva devant moi et entra précipitamment sous le couvert du bois ; au même moment deux épouvantables rugissements, mêlés de grognements et d'affreux soupirs, retentirent dans cet endroit. La sonorité, la puissance du râle étaient telles, qu'il semblait se produire à mon oreille. Je restai cloué à ma place par l'émotion, mes yeux plongeant en vain dans l'obscurité ; mais des craquements de branches, le feuillage agité et bruyamment froissé sous l'impulsion de mouvements puissants et désordonnés, faisaient conjecturer la scène terrifiante qui se passait près de moi. A tout cela se mêlait je ne sais quel sourd et horrible bruit rauque.

Pourtant ma pensée reprit son cours, et mon premier mouvement fut de battre en retraite aussi silencieusement que possible ; je reculai vers la rive que je venais de quitter.

Évidemment l'animal inconnu que j'avais fait fuir était tombé sous les griffes des lions en pénétrant dans le bois où ils étaient, selon toute apparence, en embuscade. Le sort de cette malheureuse bête, qui n'avait pas même eu le temps de jeter un cri, eût été probablement le mien sans cet incident.

Ayant rejoint la rive, je me hâtai furtivement de la suivre en remontant, et je doublai ainsi la pointe sablonneuse de l'île sans abandonner le bord de l'eau. J'entendais toujours les débats et les cris des lions ; comme ils paraissaient être plusieurs, j'écoutais de temps à autre pour m'assurer si l'un d'eux n'était pas à ma poursuite. Le chemin me sembla fort long, mais j'arrivai enfin en présence de la barque; la planche qui la mettait en communication avec la terre avait été retirée. J'aperçus, par leurs silhouettes sur le ciel, nos hommes debout sur le pont, écoutant avec une anxiété d'autant plus vive, qu'ils savaient que pour venir à bord je devais passer précisément par le lieu où s'étaient fait entendre les rugissements. Le reis*, en effet, ne s'était décidé à amarrer sa barque en cet endroit qu'après s'être assuré que je pourrais pénétrer dans l'île pour l'atteindre. Il était du reste évident, d'après les cris et les bruits que l'on avait entendus, que les lions avaient atteint une proie et la dévoraient. Pour les gens du bord, qui connaissaient les habitudes de ces animaux et leur manière particulière de rugir lorsqu'ils tiennent une victime, cela ne laissait aucun doute; aussi une exclamation s'échappa de toutes les poitrines quand j'élevai la voix pour demander qu'on vînt me chercher; les épaules d'un nègre me servirent de pont. Chacun me combla de félicitations; la protection d'Allah était évidente : « Allah kérim! Inchallah*! » dirent les musulmans du bord.

(TRÉMAUX, *Voyage au Soudan oriental.*)

Gorille et Chimpanzé.

Les plus intéressants, à coup sûr, des animaux africains, ce sont ces grands singes, si intelligents, qui atteignent ou dépassent même la taille de l'homme, et qui présentent de si grandes ressemblances avec notre espèce.

Le gorille est le plus grand d'entre eux : on en a vu ayant six pieds de haut: taille énorme, surtout si l'on songe qu'ils ne peuvent allonger leur jambe en ligne droite avec la cuisse.

Cette flexion forcée de la jambe fait qu'ils ne peuvent marcher droit comme nous, mais sont toujours courbés, s'appuyant le plus souvent au sol sur leurs mains ou se soutenant avec quelque bâton.

Ils vivent en petites familles et sont très redoutés des nègres, qui les accusent, sans doute à tort, de tous les méfaits dont peuvent se rendre coupables soit des hommes, soit des animaux. Les premiers

Européens qui ont vu de près ce redoutable animal ont été entraînés, eux aussi, à des exagérations bien naturelles.

On ne le trouve que dans les forêts intertropicales de l'Afrique occidentale. Parmi les voyageurs qui l'ont observé, Du Chaillu tient le premier rang. Il les a rencontrés quantité de fois.

Souvent leur aspect est des plus pacifiques, et l'entrevue se passe fort bien. Mais si l'on attaque cet animal doué d'une force extraordinaire, on a affaire au plus terrible des ennemis.

Je cheminais tranquillement le long de cette clôture, quand j'entendis, dans l'allée de bananiers* vers laquelle je me dirigeais, un craquement pareil à un bruit de branches cassées. Je me cachai bien vite derrière un buisson, et presque aussitôt j'eus la joie de voir apparaître une femelle de gorille; et avant même que j'eusse le temps d'observer ses mouvements, une seconde, puis une troisième débouchèrent de l'épais massif. A la fin, je n'en eus pas moins de quatre devant les yeux.

Elles étaient toutes occupées à abattre les plus gros bananiers. Une des femelles était suivie d'un petit. J'avais là une admirable occasion d'épier les allures de cette troupe farouche. Les peaux velues, les abdomens protubérants, les traits hideux de ces étranges créatures qui se rapprochent si horriblement de la figure humaine, composaient un tableau pareil aux hallucinations* fiévreuses d'un cerveau malade. Pour abattre un arbre, elles commençaient par en embrasser fortement la tige avec leurs pieds, puis elles le secouaient violemment de leurs bras vigoureux. Leur besogne n'était pas des plus difficiles, grâce à la texture* molle de la tige du bananier. Ensuite elles se jetaient sur le cœur de l'arbre, dont elles suçaient la sève à la base des feuilles, et s'en repaissaient avec voracité. Tout en mangeant, elles faisaient entendre une sorte de gloussement de plaisir. Plusieurs des arbres qu'elles avaient abattus ne portaient aucune marque de leurs morsures. De temps en temps elles s'arrêtaient et regardaient autour d'elles; une ou deux fois elles parurent prêtes à prendre l'alarme, mais elles se rassurèrent et se remirent à leur ouvrage. Peu à peu

Famille de gorilles.

elles se rapprochèrent de la lisière de la sombre forêt, où elles finirent par disparaître. J'étais si attentif à les surveiller, que je laissai passer l'occasion de tirer sur l'une de ces bêtes avant qu'elles eussent fait retraite.

. . . .

J'allais ainsi sans regarder devant moi et un peu en avant de ma troupe, quand je fus tiré de mes rêveries par un bruit de branches cassées et d'arbres secoués avec force. Je crus que c'était une troupe de singes qui croquaient des fruits sauvages, et je levai négligemment la tête pour les regarder à travers le feuillage ; mais quel fut mon saisissement quand je reconnus, sur un grand arbre, toute une bande de gorilles! Je n'avais à la main qu'une simple canne de voyage, et je fus si frappé de cette apparition imprévue que je restai cloué sur place. Cependant ces animaux m'avaient vu ; ils se précipitèrent au plus vite en bas de l'arbre, en faisant plier les menues branches sous leur poids, et s'enfuirent à quatre pattes. Un vieux mâle, qui paraissait être le gardien du troupeau, fit seul bonne contenance, et s'arrêta à me regarder fixement à travers une éclaircie du feuillage. Je voyais distinctement sa hideuse face noire, ses yeux farouches, ses sourcils froncés et saillants, et lui m'envisageait d'un air de défi menaçant. Désarmé comme je l'étais, je songeais à me replier vers ma troupe, quand celle-ci, qui se rapprochait à grand bruit, fit diversion au danger. Le monstre velu jeta un cri d'alarme, sauta à terre à travers un fouillis de lianes, et disparut dans la jungle* après les autres fuyards.

(Du Chaillu, *L'Afrique sauvage.*)

Mais souvent le gorille, surtout le mâle, attaque directement l'homme. On ne peut s'en tirer alors qu'avec de bonnes armes et un grand sang-froid.

Gambo et moi, nous retournâmes pendant une semaine à la chasse du gorille. Les indigènes disaient qu'un monstrueux animal avait été vu plusieurs fois dans la forêt, à dix milles à l'est. C'était justement un pareil sujet qu'il me fallait pour compléter la série de ma collection. Je me décidai donc à l'aller chercher. Enfin le 10 juin nous eûmes le bonheur de le rencontrer. Nous chassions depuis plusieurs heures, quand nous tombâmes sur les traces encore fraîches d'un animal que je jugeai de très grande taille. Nous suivîmes ces traces avec précaution et enfin, dans un fourré, au fond d'un obscur ravin, nous nous trouvâmes en présence de la bête que nous cherchions. Ils étaient deux gorilles, le mâle et la femelle. Grâce à l'épaisseur de la jungle dans un coin de laquelle ils étaient cachés, ils nous aperçurent les premiers. La femelle jeta un cri d'alarme et s'enfuit à travers bois, avant que nous pussions tirer sur elle ; en un moment nous la perdîmes de vue. Cependant le mâle, à qui j'en voulais surtout, ne montrait aucune envie de fuir. Il se leva lentement, regarda en face ceux qui venaient le troubler dans sa retraite et poussa un rugissement de rage. Nous n'avions avec nous qu'un seul chasseur et un enfant Ashira qui portait un fusil de rechange. L'enfant se replia derrière nous. Quant à nous, nous restâmes côte à côte à attendre l'attaque du monstre. Entrevu dans le demi-jour du ravin, ses traits hideux, crispés par la rage, ses yeux gris étincelant d'un feu sombre et sinistre, sa face de satyre* violemment contractée, tout lui donnait un aspect effroyable.

Il s'avança vers nous par saccades, suivant la coutume de ces animaux, faisant halte de temps en temps pour battre de ses poings son énorme poitrine, qui rendait un son creux et sourd comme celui d'une grosse caisse qui serait tendue d'une peau de bœuf. Puis il se mit à rugir, faisant retentir la forêt d'un court aboiement suivi d'un grondement pareil au tonnerre.

Nous demeurâmes fermes à notre poste pendant trois longues minutes, le fusil à la main, attendant que ce gigantesque animal fût bien à notre portée. Pendant ce temps je ne pouvais m'empêcher de penser à mon pauvre chasseur tué quelque temps auparavant. Là même, en face du gorille qui s'avançait, je me figurais l'horrible situation de ce malheureux au moment où, ayant déchargé son arme, il avait vu son implacable ennemi venir sur lui, non pas par un brusque élan comme le léopard, mais à pas comptés, marchant sûrement à sa vengeance, inévitable comme le destin.

Le monstre s'arrêta devant nous, à huit pas de distance. A cette dernière halte, il releva la tête pour pousser un nouveau rugissement et se battit la poitrine. Puis, au moment précis où il se remettait en marche, nous tirâmes; il chancela et tomba tout de son long, presque à nos pieds, la face contre terre, et mort.

Je vis d'un coup d'œil que c'était bien l'animal que je voulais avoir. C'est le plus vieux de toute ma collection et presque le plus grand que j'aie jamais vu. Gambo, vieux chasseur, quoique jeune homme, en avait vu quelques-uns de plus forts, mais pas beaucoup. Sa taille était de cinq pieds neuf pouces, mesurée depuis l'orteil. Le développement de ses bras étendus étaient de neuf pieds. Sa poitrine avait soixante-deux pouces de circonférence. Ses mains, armes terribles, dont un seul coup éventre un homme et lui brise les membres, avaient une immense force musculaire et se recourbaient comme de véritables griffes. Je pouvais juger de la portée d'un coup assené par une telle main, emmanchée à un bras tout charpenté de gros paquets de fibres musculaires. L'orteil n'avait pas moins de six pouces de tour.

(Du Chaillu, *Voyages et aventures à travers l'Afrique équatoriale.*)

L'histoire à laquelle fait allusion du Chaillu dans ce dernier récit est des plus tragiques.

Nous nous dirigeâmes vers une vallée sombre où Gambo assurait que nous devions rencontrer des gorilles; car cet animal choisit pour demeure les forêts les plus obscures et les plus épaisses : on ne le trouve au bord des clairières que lorsqu'il cherche des bananes, des cannes à sucre ou des ananas*.

Notre petite troupe se divisa, suivant la coutume, pour battre le bois en différents sens; Gambo et moi nous restâmes ensemble. Un de nos hardis compagnons s'avança tout seul du côté où il pensait rencontrer un gorille; les trois autres prirent un autre chemin. Il y avait à peu près une heure que nous étions séparés, lorsque nous entendîmes, Gambo et moi, un coup de feu à peu de distance, puis un autre. Nous marchions déjà dans cette direction, espérant trouver un gorille couché par terre, quand la forêt commença à retentir des plus terribles rugissements. Gambo me saisit le bras, tout troublé, et nous pressâmes le pas, agités de pressentiments sinistres. Nous n'allâmes pas loin sans les voir réalisés. Le pauvre camarade qui s'était aventuré tout seul gisait à terre dans une mare de sang. Ses entrailles sortaient de son ventre affreusement déchiré. A côté de lui était son fusil; la crosse en était brisée, et le canon, ployé et aplati, portait la marque des dents du gorille.

Nous soulevâmes le corps et je bandai les blessures aussi bien que je pus avec des lambeaux d'étoffe arrachés à mes vêtements. Il n'était pas mort. Quand je lui eus fait boire un peu d'eau-de-vie, il revint à lui et se trouva en état de parler, quoique avec beaucoup de difficulté. Il nous dit alors qu'il s'était trouvé, tout à coup, face à face avec un gorille qui n'avait pas cherché à se sauver, un grand mâle, à l'air très farouche. Comme il se trouvait dans une partie très obscure de la forêt, il avait manqué son coup. Il m'assura pourtant qu'il avait bien ajusté et qu'il n'avait tiré qu'à dix pas; mais la balle avait blessé l'animal au côté. Celui-ci avait commencé à se battre la poitrine et à marcher avec rage sur son adversaire.

Fuir était impossible. L'homme aurait été atteint dans cette jungle avant d'avoir fait quelques pas.

Il resta en place et rechargea son fusil aussi vite qu'il

put; mais au moment où il levait l'arme, l'animal la lui fit tomber des mains, et le coup partit pendant la chute. Au même instant le gorille, poussant un rugissement terrible, éventra l'homme d'un seul coup de son énorme main, et lui mit les entrailles à nu. Pendant que le malheureux tombait tout ensanglanté, le monstre saisit le fusil; le pauvre chasseur crut qu'il allait s'en servir pour l'assommer et lui briser la cervelle : mais l'animal sembla regarder cet arme comme un second ennemi, et se mit à l'aplatir dans ses puissantes mâchoires.

Quand nous arrivâmes sur le terrain, le gorille avait disparu. C'est l'habitude de ces animaux, quand on les attaque, de frapper un ou deux coups, puis de laisser par terre la victime de leur fureur, et de se retirer dans les bois.

(Du Chaillu, *Voyages et aventures à travers l'Afrique équatoriale.*)

Le caractère farouche et indomptable du gorille se manifeste dès son plus bas âge.

La journée du 4 mai fut marquée par une des plus vives joies que j'aie jamais éprouvées. Quelques chasseurs, qui avaient été battre les bois pour mon compte, me ramenèrent un jeune gorille *vivant.* Je ne puis décrire les émotions que je ressentis à la vue de ce petit animal, qui se débattait pendant qu'on le traînait de force dans le village. Ce seul instant me récompensa de toutes les fatigues et de toutes les souffrances que j'avais endurées en Afrique.

C'était un petit être de deux ou trois ans, qui avait déjà deux pieds six pouces, aussi farouche d'ailleurs et aussi indocile que s'il eût atteint tout son développement.

Mes chasseurs, que j'aurais embrassés, l'avaient pris dans le pays entre Bembo et le cap Sainte-Catherine. D'après leur rapport, ils allaient, au nombre de cinq, gagner un village près de la côte, et traversaient sans bruit la forêt, lorsqu'ils entendirent un cri qu'ils reconnurent aussitôt pour celui d'un gorille qui appelait sa mère. Tout, du reste, était silencieux dans la forêt; il était près de midi; ils se décidèrent à se porter du côté d'où venait ce cri, qui se fit entendre une seconde fois. Le fusil à la main, ils se glissèrent tout doucement dans un épais fourré où devait être le petit gorille; quelques indices leur firent reconnaître que la mère n'était pas loin: il y avait même à croire que le mâle, le plus redoutable de tous, se trouvait aussi aux environs. Pourtant les braves gens n'hésitèrent pas à tout risquer pour prendre, s'il était possible, un jeune sujet vivant, sachant bien quelle joie me ferait cette capture.

Ils virent remuer les buissons, ils se faufilèrent un peu plus avant, silencieux comme la mort, et retenant leur respiration. Bientôt ils aperçurent, spectacle bien rare même pour ces nègres, un jeune gorille assis, mangeant quelques graines à peine sorties de terre; à quelques pas était aussi la mère, assise de même et mangeant du même fruit. Ils se décidèrent à tirer : il était temps; car, au moment où ils levaient leurs fusils, la vieille femelle les aperçut; ils n'avaient plus qu'à faire feu sans un instant de retard. Heureusement ils la blessèrent à mort.

Elle tomba. Le petit gorille, au bruit de la décharge, se précipita vers sa mère, et se colla contre elle, se cachant sur son sein et embrassant tout son corps. Les chasseurs s'élancèrent avec un hourra de triomphe; mais leurs cris rappelèrent à lui le petit animal, qui, lâchant le corps de sa mère, s'enfuit vers un arbre et grimpa avec agilité jusqu'au sommet, où il s'assit en poussant des hurlements sauvages.

Nos gens étaient bien embarrassés pour l'atteindre; ils ne se souciaient pas de s'exposer à ses morsures, et, d'un autre côté, ils ne voulaient pas tirer sur lui. A la fin, ils s'avisèrent d'abattre l'arbre et de jeter un pagne carré sur la tête du petit monstre, en profitant du moment où il était aveuglé; ce qui n'empêcha pas un des hommes d'être mordu grièvement à la main, et un autre d'avoir la cuisse entamée.

Comme ce petit animal, chétif de taille, il est vrai, et tout enfant par l'âge, était d'une vigueur étonnante et que rien ne pouvait modérer sa fureur, on ne savait comment l'emporter. Il ne cessait de se débattre; on finit par lui enfermer le cou dans une fourche, qui l'empêchait de s'échapper et qui le tenait à distance. C'est dans cet équipage qu'on nous l'amena.

Le village était tout en émoi. L'animal, enlevé de la pirogue où il avait dû faire un court trajet sur la rivière, rugissait et beuglait, ses petits yeux lançaient autour de lui des regards farouches; on voyait que, s'il eût pu attraper quelqu'un de nous, il lui aurait fait sentir sa colère.

Je m'aperçus que la fourche lui blessait le cou, et je songeai aussitôt à me procurer une cage. En deux heures on me construisit une petite cabane de bambou très forte, avec des barreaux solidement fixés et assez espacés pour que le gorille pût être vu et voir lui-même au dehors. Il fut jeté de force là dedans; et pour la première fois je pus jouir tranquillement du spectacle de ma conquête.

C'était un jeune mâle, qui évidemment n'avait pas encore trois ans; tout à fait en état de marcher seul, il était doué pour son âge d'une force musculaire extraordinaire. Sa face et ses mains étaient toutes noires, ses yeux moins enfoncés que ceux des adultes. Les poils de sa chevelure commençaient juste aux sourcils et s'élevaient au sommet de la tête, où ils étaient d'un brun rougeâtre, pour redescendre des deux côtés de la face jusqu'à la mâchoire inférieure, en dessinant des lignes assez pareilles à nos favoris. La lèvre supérieure était bordée d'un poil peu fourni et grossier, plus long sous la lèvre inférieure. Les paupières étaient très minces, les sourcils droits, et longs de trois quarts de pouce.

Le pelage du dos était gris de fer, tirant sur le noir vers les bras, et tout à fait blanc autour de l'anus. La poitrine et le ventre était velus aussi; mais vers la poitrine le poil était un peu moins fourni et plus court. Sur les bras, ce poil s'allongeait plus que partout ailleurs, et paraissait d'un noir grisâtre, ce qui provenait de ce qu'il était noir à sa racine et blanchâtre à son extrémité. Aux poignets et aux mains, le poil était noir et descendait aux doigts jusqu'à la seconde phalange, quoique ce ne fût encore que le duvet précurseur des longs poils qui recouvrent la partie supérieure des doigts de l'adulte. Les poils des jambes étaient d'un noir grisâtre qui devenait plus foncé à mesure qu'il se rapprochait des chevilles; celui des pieds était tout noir.

Quand je vis le petit camarade solidement enfermé dans sa cage, je m'approchai pour lui adresser quelques paroles d'encouragement. Il se tenait dans le coin le plus reculé: mais dès que j'avançai, il rugit et s'élança sur moi, et quoique je me fusse retiré le plus vite possible, il réussit à saisir mon pantalon et le déchira avec un de ses pieds; puis il retourna vite dans son coin. Cette attaque me rendit plus circonspect; pourtant je ne désespérais pas de parvenir à l'apprivoiser.

Il était accroupi au fond de la cage; ses yeux gris lançaient des regards méchants; je n'ai jamais vu de face plus sombre que celle de ce petit animal.

La première chose que j'avais à faire, c'était d'épier les besoins de mon prisonnier. J'envoyai chercher les fruits de la forêt que cet animal préfère, et je les plaçai avec un vase d'eau à sa portée. Mais il se tint complètement sur la réserve et ne voulut toucher à rien, avant que je ne me fusse éloigné à une distance considérable.

Le second jour, je trouvai Joé — c'est le nom que je lu avais donné — plus farouche encore que le premier. Il s'élançait avec des cris et des bonds sauvages contre quiconque approchait de sa cage, et semblait prêt à nous mettre tous en pièces. Je lui jetai ce jour-là quelques feuilles d'ananas, et je remarquai qu'il n'en mangeait que les parties blanches. Il semblait, du reste, avoir bon appétit, quoique alors, et pendant le reste de sa courte existence, il refusât tout autre aliment que les feuilles et les fruits de sa forêt natale.

Le troisième jour, il était plus que jamais refrogné et sauvage, beuglant dès que quelqu'un faisait mine de l'approcher, et se retirant alors dans son coin en s'élançant pour attaquer l'importun. Le quatrième jour, pendant que personne n'était là, il réussit à arracher deux barreaux de sa cage et s'échappa. J'arrivai juste au moment où l'on venait de s'apercevoir de sa fuite ; aussitôt je mis sur pied tous les nègres et je les envoyai cerner le bois pour ressaisir le fugitif. Comme je rentrais vite chez moi pour prendre un de mes fusils, j'entendis un grondement menaçant qui sortait de dessous mon lit. C'était maître Joé, qui se tenait caché là et qui épiait tous mes mouvements. Je fermai aussitôt ma fenêtre, et appelai mon monde pour garder la porte. Quand Joé vit cette foule de visages noirs, il devint furieux ; l'œil étincelant, exprimant sa rage par tous les muscles de sa petite face et par les contorsions de son petit corps, il s'élança de sa cachette. Nous sortîmes en fermant la porte sur lui, nous le laissâmes maître du logis, aimant mieux combiner quelque plan pour le reprendre à loisir que de nous exposer à ses terribles dents.

Mais comment nous emparer de lui ? C'était là le difficile. Il avait déployé déjà tant de force et de fureur, que je ne me souciais pas de me faire mordre dans une lutte corps à corps. Cependant Joé se tenait au milieu de la chambre, surveillant ses ennemis du dehors et observant avec quelque surprise les objets qui l'entouraient. J'avais peur que la sonnerie de ma pendule n'appelât sa fureur sur ce précieux objet. Certes j'aurais bien laissé Joé en possession de ma chambre, mais je craignais qu'il ne détruisît plusieurs articles de prix fort curieux que j'avais suspendus aux murs.

A la fin, le voyant un peu calmé, j'envoyai quelques hommes chercher un filet, et, ouvrant vite la porte, je le lui jetai sur la tête. Heureusement nous réussîmes du premier coup à entortiller le diablotin, qui se mit à pousser des rugissements effroyables, à frapper et à donner des coups de pied en tous sens, sous le filet où il était empêtré. Je le saisis par la nuque, deux hommes lui prirent les bras et un autre les jambes; ainsi tenue par quatre hommes, cette extraordinaire petite bête nous donna une peine infinie. Nous la portâmes aussi vite que nous pûmes dans sa cage que l'on avait réparée, et nous l'y enfermâmes de nouveau.

Je n'ai vu de ma vie une bête si furieuse. Elle s'élançait sur tout ce qui l'approchait, elle mordait les barreaux de sa prison, elle nous lançait des regards sinistres et venimeux, et chacun de ses mouvements révélait une nature féroce et intraitable.

Pas de changement pendant les deux jours qui suivirent; son humeur farouche ne fléchissait pas; j'essayai alors de ce que pourrait le jeûne pour dompter sa violence. Il devenait d'ailleurs assez embarrassant d'aller lui chercher sa nourriture dans les bois, et j'avais besoin de l'accoutumer aux aliments moins sauvages que je plaçais devant lui. Mais il ne voulut toucher à rien; et quant à son humeur, tout ce que je gagnai après un jeûne de vingt-quatre heures, c'est qu'il vînt lentement prendre dans ma main des graines de la forêt, pour aller les dévorer dans son coin.

L'étude attentive à laquelle je me livrai pendant une quinzaine de jours ne me donna pas plus d'espoir. Il grondait toujours après moi; ce n'était que lorsque la faim le pressait qu'il venait prendre dans ma main la nourriture de son choix, et pas d'autre. Au bout de cette quinzaine, comme je venais lui porter à manger, je m'aperçus qu'un bambou de sa cage avait été rongé, et que l'animal s'était échappé de nouveau. Heureusement il n'était pas encore loin, et, en regardant autour de moi, je vis maître Joé qui courait à quatre pattes, et avec une grande vitesse, à travers une petite prairie vers un massif d'arbres.

J'appelai mes hommes pour lui donner la chasse. Dès qu'il nous vit, avant qu'on pût l'atteindre, il prit sa course vers un autre bouquet de bois. Nous le cernâmes ; mais, au lieu de monter sur un arbre, il se tint avec défiance sur la lisière du petit bois. Cent cinquante personnes à peu près s'avancèrent et se formèrent encore autour de lui pour le resserrer peu à peu ; alors il se mit à hurler et s'élança sur un pauvre diable qui était en avant, et qui, de frayeur, tomba par terre. Cette chute, qui préserva l'homme, embarrassa Joé, et nous donna le temps de jeter sur lui les filets que nous avions apportés.

Quatre des nôtres le portèrent au village pendant qu'il se débattait. Cette fois, je ne me fiai plus à sa cage, mais je lui passai une petite chaîne autour du cou. Il résista de toutes ses forces à cette opération, et il ne fallut pas moins d'une heure pour enchaîner ce petit animal, dont la force était vraiment quelque chose de prodigieux.

Dix jours après, il mourut subitement. Il paraissait cependant en bonne santé, il mangeait abondamment de ses aliments ordinaires, qu'on lui apportait chaque jour. Sa mort fut accompagnée de quelque souffrance.

Il n'avait pas cessé jusqu'à la fin de se montrer indomptable ; et quand on l'eut enchaîné, il ajouta la sournoiserie aux autres vices de sa nature. Ainsi il lui arriva plusieurs fois, quand il venait prendre sa nourriture dans ma main, de me regarder bien en face pour occuper mon attention, et pendant ce temps il avançait son pied et m'accrochait la jambe. Il mit ainsi mon pantalon en pièces plusieurs fois, et si je ne me fusse reculé à temps, je n'aurais pu me préserver moi-même. Enfin je me vis obligé de prendre des précautions infinies pour l'approcher. Les nègres ne pouvaient passer près de lui sans le mettre en fureur. Vers la fin il me reconnaissait bien, et ne semblait pas avoir peur de moi ; malgré cela on voyait qu'il couvait, même contre moi, l'ardent désir de se venger.

Quand je l'eus mis à la chaîne, j'avais rempli de foin une moitié de tonneau, que je plaçai près de lui pour lui servir de couchette. Dès le premier moment, il en comprit l'usage. C'était plaisir de le voir remuer le foin et se blottir dans ce nid, lorsqu'il se sentait fatigué. La nuit venue, il le remuait encore et il en prenait des poignées pour se couvrir, une fois pelotonné dans son nid.

(Du Chaillu, *Voyages et aventures dans l'Afrique équatoriale.*)

Le chimpanzé, notablement plus petit de taille, est beaucoup plus doux et plus apprivoisable.

Vers midi, comme nous traversions une espèce de plateau sur les hauteurs, nous entendîmes le cri d'un jeune animal que nous reconnûmes tous pour un nshiégo-mbouvé. A ce moment toutes mes préoccupations disparurent et je ne sentais plus ni la maladie ni la faim.

Nous nous glissâmes à travers les buissons avec le moins de bruit possible, toujours guidés par le cri du petit singe. Bientôt, en arrivant à une clairière, nous vîmes quelque chose qui courait le long du sol vers l'endroit où nous nous tenions cachés. Quand l'objet fut plus près, nous distinguâmes une femelle de nshiégo-mbouvé, trottant à quatre pattes, et tenant un petit collé après son sein. Elle mangeait évidemment quelques fruits et supportait le petit avec un de ses bras.

Querlaouen, le mieux placé, tira et l'abattit. Elle tomba raide. Le pauvre petit poussait des cris : heu ! heu ! heu ! et s'attachait au corps, cachant sa petite tête effrayée dans le sein de sa mère.

Nous accourûmes pleins de joie pour nous emparer de lui. Je ne saurais dire ma surprise quand je vis que le petit nshiégo avait la figure blanche, pâle même, aussi blanche que le visage de l'enfant le plus blanc. Je regardai la mère, et je vis que sa face était noire comme de la suie. Le petit n'avait guère qu'un pied de haut. Un de nos hommes lui jeta un morceau d'étoffe sur la tête, et la maintint jusqu'à ce que nous l'eussions attaché avec une corde; car, malgré son jeune âge, il pouvait marcher.

Je donnai aussitôt l'ordre de revenir au camp ; et nous le regagnâmes vers le soir. Pendant la route, le petit nshiégo avait été tout le temps séparé du corps de sa mère. Lorsque en arrivant on le plaça auprès d'elle, ce fut une scène des plus émouvantes. Il se précipita sur elle ; mais, en lui touchant la face et le sein, il parut comprendre qu'un grand changement était survenu. Pendant quelques minutes il la caressa, comme pour la rappeler à la vie ; puis il sembla perdre tout espoir. Ses petits yeux prirent un air triste, et il éclata en gémissements prolongés : « ooee ! ooee ! » à fendre le cœur des assistants. Il semblait tout à fait désespéré, comme s'il eût senti réellement son abandon. Tout le monde au camp fut touché de sa douleur ; les femmes surtout s'en montraient fort émues.

Nous avions déjà été témoins des mêmes scènes quand nous avions pris de petits gorilles sur le cadavre de leur mère. N'est-il pas étrange que des êtres du naturel le plus opposé témoignent, quand ils sont jeunes, le même amour pour le sein qui les nourrit, et que même les plus féroces soient susceptibles d'un sentiment si tendre?

Je ne revenais pas de mon étonnement en considérant la figure blanche de cette petite créature. C'était pour moi une chose merveilleuse et tout à fait incompréhensible. Je n'avais jamais vu d'animal plus étrange.

Pendant que j'étais là à le regarder, deux de mes chasseurs survinrent et me plaisantèrent. « Voyez, Chelly, disaient-ils (c'est le nom qu'ils me donnent), voyez votre ami ! Toutes les fois que nous tuons un gorille, vous nous dites : Voyez votre ami noir ! Maintenant, nous vous disons : Voyez votre ami blanc ! » Là-dessus, ils poussaient un formidable éclat de rire, tant la plaisanterie leur paraissait excellente.

« Voyez, il a des cheveux droits, absolument comme vous ! Regardez la figure blanche de votre cousin des forêts ! il est bien plus de votre famille que le gorille n'est de la nôtre. »

Là-dessus, nouveau tonnerre de rires.

« Le gorille n'a pas de cheveux de laine comme nous. Celui-ci a des cheveux droits comme vous.

« Oui, répondis-je ; mais, quand il sera vieux, il sera noir comme vous ; et si ses cheveux sont comme les miens, ne voyez-vous pas que son nez est comme le vôtre ? »

Et les éclats de rire de redoubler. Car, pourvu qu'un nègre rie, peu lui importe aux dépens de qui.

Trois jours après que j'eus pris le petit animal, il était déjà tout à fait apprivoisé. Je lui donnai le nom de Tomy. Il venait prendre du biscuit dans ma main ; il mangeait du riz bouilli et des bananes rôties, et il buvait du lait de chèvre. Deux semaines plus tard, son éducation était complète ; je n'avais plus besoin de l'attacher. Il courait à droite et à gauche dans le camp ; et lorsque nous fûmes revenus chez Obindji, il trouvait son chemin dans le village et dans les cabanes, comme s'il eût été élevé là.

Il montrait une grande affection pour moi, et il avait pris l'habitude de me suivre partout. Quand j'étais assis, il n'était pas content qu'il n'eût grimpé sur mes genoux et caché sa petite tête sur ma poitrine. Il aimait beaucoup à être caressé et dorloté, et serait resté des heures à se laisser gratter la tête ou le dos.

Il ne tarda pas malheureusement à devenir très voleur. Quand les habitants quittaient leurs cabanes, il dérobait et emportait leurs bananes ou leurs poissons. Il guettait le moment de leur sortie ; aussi était-il malaisé de le prendre sur le fait. Je le fouettai plusieurs fois et je suis sûr d'être parvenu à lui faire comprendre que c'était *mal* de voler ; mais il ne pouvait résister à la tentation.

C'était moi surtout qu'il volait. Il s'était aperçu que ma cabane était mieux approvisionnée de bananes mûres et de fruits divers que les autres ; il avait découvert aussi que le moment le plus favorable pour ses larcins était celui de mon sommeil du matin. Il se glissait alors tout doucement, sur la pointe du pied, jusqu'à mon lit, regardait si j'avais les yeux bien fermés, puis, quand il ne me voyait faire aucun mouvement, il se redressait d'un air rassuré et allait me dérober quelques bananes. Si je venais à bouger, il disparaissait comme un éclair, et rentrait tout de suite après pour recommencer le même manège. Si je rouvrais les yeux pendant qu'il était en train de commettre son méfait, il prenait tout de suite un air honnête et venait me caresser ; mais je discernais bien les regards furtifs qu'il lançait du côté des bananes.

Ma cabane n'avait pas de porte, mais elle était fermée par une natte. Rien de plus comique que de voir Tomy soulevant un coin de la natte pour regarder si j'étais endormi. Quelquefois je faisais semblant de dormir, puis je remuais juste au moment où il s'emparait des objets de sa convoitise. Alors il laissait tout tomber, et se sauvait dans le plus grand trouble.

Il observait les heures des repas, et tâchait d'assister à autant de repas que possible ; c'est-à-dire qu'il allait de ma table à une demi-douzaine d'autres, demandant quelque chose à chacun. Mais il ne manquait jamais de se trouver à mon déjeuner et à mon dîner, car c'était chez moi, il le savait par expérience, qu'il y avait la meilleure chère. On me servait sur une espèce de table grossière, dans un endroit découvert devant la maison ; mais cette table était trop haute pour que Tomy pût voir les mets qu'on y plaçait. Que faisait-il ? Dès que j'étais installé, il grimpait sur un des poteaux qui supportaient le toit. De ce poste, il inspectait tous les plats qui étaient sur ma table, et, quand il avait fait son choix, il redescendait et s'asseyait à côté de moi.

Si je ne faisais pas attention à lui, il commençait par un cri : « heu ! heu ! heu ! » qui devenait de plus en plus fort, jusqu'à ce que, pour avoir la paix, je lui eusse donné ce qu'il voulait. Naturellement, je ne pouvais pas savoir quel plat il avait choisi pour son dîner ; je lui en offrais d'abord un, puis un autre, jusqu'à ce que le tour du sien arrivât.

Si je lui donnais d'un mets dont il ne voulait pas, il le jetait par terre avec un petit cri d'impatience, en frappant violemment du pied. Il répétait ce manège tant qu'il n'était pas servi à sa fantaisie. En un mot il se conduisait comme un véritable enfant gâté.

Si je lui donnais tout de suite ce qu'il voulait, il me remerciait par une espèce de gentil murmure et me tendait sa petite main pour secouer la mienne. Très amateur de viande et de poissons bouillis, il était sans cesse occupé à ronger les os qu'il ramassait dans le village. Il voulais toujours goûter à mon café; quand Makonday me l'apportait, Tomy m'en demandait gravement sa part, et si je le lui donnais sans sucre, il ne le buvait pas.

Je lui avais arrangé un petit coussin en guise de lit, ce qui parut l'enchanter. Une fois qu'il y fut accoutumé, il ne voulut plus s'en séparer; il le traînait partout avec lui. Si par hasard quelqu'un, pour lui faire pièce, lui dérobait cette couchette, tout le camp en était informé par ses hurlements lamentables. Plus d'une fois je fus obligé de faire faire des recherches partout, afin de retrouver cet objet précieux et de mettre fin à son vacarme. Il dormait toujours sur son coussin et s'y pelotonnait en petit tas. Il ne le quittait que pour me suivre dans les bois.

A mesure qu'il se familiarisait avec nous, il devenait impatient de toute contradiction et avide de caresses. Dès qu'on le contrariait, il se mettait à hurler d'une façon désagréable.

A l'approche de la saison sèche, la température s'étant refroidie, Tomy commença à désirer de la société pendant son sommeil, afin de se tenir plus chaudement. Les nègres ne voulaient pas de lui pour compagnon de lit parce qu'il leur ressemblait trop; je ne voulais pas non plus lui donner place près de moi : de sorte que le pauvre Tomy, repoussé partout, se trouvait très malheureux. Mais je découvris bientôt qu'il guettait le moment où tout le monde était endormi pour se glisser furtivement près de quelqu'un de ses amis nègres; il dormait là sans bouger jusqu'au point du jour, puis il décampait d'ordinaire avant qu'on l'eût découvert. Plusieurs fois il fut pris sur le fait et battu; mais il recommençait toujours.

Il joignait au vol un autre vice de la civilisation: il aimait avec passion les liqueurs fortes. Partout où un nègre avait mis du vin de palmier, Tomy éventait la cachette. Il avait un goût prononcé pour l'ale écossaise, dont j'avais quelques bouteilles. Il me demandait même de l'eau-de-vie. Ce fut précisément une bouteille d'eau-de-vie qui donna lieu à son dernier exploit. Un jour, en sortant, je l'avais oubliée sur un de mes coffres; le petit drôle vint pour voler et l'aperçut; comme il ne pouvait la déboucher, il la cassa, et quand je rentrai, je trouvai ma précieuse bouteille en morceaux. C'était ma dernière, et pour celui qui voyage dans cette partie de l'Afrique, l'eau-de-vie est aussi indispensable que le quinine. En même temps j'aperçus M. Tomy accroupi sur le plancher à côté des fragments de verre, dans un état d'ivresse complète. Dès qu'il me vit, il se leva tout chancelant et essaya de venir à moi; mais ses jambes vacillaient, et il retomba plusieurs fois. Ses yeux brillants, ses bras étendus pour m'attraper et ne saisissant que le vide, sa langue épaissie, tout m'offrait l'image à la fois dégoûtante et bouffonne d'un homme ivre; c'en était du moins la parodie. Je lui administrai une sévère correction, qui dégrisa quelque peu mon ivrogne; mais rien ne put le guérir de son amour pour les liqueurs.

Il était doué d'une forte dose d'intelligence; je crois que si j'en avais eu le loisir, j'aurais pu l'amener à se bien conduire, quoique son penchant pour le vol fût de nature à me désespérer. Il avait déjà vécu si longtemps avec nous, et il s'habituait si bien à la vie civilisée, que j'avais grand espoir de l'amener vivant en Amérique. Rien ne lui plaisait tant que de manger avec les nègres. Quand ils étaient assis en rond pour dîner, il mettait la main au plat en même temps qu'eux. A mesure aussi que la saison sèche s'avançait, et que les nuits devenaient plus fraîches, il trouvait un plaisir extrême à s'étendre autour du feu le soir, avec mes hommes. M. Tomy semblait jouir de cette récréation comme un être humain. De temps en temps il regardait les camarades qui l'entouraient, comme pour leur dire : « Ne me renvoyez pas! » Et la couleur blanche de sa figure contrastait singulièrement avec tous ces nègres. Son regard était intelligent; mais quand on le laissait à lui-même, il y avait dans toute sa physionomie quelque chose de triste, qui faisait peine à voir. Plusieurs fois j'essayai de pénétrer et de lire au fond des sentiments de ce pauvre petit être, qui excitait la curiosité des indigènes aussi bien que la mienne; car Tomy avait dans le pays autant de réputation que moi. Hélas! pauvre Tomy! un jour il refusa de manger; il semblait tout abattu; il voulait se faire caresser, se faire tenir dans les bras. J'allai chercher pour lui toutes sortes de fruits dans la forêt, mais il ne mangeait rien. Le lendemain, tout doucement et sans agonie, il mourut. Pauvre petit! Cette perte me causa un véritable chagrin; car je le voyais grandir près de moi comme un petit compagnon. Les nègres eux-mêmes, quoiqu'il les eût souvent importunés, le regrettèrent beaucoup. Je l'avais gardé cinq mois.

(Du Chaillu, *Voyages et aventures dans l'Afrique équatoriale.*)

Éléphant.

L'éléphant d'Afrique est le plus gros des animaux terrestres. Il se distingue de son frère d'Asie par son front très bombé et ses très larges oreilles.

Jadis on l'a réduit en domesticité ; Carthaginois, Égyptiens, Numides et Romains s'en sont servis à la guerre.

Aujourd'hui, on ne sait plus que le chasser pour avoir les deux longues dents de sa mâchoire supérieure, ses *défenses*, dont on fait l'ivoire.

C'est un animal prudent, timide et généralement inoffensif. Les voyageurs en ont vu des troupeaux de plusieurs centaines fuir dès qu'ils en furent aperçus. Mais lorsqu'on l'attaque, lorsqu'il a des petits à défendre, ou simplement lorsqu'il est de mauvaise humeur, il devient terrible.

Rien de plus émouvant que les récits de la chasse à ces énormes colosses.

Quelquefois les choses se passent simplement, sans aucun danger couru.

Nous poursuivîmes la même direction, mes Cafres applaudissant à ma manière d'agir; car si j'eusse tiré et seulement blessé l'éléphant, il aurait pu, selon eux, nous tuer tous sans aucune exception. Trois quarts d'heure encore, et Houahouaho, l'un de ceux qui formaient l'arrière-garde, se détache pour nous montrer un autre éléphant. Je décidai qu'il fallait aller à lui. Nous marchâmes plus d'une demi-heure avant de le retrouver à travers les bois; nous avançâmes avec précaution jusqu'à vingt pas. Il était derrière un mimosa* rond qui le masquait à notre vue; nous approchâmes davantage, l'arbre seul nous séparait de lui. Un mouvement qu'il fit me prévint qu'il allait changer de place. Je jetai rapidement un regard derrière moi et je vis chacun de mes hommes prêt à faire feu.

Aussitôt qu'il se découvrit en marchant lentement, mon coup partit, suivi de trois autres coups. L'animal, atteint, vira* au vent, allongea sa trompe, en battit l'air et s'éloigna de cinquante pas, tandis que nous détalions à toutes jambes sous le vent. A quinze pas, tout en courant, je me retournai pour voir ses mouvements; dans cette retraite précipitée, ma casquette resta accrochée à un mimosa; heureusement que ce ne fut pas ma barbe, je l'y eusse laissée sans doute avec ma peau.

Parvenus à cent mètres du point où nous avions tiré, nous rechargeâmes. J'étais plus lent que mes Cafres, ayant deux fusils à charger, et Kotchobana me criait de venir, qu'il voyait l'animal immobile à peu de distance; mais, malgré ma hâte, lorsque j'arrivai, la bête avait décampé; nous prîmes ses traces et les suivîmes plus d'une heure. C'était une femelle accompagnée d'un jeune; elle était énorme. Déjà je m'impatientais de marcher aussi longtemps et je désespérais de le joindre, lorsque je vis un sanglier que je n'hésitai pas à tuer, car les miens et moi nous avions faim.

Sitôt après mon coup, mes gens entendirent l'éléphant trompetter et partir : aussi blamèrent-ils ma conduite. Je reconnus mes torts ; je le croyais bien loin, à peine était-il à cent pas. Je les mis à l'œuvre pour le dépècement de notre menu gibier, dont nous grillâmes quelques quartiers que nous mangeâmes sur place.

Pendant ce temps Kotchobana sortit de l'épaisseur du bois où nous étions ; l'élévation du lieu lui permit de découvrir, à un mille de nous, une troupe de trente ou quarante éléphants dont il voyait se remuer les vastes dos.

J'allai partir pour ce point, lorsqu'un de mes Cafres me dit : « Voyez, maître, tant d'éléphants, et aujourd'hui vous n'avez pas voulu nous laisser prendre nos fusils. — C'est vrai ; mais moi-même m'y attendais-je, quand j'ai laissé au camp mon gros fusil d'un sixième ? C'est fâcheux, je n'y puis rien. — Eh bien, maître, il me faudra rester ici à les contempler, c'est triste ! »

Le voyant alors en si bonne disposition, je lui confiai le fusil de Kotchobana, que je remplaçai en donnant à mon préféré le mien, ma poudre et mes balles. Ils étaient ainsi trois suffisamment armés. « Allez, leur dis-je, et tirez-vous d'affaire pour le mieux ; tâchez de vous montrer un peu sans moi, puisque vous êtes si braves. » J'avais fait mes preuves, je n'étais pas fâché qu'une occasion se présentât pour voir s'ils puiseraient en eux seuls assez de courage téméraire pour mener les choses à bonne fin ; et pour acquérir cette certitude, je n'avais pas balancé à faire un immense sacrifice, celui du premier rôle sur une scène aussi vaste, dans une position aussi imposante. C'était là mon beau rêve à moi, pour la réalisation duquel je m'étais transporté à plus de trois mille lieues de mon pays.

Ils partirent, et moi je restai fixé sur une élévation d'où je pouvais les suivre à l'aide de ma longue-vue. Ils prirent sous le vent. Les éléphants marchaient rapidement et venaient vers le côté où j'étais. Bientôt je vis ces animaux fort en deçà et mes Cafres fort au delà. Que signifiait cette position respective? Assurément les miens avaient eu peur, puisqu'ils les avaient laissés passer sans tirer ; c'est du moins ce que je conjecturai à l'instant même et ce que je trouvai vérifié plus tard.

Cette troupe qui venait à moi marchait du vent sous le vent; rester au vent à eux, c'est ce que je ne voulais pas; je partis donc à la course, leur coupant d'avance le chemin, et je me postai sur une roche au bord de la rivière, mais à cent pieds d'élévation au moins. De cette place je pouvais voir beaucoup mieux, et je dois dire que peu d'hommes peuvent se vanter d'avoir été témoins d'un pareil spectacle.

La pente escarpée au sommet de laquelle je me trouvais était accessible à ces animaux par derrière, mais tout à fait impraticable du côté de la rivière qui coulait à nos pieds. Cette pente, formée de roches de granit, était couverte d'arbres épineux : c'étaient des mimosas, des aloès et, de l'autre côté de l'Om-Philos, des bois clairsemés de mimeuses, et sur les bords d'immenses figuiers sauvages, puis des roseaux çà et là croissant dans le sable, lesquels étaient plus abondants vers une courbe de la rivière, près d'une montagne à pic, triangulaire, distinguée par un éboulement de terre rouge.

Au milieu de ces roseaux se tenaient douze ou quinze éléphants. J'étais donc là avec un seul Cafre, un bon, mais hélas! trop faible fusil double, sans munitions, seulement avec ma longue-vue. Décidément, cette fois, je voulais être spectateur, contemplateur de cette grande scène.

Depuis dix minutes que j'étais à ce poste sans entendre tirer un seul coup de fusil, je me dépitais, maudissant la malencontreuse idée qui m'avait porté à donner mon fusil de douze à l'un des miens. J'avais d'autant plus raison de me tourmenter, que partout derrière nous ce n'était que craquements et cassements d'arbres, que cris et soufflements d'éléphants, que sons de trompettes aigus de ces grosses bêtes, que les émanations de notre feu faisaient partout se remuer et s'agiter tumultueusement. Cette

Tête de l'éléphant d'Afrique.

troupe de géants traitait les arbres comme un sanglier qui passe en sillonnant et couchant les herbes.

Un bruit tel que celui de dix moulins à eau éveilla brusquement mon attention, qui dut se tendre plus d'une minute avant d'en connaître la cause, et je vis cinq femelles, chacune suivie d'un jeune, le tout suivi par un mâle, qui passèrent la rivière et parcoururent l'autre bord durant quelques instants.

Je planais sur eux tous : pour le tir on ne pouvait avoir une plus belle position. Que de regrets en songeant à mon fusil d'un sixième laissé au camp! La petite arme que j'avais, quoique excellente, n'obtenait plus de moi qu'un dédaigneux sourire. Comme chasseur, personne n'était plus à plaindre que moi; un pierrier eût admirablement fait mon affaire. En plaisante qui voudra, je ne puis m'empêcher de reconnaître qu'un canon de six eût procuré d'étonnants résultats; ce n'eût pas été trop pour prendre en enfilade ces lignes de géants.

Un moment après, le même bruit se reproduisit, mais plus fort, et je pus apercevoir une autre troupe de quarante ou cinquante éléphants qui se tenaient de notre côté, longeant le fleuve, les pieds dans l'eau; ensuite un éléphant seul, traversant d'un bord à l'autre; celui-ci, qui marchait dans le sable mouvant, s'enfonçait à tomber à chaque pas, ce qui me le fit prendre d'abord pour notre éléphant blessé. Je lui envoyai, mais inutilement, deux coups de mon fusil double dans le dos : il continua sans se douter que mes balles s'adressassent à lui.

Plus d'une demi-heure encore s'écoula, pendant laquelle, partout où je jetais mon regard, je découvrais des troupes de ces animaux, qui, paraissant et disparaissant, étaient aussitôt remplacées ou suivies par d'autres. J'en ai vu plus de deux cents; et en supposant que ce que j'ai vu soit le tiers, car de tous côtés les bois et les gorges en recélaient que ma vue ne pouvait atteindre, il s'en suivrait que plus de six cents éléphants étaient réunis sur une surface de trois milles de diamètre, et nous étions au centre de leur parc.

Enfin, lassé de regarder et surtout de rester inactif, le fusil vide, outre l'inquiétude et le mécontentement de ne point entendre crier mes gens, je me décidai à revenir à l'emplacement de notre grillade, que nous atteignîmes après avoir traversé plusieurs groupes. Mais Houahouaho,

Troupeau d'éléphants.

que j'y avais laissé, ne s'y trouvait plus. Craignant qu'il n'eût été écrasé par les éléphants, nous le cherchâmes et appelâmes à grands cris, auxquels répondirent les *longs nez :* ce qui tout d'abord l'empêcha de se révéler à nous. Plus tard, il descendit de son arbre et revint encore tout transi de peur.

Les éléphants, disait-il, étaient venus en grand nombre souffler et trompetter autour de notre feu, et lui, pour se soustraire, avait naturellement dû prendre la fuite. En ce moment trois coups de fusil partirent à la fois. Une minute s'écoula et je compris que l'animal tiré n'était pas tombé, car les armes se taisaient. Encore quatre minutes, deux autres coups, un seul coup et deux autres assez rapprochés, suivis du cri d'agonie de l'éléphant. Quatre cents pas à peine m'en séparaient, j'y allai par sauts et par bonds. Quatre coups à intervalles égaux furent encore tirés pour assurer sa mort.

Lorsque j'arrivai, je trouvai étendue morte une grande femelle qu'avait tirée Rotchobana. Elle n'avait pas moins de 10 pieds de hauteur et de 25 à 28 pieds de l'extrémité de la trompe à celle de la queue. J'appris de mes hommes qu'ils avaient évité la première troupe, qui faisait route trop lestement, et qu'ils avaient tiré trois éléphants, dont deux étaient partis, mais un blessé à mort. C'est en suivant les traces ensanglantées de ce dernier qu'ils avaient rencontré la femelle. Rotchobana l'avait ajustée à 18 pouces ou 2 pieds du sol ; il l'avait atteinte précisément dans l'os de la jambe. Blessée à cet endroit, la bête ne pouvait forcer la marche ; puis il avait rechargé en si grande hâte, qu'il avait oublié la baguette de fer restée dans le canon : balle et baguette, il avait tout tiré dans la jambe droite de devant, vers le milieu de la longueur de l'humérus *.

L'animal allait tomber, la jambe blessée ou brisée en deux endroits, lorsque arriva Wilhelm, qui lui envoya un coup dans la gorge et le coucha par terre. Emporté malgré lui sur une pente raide, Wilhelm était arrivé à six pas à peine de l'éléphant quand il déchargea son arme; la proximité était telle, que mon chasseur faillit être enseveli sous le colosse tombant privé de vie.

J'inspectai aussitôt les traces du blessé qui avait fui, et je vis qu'il répandait considérablement de sang. Au dire de mes gens, il devait en mourir. Nous laissâmes là notre chasse, après avoir eu soin de nous emparer de sa queue en signe de possession; et trois heures de soleil nous restant, nous partîmes.

(DELEGORGUE, *Voyage dans l'Afrique australe.*)

Mais très souvent ces énormes bêtes ne se montrent pas d'aussi bonne composition. Écoutons Ch. Baldwin, grand chasseur des bords du Zambèze.

Chassant à pied dans la forêt, je fus en butte à la colère d'un vieil éléphant que j'avais blessé; cette fois-là, je l'échappai belle. Poursuivi par la bête, mon unique ressource fut de gravir le fond de la gorge où elle m'avait acculé : un sol glissant, détrempé, des monceaux de feuilles mortes, pas de talons à mes chaussures, que j'avais faites d'une peau non tannée, et qui, saturées d'eau, avaient doublé de dimension. Je reculais chaque fois que je voulais avancer, et me retrouvais en bas, épuisé de l'effort que j'avais fait. Ne voyant pas que mon assaillant fût disposé à la retraite, je changeai de tactique; je grimpai sur un arbre afin de reprendre haleine, et, d'un bond, franchissant dix mètres à angle droit (l'animal n'était pas à quatre longueurs), je tournai la colline à toute vitesse. L'éléphant, sonnant la charge, s'élança derrière moi; quelques enjambées et il me saisissait, lorsque, par un saut de côté, je me mis en dehors de sa route; il passa, écrasant tout devant lui, incapable de s'arrêter : la colline était raide, et son élan furieux. J'éprouvais un soulagement indicible, car c'était ma dernière ressource; et je pris la résolution de ne m'aventurer à l'avenir que dans un endroit où je pourrais, en pareille circonstance, avoir le secours tout-puissant d'un bon cheval; résolution à laquelle je n'ai pas manqué depuis lors.

. . . .

Ramshua, 29 *juin*. — J'ai vu enfin cinq éléphants. Ayant choisi le plus gros, je l'ai séparé des autres, et lui ai tiré mes deux coups. Peu de temps après il s'est retourné (à peine était-il à quarante pas) et a chargé d'une manière terrifiante. Kébon, un nouveau cheval que je montais pour la première fois, resta ferme comme un roc. Je voulais envoyer à l'éléphant une balle dans la poitrine, mon coup de prédilection; mais dès que j'essayais de mettre le fusil à l'épaule, Kébon encensait* et m'empêchait de viser.

Tandis que je m'efforçais de le calmer, l'éléphant chargea de nouveau; je tirai à l'aventure, et soit que la balle lui eût sifflé désagréablement à l'oreille, soit par un motif que j'ignore, mon cheval secoua la tête avec tant de force, que la bride gauche passa du côté opposé, la gourmette se détacha, et le mors lui tourna dans la bouche.

Le colosse n'était plus qu'à vingt yards; il avançait, les deux oreilles dressées et mouvantes, et sonnait de la trompe avec fureur. Ne pouvant conduire mon cheval qu'avec mes éperons, je lui labourai les flancs d'une manière sauvage. Au lieu de se détourner, Kébon s'élança vers le monstre, et je me crus à ma dernière heure. Je me rejetai aussi loin que possible, fus effleuré par la trompe, et je tirai à bout portant. Nouveaux coups d'éperons, nouvel élan de mon cheval, qui s'arrêta devant trois bauhinias*, formant un triangle. Je lui creusai la chair; il passa, me heurta l'épaule avec tant de violence contre l'un des arbres, qu'il s'en fallut de bien peu que je ne fusse désarçonné; et mon bras droit, lancé derrière le dos, vint me frapper le côté opposé. Je ne sais pas comment j'ai pu conserver mon fusil, un poids de quatorze livres, n'ayant pour le tenir que le doigt du milieu, passé dans la garde de la détente. La bride m'était restée dans la main gauche, où elle se trouvait heureusement lorsque j'avais tiré.

Nous allions ainsi, galopant à toute vitesse, à travers une forêt emmêlée, dont le sous-bois, était franchi par Kébon, qui sautait comme une chèvre. L'éléphant nous

Chassé par un éléphant.

suivait toujours de près; je finis cependant par l'éloigner; il se retourna et s'enfuit d'un pas rapide.

Aussitôt que je pus arrêter mon cheval, ce à quoi je ne

parvins qu'après lui avoir fait décrire deux ou trois cercles, je mis pied à terre, rebridai Kébon, et courus comme le vent à la poursuite de la bête, qui avait une longue avance et que je craignais de ne plus retrouver.

Après avoir subi trois nouvelles charges, dont la dernière fut longue et silencieuse, d'autant moins plaisante que mon cheval essoufflé conservait à grand'peine la distance qui le séparait de l'éléphant, celui-ci, auquel j'avais envoyé dix balles, tomba enfin pour ne pas se relever. J'étais à bout de forces depuis longtemps, et ne pouvais même plus amorcer mon fusil.

(BALDWIN, *Chasses en Afrique.*)

Si la chasse à l'éléphant est si périlleuse pour des Européens munis d'armes à feu perfectionnées, que n'est-elle pas pour les populations indigènes? Cependant les nègres osent l'attaquer avec de mauvais fusils, ou même avec des flèches.

Je m'étais éloigné du bruit pour examiner quelques roches formées de grès schisteux, quand je vis à l'extrémité de la vallée, c'est-à-dire à une distance d'environ deux milles, une éléphante et son petit; elle était debout et s'éventait avec ses grandes oreilles, tandis que l'éléphanteau se roulait joyeusement dans la vase. A l'aide de ma longue-vue, je distinguai une partie de mes compagnons qui, sur une longue file, arrivaient auprès des deux éléphants. Sékouébou, leur chef, qui était venu me retrouver, me raconta qu'ils étaient partis en disant : « Notre père verra aujourd'hui de quelle nature sont les hommes qui l'accompagnent. » Je montai alors sur le coteau pour suivre la chasse du regard et voir de quelle manière s'y prendraient les chasseurs. L'excellente bête ne se doutait pas de l'approche de l'ennemi, et se laissait téter par son petit, qui pouvait avoir deux ans. Tous les deux allèrent ensuite dans une fosse remplie de vase, où ils se barbouillèrent de fange; le petit folâtrait gaiement, il agitait ses oreilles et balançait sa trompe à la mode éléphantine; sa

Éléphante protégeant son petit.

mère, de son côté, remuait la queue et les oreilles pour exprimer sa joie. Tout à coup retentirent les sifflements de ses ennemis, dont les uns soufflaient dans un tube, les autres dans leurs mains jointes, pour éveiller l'attention de l'animal.

Les éléphants relevèrent les oreilles, écoutèrent ce bruit étrange et sortirent de la fosse au moment où leurs assaillants se précipitaient vers eux. Le jeune s'enfuit d'abord en droite ligne devant lui ; mais, apercevant les chasseurs à l'extrémité de la vallée, il revint auprès de sa mère, qui se plaça entre lui et le danger, et lui passa mainte et mainte fois sa trompe sur le dos afin de le rassurer. Tout en s'éloignant, la pauvre mère s'arrêtait souvent pour regarder ses ennemis, qui continuaient leur musique infernale ; puis elle se retournait vers son éléphanteau, le rejoignait bien vite, ou marchait de côté en hésitant, comme si elle avait été partagée entre le besoin de protéger son fils et le désir de châtier ses audacieux persécuteurs. Ceux-ci étaient à environ cent pas derrière elle, quelques-uns sur les côtés, mais à pareille distance, jusqu'au moment où elle fut obligée de traverser un ruisseau. Le temps qu'elle mit à le franchir et à remonter sur l'autre bord permit aux chasseurs de gagner du terrain ; lorsqu'ils ne furent plus qu'à une vingtaine de pas, ils lui lancèrent leurs javelines. Toute rouge du sang qui coulait de ses blessures, la mère prit la fuite sans plus paraître songer à son enfant. J'avais dépêché Sékouébou aux chasseurs pour leur porter l'ordre de ne pas attaquer l'éléphanteau. Le pauvre petit s'éloignait aussi vite que possible ; toutefois les éléphants, vieux ou jeunes, ne prennent jamais le galop : une marche très rapide est leur plus vive allure, et Sékouébou n'était pas arrivé, que le petit éléphant s'était réfugié dans l'eau, où mes hommes l'avaient tué. Le pas de la mère se ralentit par degrés ; puis se retournant en poussant un cri de rage, elle se précipita sur les chasseurs, qui se dispersèrent en se jetant à droite et à gauche ; elle suivit une ligne droite, passant au milieu de la bande éparpillée, ne s'approchant que d'un homme qui avait un morceau d'étoffe sur les épaules (les habits de couleur voyante sont toujours dangereux en pareil cas). Elle recommenca trois fois cette charge, et ne parcourut pas plus de cent mètres dans les deux dernières; ayant traversé un ruisseau, elle s'arrêta plusieurs fois pour regarder les chasseurs, malgré de nouvelles javelines qui lui étaient envoyées; enfin, après avoir perdu considérablement de sang, elle chargea une dernière fois ses ennemis, tourna sur elle-même en chancelant et mourut agenouillée.

Je n'avais pas suivi tous les détails de la chasse; mon attention en avait été détournée par le soleil et la lune qui apparaissaient ensemble au milieu d'un ciel pur; d'ailleurs je souffrais de voir détruire ces nobles animaux qui pourraient rendre de si grands services en Afrique, et le sentiment pénible que j'en éprouvais n'était pas atténué par la pensée que j'étais possesseur de l'ivoire que cette mort me faisait acquérir.

(LIVINGSTONE, *L'Afrique australe.*)

Mais, entre toutes les chasses, la plus extraordinaire et la plus hardie nous dirions presque la plus extravagante, c'est la chasse à l'épée. On a peine à croire qu'il existe sur les bords du haut Nil des Arabes qui se rendent maîtres de l'éléphant en lui tranchant le jarret d'un coup d'épée.

Nous avions fait environ trente milles et atteint l'endroit où mes aggagir espéraient trouver le gibier. Un grand nombre d'animaux s'étaient montrés sur la route; mais, fidèle à ma promesse, je n'avais chassé aucun d'eux.

Arrivés là, nous quittâmes le Royan, et nous descendîmes une vallée sableuse, qui à l'époque des grandes eaux avait dû être inondée. Les arbres s'y distribuaient en larges bandes, sur un terrain coupé de nombreux lits de ruisseaux torrentiels, maintenant tout à fait à sec. Nous côtoyâmes l'un de ces lits desséchés, et bientôt nous y vîmes les traces profondes des éléphants, qui avaient creusé dans le sable des citernes précieuses où nos outres furent remplies.

Tandis que les chevaux se reposaient, mes chasseurs continuèrent à suivre le bord du ruisseau, afin de reconnaître la piste. Ils rapportèrent qu'elle allait se perdre au milieu des rocailles, où il était inutile de la chercher.

Remontés à cheval, nous dépassâmes l'endroit où les empreintes s'effaçaient. Près d'un mille* avait été fait à partir de ce dernier point, et nous commencions à désespérer, lorsque, à un détour du ruisseau, Taher, qui ouvrait la marche, s'arrêta brusquement, puis revint sur ses pas. Je suivis son exemple, et quand nous fûmes cachés par l'angle que décrivait la berge, il nous dit tout bas qu'un éléphant buvait à une citerne voisine.

Les chasseurs prirent immédiatement, et sans bruit, la place qu'ils devaient occuper; je me mis derrière eux; mes deux hommes composèrent l'arrière-garde.

Ayant tourné le coin, nous vîmes l'éléphant, qui buvait toujours. C'était un beau mâle. Ses énormes oreilles, projetées vers le front, l'empêchaient de nous voir. Le sable étouffait le bruit de nos pas, le vent nous était favorable; nous approchâmes sans que rien trahît notre présence.

Nous n'étions plus qu'à une vingtaine de mètres, quand tout à coup l'éléphant dressa la tête, agita les oreilles, et leva sa trompe. Il parut écouter, remonta lentement, bien qu'avec aisance, la berge, qui était très haute, et se retira.

Les aggagir s'arrêtèrent pour délibérer; puis, se remettant dans l'ordre où ils étaient avant, ils continuèrent à marcher près du ruisseau. Pas de plus mauvais terrain que celui où nous étions. Arrêté par le lit du torrent, le feu n'avait pas détruit l'herbe, qui s'élevait au-dessus de nos têtes; des fragments de rocher, des crevasses s'y rencontraient à chaque pas. Jamais endroit n'avait été moins fait pour la course. Pourtant, dès que la bête ne fut plus en vue, Taher mit son cheval au trot, et fut suivi de toute la bande. Il nous fit gravir une côte. Arrivés au sommet, nous découvrîmes l'éléphant à une distance de quatre-vingts mètres. Tout en s'éloignant, l'animal regardait à droite et à gauche; il nous aperçut, vit que nous approchions, se retourna brusquement, puis s'arrêta.

« Tenez-vous prêt, et attention aux rochers, » me dit Taher, que j'avais fini par rejoindre. A peine avait-il proféré ces mots, que l'animal secoua la tête d'un air menaçant, poussa un cri aigu, et s'élança vers nous.

Pêle-mêle à travers l'herbe sèche, qui nous sifflait aux oreilles, en fouettant les roches qu'elle nous dérobait, nous voilà au galop devant l'éléphant lancé à toute vapeur et qui s'inquiétait peu des obstacles.

Toutefois, chacun de nous ayant pris une direction différente, l'éléphant ne sut bientôt plus où donner de la tête et abandonna la poursuite. Pendant un instant il avait été fort près de moi; Tetel avait la jambe sûre, et, n'etant pas ferré, ne glissait jamais sur les pierres; mais avec un pareil terrain je ne fus pas fâché de voir le colosse renoncer à la chasse.

Nous fûmes bientôt rassemblés, et de nouveau à la recherche de la bête, qui effectuait une seconde retraite. Peu de temps après nous l'avions en vue. Dès que le solitaire revit les chevaux, il alla délibérément se retrancher sur un sol rocailleux, dont les fissures contenaient quelques arbres épars, de la grosseur de la jambe. Arrivé dans ce fort, il se retourna fièrement, et s'arrêta, bien décidé à nous tenir tête.

« Il sera difficile de courir dans un pareil endroit, me dit Taher; mieux vaudrait lui envoyer une balle. »

Je déclinai cet honneur, désirant que l'épée terminât le combat; mais je proposai de déloger la bête pour la conduire en meilleur terrain. A son tour, le chasseur refusa : « Peu importe, répondit-il; et plaise à Dieu que nous ne soyons pas battus! » Puis il me recommanda de rester près de lui, et de faire attention à moi.

L'éléphant était toujours en face de nous, immobile

comme une statue. Excepté ses yeux, qui se dirigeaient vivement de tous les côtés, pas un de ses muscles ne bougeait. Taher et Ibrahim, l'aîné et le plus jeune des quatre Chériff, prirent l'un à droite, l'autre à gauche, et derrière l'éléphant, à vingt pas de celui-ci. J'accompagnai Taher, qui me fit placer à la même distance, mais à gauche de l'animal. Hassan et Hadji-Ali, ne devant pas être utiles, restèrent en dehors de la scène. Vis-à-vis de l'éléphant étaient les deux autres frères, dont le célèbre Rodar, l'homme au bras desséché.

Quand tout le monde fut à son poste, Rodar s'avança lentement vers l'ennemi, qui attendait l'occasion de le saisir. Il montait une jument rouge, admirablement dressée, qui comprenait à merveille sa mission périlleuse. Lentement et froidement elle approcha de son terrible adversaire, jusqu'à n'être plus qu'à sept ou huit mètres de la tête du colosse. Celui-ci n'avait pas fait un mouvement, et gardait son immobilité.

La mise en scène était superbe : chacun de nous à sa place; pas un mot, pas un geste; la jument, le regard fixé sur le vieux mâle, et cherchant à pressentir l'attaque; le chasseur, calme et froid sur sa monture et les yeux rivés sur ceux de l'énorme bête.

Au milieu du silence, la jument se prit à ronfler, puis avança d'un pas. Je vis remuer l'œil de l'éléphant. « Garde à vous, Rodar! » m'écriai-je. Poussant un cri aigu, le colosse se précipitait comme une avalanche.

La jument pirouetta, et franchissant pierres et rochers, emporta le petit Rodar qui, penché en avant, regardait par-dessus l'épaule la bête formidable s'élancer vers lui.

Je crus un instant qu'il n'échapperait pas : si sa jument avait bronché, il était perdu; mais en quelques bonds elle prit l'avantage; et Rodar, regardant toujours en arrière, conserva la distance qui le séparait de l'ennemi, distance si faible qu'il y avait à peine quelques pieds entre la croupe du cheval et la trompe de l'éléphant.

Pendant ce temps-là, rapides comme des faucons, Taher et Ibrahim suivaient la bête, évitant les arbres et franchissant les obstacles avec une extrême adresse. Arrivés sur un terrain libre, ils précipitèrent leur course et rejoignirent l'éléphant qui, entraîné par la poursuite, ne s'occupait que des fugitifs. Quand il fut sur les talons mêmes du colosse, Taher sortit l'épée du fourreau et la saisit à deux mains, en sautant de cheval, pendant qu'Ibrahim s'emparait de sa monture. Il fit deux ou trois bonds; l'épée étincela au soleil, un bruit sourd suivit l'éclair, et l'éléphant s'arrêta : la lame avait coupé le tendon et entamé l'os profondément à trente centimètres au-dessus du pied.

Taher avait fait de côté un saut rapide; d'un bond il s'était remis en selle. Rodar fit volte-face et, comme au début, se trouva vis-à-vis de l'éléphant. Sans descendre de cheval, il ramassa une poignée de sable qu'il jeta à l'animal furieux. Celui-ci voulut reprendre sa course, mais impossible : le pied disloqué revint en avant comme une vieille pantoufle. Quittant de nouveau la selle, Taher frappa la seconde jambe; cette fois c'était le coup de mort; l'artère était ouverte et le sang jaillissait de la blessure à flots saccadés.

Je voulus achever le pauvre colosse par une balle derrière l'oreille, mais Taher s'y opposa. L'éléphant, dit-il, sera mort avant peu, il s'éteindra sans douleur, et ce coup de fusil, nullement nécessaire, pourrait attirer les nègres, qui s'empareraient de la proie.

Nous reprîmes aussitôt le chemin du camp; il était près de minuit lorsque nous arrivâmes. Nos chevaux, sans compter la poursuite de la bête, avaient fait plus de soixante milles dans la journée.

(S. S. BAKER, *Exploration des affluents abyssiniens du Nil.*)

Rhinocéros.

Les rhinocéros d'Afrique ont deux cornes ; il y en a de plusieurs espèces et quelques-uns sont presque blancs. Ce sont tous des animaux brutaux, sauvages, toujours disposés à se jeter sur le passant. Encore mieux protégés que l'éléphant par leur peau épaisse, qu'entament à peine des balles de plomb, servis par une grande rapidité de course, ce sont de très redoutables ennemis. Tous les chasseurs s'en plaignent, et bien que leur dépouille ne soit pas bonne à grand'chose, ils les tuent avec une véritable satisfaction.

Un jour que nous étions occupés à nous ouvrir un chemin à travers de grandes herbes mouillées, où s'élevaient des arbres épineux et chétifs, apparut une femelle de rhinocéros qui me regarda d'un air étonné et marcha lentement vers moi. Je n'avais qu'un fusil rayé de petit calibre; mon porteur d'armes était à vingt pas en arrière avec mon numéro neuf. Je lui faisais les signes les plus pressants, mais il paraissait peu décidé à m'obéir. A la fin cependant (c'était un garçon de cœur) il accourut, me jeta le fusil avec l'étui et le reste, et grimpa sur un arbre aussi lestement qu'un singe. J'arrachai le fusil de son enveloppe et envoyai au rhinocéros une balle en pleine poitrine. La bête se retourna, partit en soufflant comme un marsouin et disparut.

Les chiens, pendant ce temps-là, avaient dépisté un autre rhinocéros, qu'ils ramenaient de mon côté. L'animal arrivait au grand trot, la tête haute, la queue roulée sur la croupe, avançant d'une allure superbe, à la fois puissante et rapide. Il avait l'air très disposé à me charger, mais une balle qui l'atteignit derrière l'épaule, et qui le fit tomber sur les genoux, modifia ses intentions; il se releva et partit.

Convaincu de l'avoir frappé mortellement, je me mis à sa

poursuite ; nous trouvâmes en effet un rhinocéros couché dans l'herbe, mais son dernier soupir remontait à quelques heures; c'était le premier que j'avais tiré. J'enlevai les cornes et la langue, je taillai dans la peau quelques chambocks*, suspendis le tout à un arbre, et je me mis à la recherche de l'autre blessé.

A peine étions-nous partis, que nous rencontrâmes un nouveau rhinocéros ; il n'était guère à plus de vingt pas, nous regardait avec inquiétude et paraissait vouloir se cacher ; c'était une femelle. J'attendis qu'elle se fût détournée et la frappai derrière l'épaule ; elle revint immédiatement sur moi, mais une balle au milieu du front l'arrêta dans sa course ; elle tomba morte à dix pas. Ce fut un coup de bonheur, car je ne savais où tirer et n'avais pas de temps à perdre ; si je l'avais manquée, elle m'embrochait avec sa longue corne.

Derrière elle était un jeune qui se battait contre les chiens en poussant des cris vigoureux. Cet animal ressemblait beaucoup à un tonquin bien nourri, avait les oreilles droites, la peau fine et luisante, comme si on l'eût vernie avec du noir de plomb. Désirant l'emmener vivant, j'écartai la meute et envoyai chercher quatre ou cinq hommes pour le conduire au chariot. Mais pendant que j'étais avec John, voulant tuer un gnou*, afin que ce dernier eût quelque chose à emporter, mon petit rhinocéros fut dévoré par les hyènes, qui l'avaient préféré à sa mère. (Baldwin, *Chasses en Afrique.*)

Pendant que, faute de mieux je méditais sur le danger que je venais de courir et sur les précautions que j'aurais à prendre à l'avenir, j'aperçus un horrible rhinocéros blanc dont la tête passait à travers les branches du taillis ; il ne tarda pas à en sortir et s'approcha à une douzaine de pas de ma cachette. Il présentait à mon feu le train de devant ; je ne voulus pas perdre une si belle occasion, et, quoique je ressentisse encore une légère agitation nerveuse, je n'hésitai pas à tirer. La bête ne tomba pas, mais je jugeai qu'elle ne survivrait pas longtemps à sa blessure.

J'avais à peine rechargé, lorsqu'un rhinocéros de l'espèce nommée *ketloa* vint à son tour boire à la mare ; de la manière dont il se présentait, il m'était impossible de le tuer ; je dus me contenter de le mettre hors de combat en lui brisant une jambe de derrière. La douleur exaspéra sa rage jusqu'à la folie ; s'avançant sur trois jambes, il se lança contre moi et fit, pour m'atteindre, des efforts incroyables. Je lui envoyai une seconde balle qui ne l'atteignit pas ou ne lui fit que peu de mal. J'aurais bien voulu terminer à l'instant ses souffrances mais comme je savais que ces animaux sont à redouter tant qu'il leur reste la force de se mouvoir, je n'osai pas le poursuivre, et je pris le parti d'attendre patiemment le jour pour l'achever avec l'aide de mes chiens. Mais il était encore plus difficile que je ne croyais d'en avoir raison, et la victoire devait me coûter si cher, qu'il eût été heureux pour moi de ne jamais le rencontrer.

Au bout d'un certain temps, n'apercevant plus d'éléphants ni d'autres grands animaux, je me mis à la recherche du rhinocéros blanc que j'avais blessé. Je ne tardai pas à découvrir son cadavre. Il n'avait pas emporté ma balle bien loin.

En revenant vers ma cachette, je passai dans le chemin où j'avais laissé mon rhinocéros noir, et de nouveau je me trouvai face à face avec lui. Il se tenait encore sur ses trois jambes, mais, comme auparavant, il s'obstinait à garder une maudite position qui le garantissait du coup mortel. J'essayai de le déranger en lui lançant de toutes mes forces une grosse pierre. Alors se précipitant la tête basse et la corne en avant, il fondit sur moi avec une fureur effrayante, au milieu d'un nuage de poussière. Je n'eus que le temps de faire feu, et avant qu'il me fût permis de me rejeter en arrière ou de côté, le co.ps massif du monstre me heurta lourdement et me lança à terre. Le choc fut si violent, que ma poudrière, mon fusil, mon sac à balles et ma casquette furent projetés au loin; mon fusil alla tomber à plus dix pas. Comme le rhinocéros n'avait pas réussi à me transpercer, l'impétuosité de son attaque fut précisément ce qui me sauva. En me passant sur le corps, il fut emporté par son élan et alla tomber dans le sable, où sa tête et son train de devant s'enfoncèrent. Pendant qu'il se dégageait, je pus me tirer d'entre ses jambes de derrière.

Mais l'horrible bête ne me tint pas quitte à si bon marché; je m'étais à peine relevé, qu'elle me donnait une seconde poussée qui me renversa de nouveau, et avec sa corne aiguë elle me laboura la cuisse depuis le genou jusqu'à la hanche, en même temps qu'avec une de ses jambes de devant elle me portait à l'épaule un coup terrible. Mes côtes plièrent sous ce poids énorme, et je crois que pendant un moment je perdis tout à fait connaissance. Tout ce que je me rappelle, c'est que lorsque je relevai la tête, j'entendis un grognement sauvage et le bruit d'une masse qui plongeait lourdement dans la forêt. Après bien des efforts, je parvins à me relever, et je cherchai un abri contre le tronc d'un gros arbre; mais le danger était passé : mon adversaire, satisfait de sa vengeance, ne chercha plus à m'inquiéter.

J'avais la vie sauve; mais, déchiré, meurtri, brisé, moulu, anéanti, j'eus toutes les peines du monde à me traîner jusque vers ma cachette.

Tant que la lutte avait duré, j'avais conservé ma présence d'esprit; mais l'excitation passagère qui m'avait soutenu une fois tombée, et le trouble de mes sens apaisé, je fus saisi d'un tremblement nerveux. J'ai depuis cette époque tué bien des rhinocéros; mais il se passa plusieurs semaines avant que je pusse attaquer ces animaux avec mon sang-froid ordinaire.

Au lever du soleil, le mulâtre qui me servait de domestique et que j'avais laissé à un demi-mille en arrière, vint me rejoindre pour rapporter au camp mes fusils et les autres fusils dont je m'étais muni pour la chasse. En

Sauve qui peut!

peu de mots, je lui racontai ma mésenvature. Il m'écouta d'abord avec un air d'incrédulité; mais la vue de ma cuisse entr'ouverte changea bientôt ses doutes en un étonnement douloureux.

Je lui donnai un de mes fusils et je l'envoyai à la recherche du rhinocéros noir, en lui recommandant de ne s'approcher qu'avec une extrême prudence de la bête, qui, suivant mes conjectures, ne devait pas encore être morte. Quelques minutes après, un cri de détresse parvint jusqu'à moi; je m'écriai en me frappant le front : « Grand Dieu! c'est maintenant ce pauvre garçon que le monstre entreprend! »

Je ne songeai plus à mes blessures; je saisis un fusil, et je rampai à travers les buissons aussi rapidement que mon état me le permettait. Quand j'eus franchi deux ou trois cent mètres, je vis une scène qui restera toujours dans ma mémoire. Au milieu de quelques arbustes, et placés à deux mètres l'un de l'autre, se tenaient le rhinocéros et le jeune sauvage : le premier, sur ces trois jambes, couvert de sang et de boue, exhalait sa fureur en grognements menaçants : le second, pétrifié par la peur, et rivé à sa place par une inconcevable fascination Je rampai du côté opposé pour attirer sur moi toute l'attention du rhinocéros, et dès que je me trouvai en position je fit feu. Le rhinocéros se jeta à droite et à gauche, chargeant aveuglément tout ce qu'il trouvait devant lui Cependant je multipliai mes coups et je lui envoyai balle sur balle, mais il paraissait indestructible, et je crus qu'il ne tomberait jamais. Enfin, il s'abattit sur le sable. Je devais croire qu'il était d l'agonie; je m'approchai de lui sans défiance, et j'introduisais déjà dans son oreille le canon de mon fusil pour lui donner le coup de grâce, quand, chosse horrible à raconter, il se releva encore une fois sur ses jambes. Visant à la hâte, je lâchai la détente, et je me sauvai ayant la bête sur mes talons. Mais elle ne me fit pas courir longtemps, et comme je me jetais dans le taillis, elle tomba morte à mes pieds. Une seconde de plus, et j'étais infailliblement empalé sur sa corne aiguë.

Le rhinocéros est toujours un animal farouche et dangereux; mais celui-ci me parut concentrer en lui seul toute l'obstination, toute la fureur aveugle de son espèce. C'était une femelle, et sans doute elle avait un nourrisson. pour lequelle elle lutta non moins que pour son propre salut : c'est du moins ce que je présumai en trouvant ses mamelles pleines de lait. Sa progéniture n'étant probablement pas en âge de la suivre lorsqu'elle était venue boire à la mare, elle l'avait cachée sous le taillis.

(ANDERSEN, *Aventures et chasses dans l'Afrique australe.*)

La férocité de ce redoutable animal n'empêche cependant pas les Abyssiniens de l'attaquer à l'épée, comme ils font pour l'éléphant.

Le lendemain, 1er janvier, nous étions partis de bonne heure. Les pistes fraiches abondaient au bord de l'eau; mais pas une d'éléphant. Aprés avoir longtemps cherché, nous avions quitté la rive, et nous flânions avec délices, abattant les fruits mûrs des baobabs, cueillant aux acacias la gomme dont ils étaient couverts, et qui, pareille à des topazes, les faisait ressembler aux arbres des jardins enchantés. Chacun des aggagir en avait rempli la houssse de peau qui forme toute la garniture de leur selle, et en avait eu sa charge, lorsque Taher, l'aîné des Chériff, s'arrêtant. nous montra un fouillis épineux près duquel était une masse informe. Je mis pied à terre, et, accompagné de Soliman, j'avançai avec précaution. En approchant du hallier, je vis deux rhinocéros profondément endormis sous d'épaisses broussailles, où ils étaient couchés tout près l'un de l'autre. Je dis à Soliman de retourner vers les aggagir, de reprendre son cheval, de tenir le mien à ma portée, et j'avançai de nouveau à pas de loup, jusqu'à moins de trente mètres des rhinocéros. Il est probable qu'au milieu de leurs rêves ils sentirent la présence d'un ennemi, car ils se levèrent tout à coup avec une prestesse étonnante, et poussant un ouiff, ouiff, ouiff, des plus aigus, l'un d'eux s'élança vers moi.

Inutile de viser à la tête, que protégeaient les deux cornes. Je lui envoyai ma balle dans la gorge; elle le détourna, mais sans produire d'autre effet; et les deux animaux s'éloignèrent avec une rapidité effrayante.

Tayau! tayau! A nous maintenant de les poursuivre. La gomme est jetée au vent; les aggagir s'élançent derrière le couple. Je remonte à cheval sans prendre le temps de recharger, et je talonne ma bête, afin de rattraper les autres. Mauvais terrain pour une course rapide : les mimosas, bien que largement espacés, n'en sont pas moins redoutables, en raison de leurs branches étalées à peu de hauteur, et dont les épines rendent toute collision sérieuse. Je reste quelque temps en arrière; mais au bout d'un mille, débûchant* dans la plaine, je gagne peu à peu et je rejoins les aggagir.

Spectacle à rendre fou un chasseur! Les deux rhinocéros fuient côte à côte, ainsi qu'un attelage bien apparié, et bondissent avec une rapidité vertigineuse à dix mètres de Taher, qui, l'épée à la main, les cheveux au vent, jette sa monture au milieu du nuage de poussière que soulèvent les deux bêtes. Rodar, au bras desséché, les rênes pendues à la serre de vautour qui est le reste de sa main gauche, arrive après son frère. Abou-Do est le troisième; ses talons battent son cheval, qu'il anime de ses cris, tandis que, penché en avant, sa longue épée tendue, il est sur le point de sauter pour frapper même dans le vide.

Mes éperons! mes éperons! A eux de faire leur besogne. Vigoureusement appliqués, ils arrachent de Tetel un bond prodigieux; en une seconde je suis au milieu des hommes, des chevaux, des épées nues. Dépassant Abou-Do, qui sent faiblir son cheval, et dont les traits expriment le désespoir, je me place à côté de Rodar, qui est bientôt derrière moi.

Il y a rivalité entre les deux bandes; c'est à qui s'efforcera de l'emporter sur les autres. Abou-Do arrive à la folie en voyant l'avance de Taher. J'essaye de passer à gauche de l'un des rhinocéros, afin de lui décharger à bout portant la seconde balle de ma carabine; mais impossible de rejoindre les deux bêtes, qui fuient toujours du même galop. Tout ce que nous pouvons faire est de nous maintenir à trois ou quatre pas derrière elles. La seule chance qui nous reste est de conserver notre allure jusqu'au moment où les fugitifs seront forcés de se ralentir.

Nous avons déjà fait deux milles, et aucune apparence de fatigue : c'est toujours la même vitesse, la même course bondissante, tantôt dans la plaine, tantôt dans les basses futaies épineuses, ou dans les broussailles qui font subir aux chevaux de rudes épreuves.

Notre bande s'allonge; nous nous égrenons; quelques-uns seulement ont conservé leurs places. On arrive au sommet d'une chaîne de collines, dont le versant, d'un mille environ, s'incline doucement vers la rivière. Au bas de la pente se dresse le fourré de nabaks. Les poursuivis redoublent de vitesse: ils vont gagner cet asile impénétrable. Nous-mêmes, voyant le but, c'est-à-dire la jongle, où va se terminer la chasse, nous multiplions les efforts.

Il y a vingt minutes que dure cette course foudroyante. Le cheval de Soliman y renonce. Tetel n'est pas des plus vites, mais il a du fond, et prouve sa vigueur, car je pèse au moins vingt-cinq livres de plus que les autres.

Quatre seulement d'entre nous descendent la colline. Taher est toujours à notre tête. Abou-Do est le dernier; son cheval va se ralentir; mais lui, en plein galop, saute par terre et continue la poursuite. Il a des jarrets d'antilope; pendant cent mètres je crois qu'il va nous dépasser et qu'il aura l'honneur de frapper le premier coup; mais la distance est trop longue, il est battu par les chevaux.

Plus que trois chasseurs : les deux Chériff et moi. J'ai dû céder la seconde place à Rodar; mais je le suis de près. L'émotion est au comble; nous approchons des nabaks. Les rhinocéros commencent à montrer de la fatigue; le nez contre terre, ils soufflent en courant; la poussière vole devant leurs narines. Si j'avais un cheval frais! « Un cheval! un cheval! mon royaume pour un cheval! »

Le fourré n'est pas à deux cents mètres, et nos chevaux sont rendus! le mien chancelle et bronche. Mais les rhinocéros prennent le trot; ils sont las. Courage, Taher! En avant! en avant! Il est sur les talons des deux bêtes; penché sur le cou de son cheval, l'épée haute, prêt à frapper, il gagne sur la plus voisine. Deux secondes, et les fugitifs lui échappent. Un nouvel effort; l'épée brille et jette son éclair, au moment où le dernier rhinocéros disparaît dans les nabaks, ayant sur la croupe une estafilade d'un pied de long.

Encore deux cents mètres et la victoire nous restait! Nimporte! « Bravo Taher! » lui criai-je. Il avait supérieurement donné le coup.

Malgré notre défaite, jamais ni avant, ni depuis cette époque, la chasse ne m'a donné pareille juissance. La course, fut merveilleuse; mais plus merveilleuse encore est l'idée qu'un homme peut attaquer et vaincre sans autre arme qu'une épée les animaux les plus puissants de la création. Le rhinocéros est la bête la plus difficile à sabrer, en raison de sa prodigieuse vitesse. Chériff, qui en avait tué beaucoup, n'y était jamais arrivé qu'après une longue poursuite. Quand il est fatigué, l'animal se retourne et fait tête à l'ennemi;l'un des aggagir se détache, et va lui couper le jarret; mais tandis qu'en pareille circonstance l'éléphant est à peu près démonté, la bête cornue galope fort bien sur trois jambes, ce qui augmente le péril de ceux qui la provoquent.

Nous n'avons trouvé en Abyssinie qu'une seule espèce de rhinocéros, le noir à deux cornes, celui que dans l'Afrique australe on appelle *kéitloa*. Sa hauteur, prise à l'épaule, est généralement de un mètre soixante-dix ou

Course furieuse.

un mètre quatre-vingts. Bien que très massif, il est des plus rapides, ainsi qu'on vient de le voir.

Pas de bête au monde qui ait plus mauvais caractère; c'est l'un des rares animaux qui attaquent sans y être provoqués. Il voit un ennemi dans toutes les créatures; et, bien qu'il ait de mauvais yeux et l'ouïe médiocre, il n'en découvre pas moins un être quelconque à cinq ou six cents pas, lorsque le vent lui est favorable, tant chez lui l'odorat a de finesse. Il n'a pas besoin de le voir pour fondre sur l'objet qui l'irrite; passez-vous dans l'herbe ou dans le fourré qui vous cache à ses yeux, il entre en fureur dès qu'il vous a senti, et charge immédiatement en donnant trois coups de sifflet. Comme il est presque impossible de le tuer quand il vous arrive de face, cette charge imprévue, dans une jongle épineuse, est singulièrement déplaisante, surtout lorsque vous êtes à cheval.

Cette espèce va généralement par couple ou par famille, c'est-à-dire le mâle, la femelle et le jeune. La mère est excessivement farouche, très attachée à son petit, et veille sur lui avec une extrême sollicitude.

C'est dans la soirée, deux heures après le coucher du soleil, que s'abreuve le rhinocéros. Il quitte alors sa bauge, ordinairement située à quatre ou cinq milles de la rivière, et se rend au bord de l'eau par des chemins qu'il se fraye lui-même, en ayant soin de changer fréquemment de route. Quand il a bu, il se retire presque toujours sous un arbre, dans l'un des endroits qu'il s'est choisis, et qu'il visite d'une façon régulière. On trouve là de gros tas de fiente qu'il accumule dans un coin. Les chasseurs profitent de cette habitude pour mettre des pièges dans la voie qui conduit à la retraite de la bête; mais l'animal est si défiant, et possède un flair tellement subtil, que la pose du piège demande le plus grand art. Une fosse circulaire, d'environ deux pieds de profondeur et de quinze pouces de diamètre, est creusée au milieu du chemin qui mène à l'asile en question, à peu de distance de l'arbre visité depuis quelque temps. Sur la fosse est mis un cercle en bois, armé intérieurement d'un grand nombre de pointes aigues, faites d'un bois élastique et très fort, et qui rayonnent vers le centre; qu'on se représente une roue qui n'aurait pas de moyeu et dont les rais, bien aiguisés, se rejoindraient en se recouvrant. Sur cet appareil, soigneusement adapté à l'entrée de la fosse, est posée la boucle d'un nœud coulant fait à l'ex-

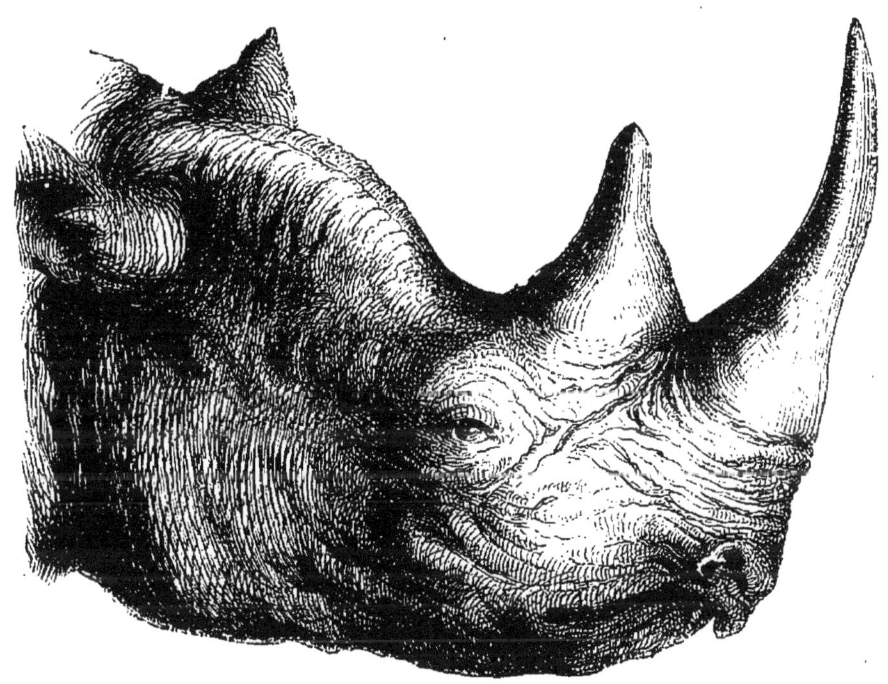

Tête de rhinocéros.

trémité d'un câble extrêmement solide; l'autre bout du câble est fixé au tronc d'un arbre que l'on vient d'abattre, et qui porte une rainure profonde où la corde s'engage. On creuse ensuite à côté de la roue un fossé où l'on place cette poutre qui pèse cinq ou six cents livres, et l'on recouvre le tout avec de la terre que l'on a soin d'étendre au moyen d'une branche; sans cette précaution, l'attouchement de l'homme serait senti par le rhinocéros, qui ne manquerait pas de se détourner. Enfin, sur la terre qui dissimule le piège, on répand toujours avec la branche, une couche de fiente prise au tas dont nous avons parlé.

Si la bête ne s'aperçoit de rien, elle marche sur la roue, à travers laquelle son pied enfonce ; en essayant de le retirer, elle serre le nœud coulant qui lui entoure la jambe et que les épieux de la roue, entrés dans les chairs, empêchent de glisser. Une fois pris, l'animal fait un effort pour se dégager, arrache la poutre qui est retenue par le câble, et l'entraîne dans sa fuite; elle s'accroche aux racines, se prend dans les buissons, fait l'office de drague*, et fatigue promptement le rhinocéros.

Le lendemain les chasseurs découvrent aisément le large sillon que la pièce de bois a tracé ; dès lors ils ont la bête, et la tuent à coups d'épée ou de lance.

(S. S. Baker, *Exploration des affluents abyssiniens du Nil.*)

Hippopotame.

La chasse du monstrueux hippopotame est moins dangereuse, quoique plus pittoresque encore et plus étrange, car elle se fait souvent en bateau. Généralement timide, l'énorme bête attaque parfois les barques dont le passage trouble sa quiétude.

Un vieux cheik* aveugle, qui venait souvent nous voir de la rive opposée, trouva un jour la mort la plus imprévue, en revenant avec son fils du marché de Tioufikia. Je me promenais sur le quai, lorsque, entendant un grand bruit, je jetai les yeux sur le fleuve. Sur les eaux profondément agitées dansaient les débris d'un canot. A ce moment, le fleuve était sillonné par de nombreux canots; quelques-uns s'empressèrent de porter secours à deux hommes qui se débattaient dans le courant. Un hippopotame abordant le canot l'avait mis en pièces ; le malheureux cheik, incapable de se sauver, avait été saisi en même temps que le bordage. Quoique secouru par ses camarades, ses blessures étaient si graves, qu'il mourut pendant la nuit.

. . . .

Une nuit, je dormais profondément dans le dahabièh*, quand je fus brusquement réveillé par le bruit d'une avalanche d'eau frappant le bordage; en même temps retentissait un furieux hennissement. Je sautai sur mes pieds, et je vis un hippopotame qui se disposait à charger notre bâtiment. Appelant mon domestique, Suleiman, couché près de la porte de la cabine, je lui demandai un fusil. Mais au même instant l'hippopotame s'élanca contre nous avec une furie indescriptible. D'un seul coup il chavira et coula le bateau de zinc avec sa cargaison de viande. Un instant après, il saisit le dingy* dans ses immenses mâchoires, et le craquement du bois brisé témoigna de la destruction de mon bateau favori.

Suleiman sortit de la cabine avec un fusil vide et sans munitions.

J'allai moi-même dans la cabine prendre une carabine au râtelier.

Les mouvements de l'animal, tour à tour plongeant ou chargeant au milieu d'un nuage d'eau et d'écume, étaient si rapides, qu'il était impossible de le viser à l'endroit précis de la tête où le coup est toujours fatal.

La lune brillait d'un vif éclat. Au moment où l'hippopotame s'élançait droit contre le dahabièh, je l'arrêtai avec une balle du calibre de huit. A ma grande surprise, il se remit presque aussitôt et recommença l'attaque.

Je lui envoyai balle sur balle sans effet apparent. Le balancement du dahabièh sur les vagues soulevées par les efforts d'un aussi puissant animal rendait mon tir incertain. Enfin, grièvement blessé sans doute, il se retira dans les hautes herbes.

Croyant sa mort certaine, j'allai me coucher; mais, au bout d'une demi-heure à peine, la bête affolée nous chargeait* de nouveau. Je lui envoyai au sommet de la tête une balle qui la culbuta le ventre en l'air; ses quatre pattes battant l'eau soulevaient des vagues qui faisaient danser le dahabièh. Roulant ainsi sur elle-même, elle fut entraînée par le courant. Cette fois, nous la crûmes véritablement tuée et nous retournâmes à nos lits. Mais il fallut soutenir un troisième assaut. Réveillé par un clapotement plus assourdissant que tous les autres, je me levai, et aussitôt j'aperçus, à environ soixante-quinze mètres, l'hippopotame traversant lentement les hauts-fonds. Il me présentait l'épaule en plein et je fis feu de mes deux canons. J'entendis distinctement le bruit que firent les balles en pénétrant la peau. Néanmoins l'animal atteignit la rive droite; il la tourna subitement et essaya de repasser la rivière. Je fis feu, visant l'autre épaule que je voyais parfaitement, le corps entier étant hors de l'eau. Il trébucha sous le coup, et enfin tomba mort.

(S. S. Baker, *Récit d'une expédition armée dans l'Afrique centrale.*)

La chasse à terre se fait ordinairement dans de bonnes conditions, à cause de la lenteur des mouvements de l'animal énorme.

A peine étions-nous arrivés, que l'on m'invita à chasser un vieil hippopotame, qui avait eu l'impudence de menacer plusieurs personnes. Ce vieux drôle habitait la la rivière à deux milles du village. Nous nous sommes rendus au point indiqué; l'animal était chez lui. En cet endroit l'Atbara, qui peut y avoir une largeur de deux cent cinquante mètres, fait un brusque détour, et il en est résulté un de ces bassins, toujours profonds, que nous avons décrits ailleurs. Au milieu de celui dont je parle, se trouvait un banc de vase arrivant jusqu'à fleur d'eau; c'était là que reposait notre adversaire.

A peine l'insolent nous eut-il aperçus, que, de la façon la plus inconvenante, il se leva, secoua la tête et nous adressa des grognements significatifs, espérant nous intimider. J'avais remis à Bachit un pistolet et lui avais donné l'ordre d'aller se placer sur l'autre rive. Le voyant à son poste, je lui fis signe de tirer plusieurs coups sur la bête, afin de me l'envoyer; j'étais alors embusqué dans la rivière, à l'abri d'un banc de roche. Mais, au premier coup de feu, l'hippopotame, en vieux solitaire accoutumé à ne suivre que son caprice, se retourna vers Bachit et le chargea avec un mugissement effroyable, qui envoya notre homme jusqu'en haut de la falaise. Une fois à trente pieds au-dessus de l'eau, mon brave tira fièrement un second coup de pistolet : l'hippopotame n'en fut nullement troublé.

Comme ce dernier avait repris confiance, je me montrai au-dessus de la roche, et l'appelai à diverses reprises par son nom arabe : Hasinth! Hasinth! suivant la coutume du pays. L'hippopotame, se figurant qu'il allait se débarrasser de moi comme il avait fait de l'autre, poussa un grondement sonore, plongea tout à coup, et reparut à cent pas de mon rocher, mais refusa absolument d'approcher davantage. Voyant cela, j'ordonnai à Bachit de crier de toutes ses forces pour attirer l'attention de l'animal, et, au moment où celui-ci tournait la tête, je le visai derrière l'oreille.

Ce fut un de ces coups heureux qui vous dédommagent et vous consolent de tous les coups manqués. Le vieux solitaire se renversa immédiatement, fouetta l'eau paisible du bassin, faisant surgir de grosses vagues autour de lui et disparut après d'horribles convulsions.

Mes hommes étaient déjà près du village; en un instant la foule arriva avec des chameaux, des cordes, des couteaux des haches, tout l'attirail nécessaire pour dépecer et pour transporter l'hippopotame, qui n'avait pas encore reparu.

Au bout d'une heure et demie, à compter du moment où il avait reçu la balle, nous l'aperçûmes qui flottait à deux cents mètres plus bas. D'énormes têtes de crocodiles surgirent à quelques pieds du cadavre et s'éclipsèrent tout à coup. Cette vision peu rassurante engagea les Arabes à différer l'assaut. On attendit que la proie eût dérivé jusqu'à un banc de cailloux situé à deux milles du bassin où nous l'avions découverte. Dès qu'elle y fut arrivée, la foule se précipita, des cordes nombreuses furent attachées au colosse, et les hommes le traînèrent sur la grève.

Une capture superbe : la peau, non compris la tête, mesurait douze pieds trois pouces. Je fis réserver les deux cuissots pour le cheik*, ainsi qu'une forte quantité de graisse qui est très estimée dans le pays, non sans motif, car il n'en est pas de plus délicate. Un morceau de viande avait été choisi pour nous; et, ces deux parts mises de côté, la foule se jeta avidement sur la proie. Une bande d'hyènes affamées n'aurait pas été plus sauvage. Cent couteaux furent immédiatement à l'œuvre. La pièce à peine livrée, ils se l'arrachèrent et se battirent sur elle comme des loups. On ne vit plus qu'un amas sanglant. Les uns, plongés dans les entrailles fumantes, se disputaient la graisse; les autres se ruaient sur la viande, et se tailladaient réciproquement les mains pour faire lâcher prise à qui tenait un bon morceau. Je m'éloignai de cet odieux spectacle, que j'avais déjà vu ailleurs et qui se renouvelle toujours en pareille circonstance.

(S. S. Baker *Exploration des affluents abyssiniens du Nil.*)

Malgré la force prodigieuse de cet énorme animal, il est des nègres qui ont le courage de l'attaquer à la lance.

Le 20 nous nous reposâmes. Le 21 j'adressai mon second coup à un hippopotame qui, ne faisant pas corps avec la troupe, se présentait mieux. La balle l'atteignit devant l'œil et lui fit souffler le sang. Je lui envoyai tout de suite quelques autres coups qui le forcèrent à chercher un asile, et peu après je le vis retiré dans une crique de l'autre bord d'où il ne sortait plus. Il fallait le déloger de sa retraite, ou, mieux encore, aller l'y attaquer à la sourdine; mais il y avait pour nous impossibilité de traverser l'eau chargés de nos fusils.

Sur ces entrefaites, je songeai à Coudou, homme superbe, doué d'une force herculéenne, qu'éclipsait encore son intrépidité. J'avais ouï trop parler de ce brave Cafre pour n'être pas curieux de le voir travailler. L'occasion était là de m'en servir et de l'admirer. Je le fis venir et lui dis dans sa langue, lui désignant l'hippopotame que j'avais blessé de deux balles : « Va là-bas, tourne-le et fais-le-nous passer. N'auras-tu pas peur? — Non, me reprit-il; j'en ai ainsi tué bien d'autres! — Il ne s'agit pas de le tuer, lui dis-je. — Nous verrons, fit-il froidement. — Marche donc, ajoutai-je; mes yeux verront comme tu t'y prends pour réussir. » Et lui, sans causer plus longtemps, alla prendre deux grandes assagayes* en manière de lance à feuille de laurier. Il en examina le fer, qu'il plongea dans l'eau et dans le sable à plusieurs reprises, comme pour dégager le peu de rouille qui s'y trouvait. Alors il se fit suivre par un des siens, porteur de deux autres assagayes légères de rechange. Il partit, confiant en lui-même parce qu'il se connaissait fort et adroit; et, à voir sa physionomie d'une grande expression, mais impassible, on eût dit qu'il allait simplement tuer un mouton.

Un quart d'heure après il était sur l'autre bord. Étudiant les mouvements de la bête, il profita du moment où elle était plongée dans l'eau, dont la profondeur variait beaucoup; il marchait en sondant. Quelques minutes lui suffirent pour trouver une roche recouverte d'un demi-pied d'eau; il y monta, attendant que l'hippopotame fît mine de lever la tête, dont il suivait la direction.

Nous étions tout silence et tout yeux pour lui; nous ne tardâmes guère à être satisfaits. Coudou brandit l'assagaye, qui part et se fiche dans un corps noir qui bondit en se débattant; la seconde suit la première, et cause d'autres bonds encore accompagnés d'un grand remou. L'animal revire et, nageant entre deux eaux, il revient au milieu de la troupe des autres hippopotames. Là il fut probablement mal accueilli par ses confrères, car il n'y resta qu'un temps assez court, durant lequel Coudou fut repêcher au milieu du fleuve ses armes dérivant au courant, sans tenir compte de la présence de plusieurs crocodiles dont il assurait hautement n'avoir rien à redouter.

Notre blessé s'en alla s'abriter au côté opposé, sous une bordure de grands roseaux. Ce lieu était d'accès difficile à un homme, et surtout à un homme nu; Coudou s'y porta tout de suite, pénétra jusqu'au bord et nous le vîmes ouvrir avec précaution cette garniture verte, comme l'on ferait des rideaux d'un lit. Il était nez à nez avec l'hippopotame, qui lançait le sang par plusieurs ouvertures. Coup sur coup, deux assagayes furent plantées dans le corps du monstre, qui, bondissant à deux pas, couvrit d'eau son agresseur. Ce n'était point assez; Coudou prit sa troisième arme, qui était une grande assagaye de force, la ficha aussi, et ressaisissant aussitôt le manche, il sondait la bête comme l'on fait à la baleine. Il recevait de tels chocs que trois hommes ordinaires en eussent été renversés; lui, point.

L'hippopotame se débattait-il trop brusquement, il lâchait le bois pour le reprendre immédiatement, et forçait toujours de manière à approfondir la blessure. Il mettait à cela une telle dextérité que j'étais tenté de crier bravo. Ce qui surtout forçait mon admiration, c'est que le lieu où s'était aventuré Coudou ne lui offrait pas de retraite possible si l'hippopotame avait essayé de monter à terre. Enfin l'animal, trop harcelé sur ce point, fit un effort et partit. C'est alors que je vis notre vaillant Cafre retirer d'un air de triomphe sa longue assagaye ensanglantée.

L'hippopotame ne pouvait plus rester dans l'eau; il voulait monter sur la rive et venait droit à nous : 20 pieds lui restaient à peine à franchir. Déjà, faute d'eau profonde, sa tête était tout à découvert, lorsque Piet et moi, qui l'attendions, lui lachâmes nos deux coups à la fois dans la tête. Mais il n'était pas encore tué; il rebroussa, vira deux fois successives, et réitéra la même manœuvre. Pour lors, nous qui avions eu le temps de recharger nos armes, nous nous couchâmes afin de lui permettre l'escalade, ce qu'il fit sans peine et, gagnant le terrain plat, il se mit à trotter aussi lestement qu'un cochon, cherchant à se réfugier dans les bois. Ma vitesse ne l'emportait guère sur la sienne. Voyant cela, je tirai à trente pas au défaut de l'épaule, coup heureux qui le fit chanceler; puis vint Piet, qui, à quinze pas l'atteignit entre l'œil et l'oreille. Mort instantanément, pas l'animal s'affaissa sur ses courtes jambes sans que ses yeux eussent eu le temps de se fermer.

Cependant mes hommes hésitaient à l'approcher, lorsque, dans le but de les persuader, je sautai à califourchon sur son dos. « Vous eussiez été bien étonné, me dirent-ils, s'il eût pris le galop vers la rivière. — Assurément, reprisje; nous en eussions ri tous ensemble. » Coudou, témoin de ce qui s'était passé, revint à nous mécontent de luimême; il aurait voulu, seul avec ses armes, faire toute la besogne, et si son adresse, sa force et son courage avaient excité mon admiration, sa modestie m'inspira du respect.

(DELEGORGUE, *Voyage dans l'Afrique australe.*)

Les indigènes arrivent même à pêcher l'hippopotame avec des harpons.

A la fin nous arrivâmes près d'un large étang, qui renfermait plusieurs bancs de sable et des îlots rocheux. Parmi les rocailles était une famille d'hippopotames, composée d'un vieux mâle et de plusieurs femelles. Un jeune était debout, vilaine petite statue, posée sur une roche saillante, tandis qu'un autre bambin, dans la même attitude, mais sur le dos de sa mère, voguait avec insouciance.

La place était parfaite; les houarti* me prièrent de me coucher, et se glissèrent dans la jongle, où ils disparurent. Je les vis ensuite descendre en tapinois sur la grève et s'y traîner jusqu'à deux cents pas des roches où les hippopotames se chauffaient au soleil.

La scène devenait extrêmement émouvante; nos chasseurs avaient pris l'eau, et, filant avec elle, se dirigeaient vers le vieux mâle, qui ne se doutait de rien. Quand ils

Hippopotame harponné.

furent près des roches, ils plongèrent tous les deux, et reparurent peu de temps après au coin du roc, et l'on voyait toujours le petit.

Fut-ce le jeune hippopotame qui se précipita dans l'eau avant le jet des harpons, ou ceux-ci qui d'abord quittèrent les mains des chasseurs? Je ne saurais le dire; dans tous les cas ce fut l'affaire d'une seconde. Les houarti plongèrent aussitôt, et, ne reparaissant qu'à une certaine distance, ils gagnèrent la rive en toute hâte, de peur d'être saisis par le blessé : l'un des harpons s'était fixé dans la tête du vieux mâle, à laquelle il avait été envoyé d'une main ferme; l'autre avait manqué le but.

Ce fut une belle chasse! L'animal furieux bondit à la surface de l'eau, renâclant et soufflant dans sa rage impuissante. Aiguillonné par le fer dont il ne pouvait se délivrer, il essayait de fuir ses persécuteurs imaginaires, et plongeait et remontait aussitôt pour découvrir l'ennemi. Toutefois cela ne dura pas longtemps. Les chasseurs, dans tout le feu de l'action, avaient appelé leurs hommes, qui étaient dans le voisinage avec mes deux aggagir, Abou-Do et Soliman.

La bande entière, pourvue des câbles qui font partie de l'équipement d'un harponneur, se rangea au bord de l'eau. Deux hommes prirent le bout de la corde la plus longue, et se jetèrent à la nage; quand ils eurent gagné la rive opposée, je vis qu'une seconde corde était solidement fixée au milieu de la ligne principale. Il y avait ainsi de notre côté deux bouts de câble, tandis que sur l'autre bord il ne s'en trouvait qu'un; d'où il résultait un angle aigu, dont le sommet était au point de jonction des deux lignes, et l'ouverture devant nous.

L'objet de cet arrangement me fut bientôt expliqué : deux hommes, placés auprès de moi, prirent chacun un de ces bouts de corde; l'un d'eux alla se mettre à dix pas de l'autre. Le câble principal fut alors traîné sur les deux rives jusqu'à ce que l'on eût rejoint la bouée* qui flottait çà et là, d'après les mouvements que l'animal faisait au

Lutte suprême.

fond de l'eau. Par une secousse habilement imprimée à cette ligne maîtresse, la flotte se trouva placée entre les deux câbles, et fut immédiatement saisie dans l'angle aigu, dont les deux côtés se rapprochèrent. Aussitôt les hommes, qui étaient sur l'autre rive, lâchèrent le bout de la grande ligne, tandis que ceux qui étaient près de moi tirèrent sur la bouée, maintenue fortement par les deux cordes.

J'étais de la partie ; et n'ai jamais rencontré d'efforts de résistance pareils à ceux de notre captif, auquel nous cédions par instants, pour le malmener ensuite. Plus furieux que jamais, il fit un bond hors de l'eau, grinça des dents, et ronfla avec rage, en soulevant des flots d'écume; puis, ayant plongé, il se dirigea sottement vers nous. La ligne détendue fut amenée promptement et enroulée autour d'une roche, qui était au bord de la rivière. L'hippopotame reparut alors à dix pas des chasseurs, bondit de nouveau et, faisant claquer ses mâchoires, essaya de saisir la corde. Au même instant deux harpons lui arrivèrent dans le côté.

Bien loin de fuir, l'animal en furie s'élança, prit pied sur un haut fond, leva sa masse énorme, et, la gueule ouverte, escalada le banc de sable, où il vint hardiment attaquer les chasseurs. Il connaissait peu l'ennemi ; les hommes qu'il menaçait n'étaient pas gens à s'effrayer d'une gueule béante, fût-elle armée d'une denture formidable. Il reçut aussitôt une demi-douzaine de lances, dont quelques-unes, jetées de cinq ou six pas, lui entrèrent dans la gueule. En même temps d'autres hommes lui envoyaient dans les yeux des poignées de sable, qui lui furent plus sensibles. Il avait brisé les lances comme des brins de paille; mais le sable le fit reculer.

Pendant sa folle attaque, des chasseurs avaient saisi les lignes des trois harpons qui le retenaient. Tout à coup l'une des cordes cèda, tranchée par les dents de la bête, qui se trouvait au fond de l'eau. Immédiatement l'animal reparut, et, sans hésiter, courut pour la troisième fois sur les chasseurs, en ouvrant une gueule tellement large, que deux personnes y auraient trouvé place.

Soliman bondit, la lance au poing, et frappa l'horrible tête, sans produire aucun effet. Abou-Do, en même temps, s'avançait l'épée haute, me représentant Persée* allant tuer le monstre qui devait dévorer Andromède ; mais la blessure ne fut qu'une entaille insignifiante. De nouvelles poignées de sable qu'on lui jeta à la face, obligèrent l'animal à plonger pour se laver les yeux. Six fois pendant le combat il quitta sa retraite liquide, et chargea bravement ses adversaires. Il avait broyé toutes les lances que sa gueule avait reçues ; le fer des autres, émoussé en tombant sur le roc, ne pénétrait pas dans son cuir épais.

La lutte avait duré trois heures ; le soleil allait se coucher, et le vaillant hippopotame, halé près du bord, se défendait toujours. Les houarti, craignant qu'il ne vînt à couper la corde, me prièrent de lui donner le coup de grâce. J'attendis une occasion favorable ; il leva fièrement la tête au-dessus de l'eau, à trois pas de ma carabine ; et la balle, le frappant entre les yeux, termina ce drame palpitant.

(S. S. Baker, *Exploration des affluents abyssiniens du Nil.*)

Girafe.

La girafe, avec son long cou, ses pattes de derrière beaucoup plus courtes que celles de devant, sa robe tachetée, sa petite tête et ses deux cornes recouvertes de poils, est un des animaux les plus curieux de l'Afrique. Elle atteint 6 mètres de hauteur. C'est une bête absolument inoffensive, qui n'est bonne à rien, et que les chasseurs ne tuent que par gloriole.

Jusqu'à présent les girafes se tenaient sur le plateau, à deux milles environ. Aujourd'hui elles m'ont tantalisé* en se mettant sur la côte. Il faut absolument passer. Ma couchette, soutenue par des outres, fera un excellent bateau. Il y a dans le bourg des chasseurs d'hippopotame qui nagent comme des phoques : les uns remorqueront la nacelle, d'autres la dirigeront.

Nous voilà partis, dérivant* sur le pied de cinq milles à l'heure, faisant un tour de valse à chaque tourbillon; et avançant néanmoins, bravement traînés par les nageurs, qui enfin gagnent le bord. Nous nous mettons à quatre pattes, et, nous hissant au milieu du hallier, nous gravissons la berge. La vallée ne présente que déchirures et rocailles, ruisseaux et ravins de soixante pieds de profondeur; grès à nu, rochers et buissons, tertres herbeux, fourrés de mimosas*; bref, le meilleur des terrains de chasse.

En les observant avec ma lunette, j'avais remarqué que les girafes se plaçaient d'habitude sur un point élevé, d'où elles voyaient à une grande distance. Il ne fallait donc pas gravir la côte directement Ces animaux, grâce à leurs cous démesurés, jouissant de l'avantage qu'aurait un homme posté en haut d'un mât, nous auraient immédiatement découverts. C'est pourquoi je résolus de faire un circuit d'environ cinq milles, afin de rejoindre la bande par en haut, ce qui devait être possible avec des précautions. La marche commença; tantôt gravissant des éboulis rocheux, tantôt dans l'eau vaseuse jusqu'aux épaules; glissant au fond d'un ravin, serpentant dans l'herbe, ou à travers les buissons, pendant deux heures; troublant dans notre marche de superbes antilopes de diverses espèces, nous gagnâmes l'endroit où devaient être les girafes. Presque immédiatement j'aperçus la tête de l'un de ces animaux à huit cents pas environ sur la gauche; cette tête m'en fit découvrir d'autres qui entouraient le chef de la bande. Je pris à droite, avec l'intention d'arriver sous le vent de la troupe.

Un buisson pouvait me servir d'abri; tout allait pour le mieux, lorsque je vois que la bande a changé de place, qu'elle a le vent pour elle, que je suis à deux cents pas

Chasse à la girafe.

du grand mâle et qu'il est juste en face de nous. Deux autres s'approchent de lui. Tout à coup la brise m'effleure; elle est d'une fraîcheur délicieuse, mais elle va nous trahir! En effet, à peine ai-je senti ses caresses, que les trois girafes dressent la tête, et, attachant leurs grands yeux noirs sur la place où nous sommes, elles demeurent immobiles.

L'air attentif et la surprise des sentinelles avertissent la bande. Les girafes qui la composent se mettent à la file, rejoignent leurs camarades, puis regardent fixement de notre côté, formant un admirable tableau. Leur robe superbe, qui miroite comme celle d'un cheval de race, se détache en un relief vigoureux sur le vert sombre des mimosas.

Mais cela ne pouvait pas durer, elles allaient prendre la fuite. N'ayant plus l'espoir de les tirer de près, je résolus de partir avant elles. Il était probable que la bande passerait à angle droit de la place que j'occupais; puis, arrivée au sommet de la côte, elle gagnerait certainement la plaine, dont la surface unie empêcherait toute surprise.

Ayant appelé mes compagnons d'un signe, je pars à toute vitesse. Les girafes s'élancent; elles fuient d'une allure pesante, mais d'une rapidité incroyable, et, prenant la direction que j'ai supposée, elles m'offrent l'épaule à deux cents pas. Malheureusement je tombe dans un trou profond caché dans l'herbe, et tandis que je me relève, la bande a gagné du terrain. Mais le chef tourne brusquement à droite pour arriver au plateau. Je prends la diagonale en courant de toutes mes forces. Lancée à fond de train, la bande passe devant moi à une distance d'environ cent soixante mètres. J'ai mon vieux Ceylan, carabine double, qui porte des balles d'une once et demie, et je vise un grand mâle dont la robe est foncée. Le bruit de la balle sur le cuir est suivi de quelques faux pas, qui se terminent au bout de vingt mètres par une lourde chute au milieu des buissons.

Ma seconde balle résonne également sur une autre bête, mais ne produit aucun effet. Bachit me passe rapidement une carabine simple — balle de deux onces. — Un mâle superbe est ajusté; il tombe sur les genoux, se relève et prend la fuite en boitant : il a la jambe brisée au défaut de l'épaule; mes Arabes le rejoignent et l'achèvent.

Après avoir suivi la troupe sur un terrain glissant et couvert de hautes herbes, ayant fait un mille sans résultat, je revins à mon gibier. C'étaient mes premières girafes; je les admirai avec tout l'orgueil, toute la satisfaction du chasseur; mais il se mêlait à ma joie un sentiment de pitié pour ces créatures si belles et si complètement inoffensives. Qui n'a vu la girafe que sous un climat froid ne se fait pas une idée de sa beauté. Sa robe soyeuse a des reflets changeants, suivant la façon dont elle s'éclaire, et ses yeux sont l'exagération, ou plutôt le développement de ceux de la gazelle.

En revenant, comme nous traversions une herbe épaisse, qui pouvait avoir quatre pieds de haut, trois bubales* sont partis d'une ravine, et ont passé devant nous à une soixantaine de mètres. Touché à l'épaule, celui que je visais est tombé mort au bout de quelques pas. C'est également mon premier bubale. Sa robe, d'un rouge bai, est brillante comme du satin. Il est en excellente condition et doit peser près de cinq cents livres. Une chasse magnifique : sur quatre coups, trois grosses bêtes.

(Baker, *Exploration des affluents abyssiniens du Nil.*)

Malgré la rapidité de sa course, on arrive à la rejoindre à cheval d'assez près pour la tirer.

Six indigènes que nous rencontrâmes bientôt nous dirent qu'ils avaient croisé la piste fraîche d'une troupe de girafes, et rebroussèrent chemin pour nous la montrer. Nous suivîmes les traces pendant quatre milles, sur un terrain pierreux, couvert de broussailles, gravissant toutes les hauteurs pour découvrir la bande, et revenant sur la piste où nous marchions aussi vite que le pas des Cafres le permettait. Le premier de tous je reconnus à cinq cents pas un détachement de sept ou huit bêtes; mais, ayant sifflé pour en avertir Swartz, je les vis détaler avec une vitesse prodigieuse. Nous partîmes à toute bride et, franchissant les buissons et les pierres, je finis par gagner les fugitives.

Je n'en étais pas à vingt yards*, lorsque Bryan s'arrêta court, tremblant de tous ses membres, ayant peur de ces grandes bêtes à l'allure maladroite. Je l'éperonnai d'une façon vigoureuse, et lui fis tenir le dessus du vent pour l'empêcher de sentir la girafe, dont les émanations très prononcées effrayent les chevaux qui n'en ont point l'habitude. Nous débouquâmes* dans la plaine, Swartz à quarante ou cinquante pas de la bande, moi derrière lui, à peu près à la même distance. A la vue d'un autre cheval, Bryan reprit courage; il bondit, fut immédiatement à côté de celui qui le distançait, prit la tête et allait fondre sur les girafes, quand elles se rembûchèrent*. Peu de temps après, Swartz détournait* une femelle et je fixais mon choix sur un mâle superbe.

Celui-ci, la queue en spirale, fuyait en bondissant, parcourant d'un saut l'espace que je ne pouvais franchir qu'en trois pas. Bryan se précipitait, sans souci des épines, écrasant tout devant lui, me mettant les mains et la chemise en lambeaux. Arrivé cependant au niveau de la bête, je lui adressai une balle qui l'atteignit dans le haut du cou, mais ne produisit aucun effet. Je modérai l'allure de Bryan et rechargeai mon fusil. J'avais conservé le petit galop, et quelques instants me suffirent pour reprendre notre ancienne position. Au moment où je pesais sur la bride afin de mettre pied à terre, mon cheval se heurta contre un hallier*, ce qui lui fit faire un mouvement de recul; la girafe, pendant ce temps-là, prit une avance de cent yards. J'eus bientôt regagné le terrain perdu. Je voulais tourner la bête, mais elle filait comme un vaisseau à pleines voiles, battant l'air de ses pieds de devant, dont elle me rasait presque l'épaule. J'aurais eu cent occasions de tirer, si j'avais pu descendre, mais impossible d'arrêter Bryan, dont la bouche ne sentait rien du mors ; toutefois chez lui pas le moindre signe de défaillance, toujours la même ardeur. Je le rapprochai de l'animal, et tenant mon fusil d'une main, n'étant plus qu'à deux mètres de la girafe, celle-ci fut tirée droit à l'épaule. Le recul me lança mon fusil pardessus la tête, et faillit me briser le doigt. La girafe, dont l'épaule était pulvérisée, tomba raide, avec un fracas épouvantable. J'avais chargé au hasard et mis sans doute une énorme quantité de poudre; Bryan fut arrêté du coup. Je devais avoir fait plus de cinq milles, toujours en ligne droite, franchissant les rochers, traversant les halliers, et, pendant le dernier mille, suivant l'animal à vingt pas, au milieu de cailloux qu'il faisait jaillir et qui me sifflaient au-dessus de la tête.

(BALDWIN, *Chasses en Afrique.*)

Un jour, Andersen fut témoin d'un spectacle émouvant : une girafe attaquée et dévorée par des lions!

La plaine de Kobis où je passai quelques semaines, abondait en éléphants, en rhinocéros, gnous*, zèbres, etc. Les girafes étaient plus rares; cependant elles se montraient quelquefois dans le voisinage des étangs, alors que j'entrais en chasse après le coucher du soleil.

Un soir j'avais tiré un lion, et je l'avais blessé. Le lendemain matin, de très bonne heure, je me mis à la recherche de la bête, dans l'espoir de l'achever. Bientôt nous aperçûmes sur notre chemin des voies nombreuses et rapprochées. Nous nous arrêtâmes pour les interroger. Toute une troupe de lions avait passé par là, je reconnus aussi les empreintes des pieds d'une girafe. Devant ce fouillis de pistes, nous demeurions embarrassés. Pendant que je m'efforçais de démêler celles du lion que j'avais blessé, voilà que tout à coup les naturels qui m'accompagnaient se précipitent en avant. L'instant d'après, les échos de la jungle m'apportent des cris de triomphe. Je crois que mes compagnons viennent de découvrir mon lion ; à mon tour je m'élance; mais, qu'on juge de ma surprise, lorsque dans une clairière j'aperçois, non pas un lion mort, comme je m'y attendais, mais bien cinq lions vivants, deux mâles et trois femelles. Trois d'entre eux s'acharnaient sur une superbe girafe, tandis que, tout auprès, les deux autres surveillaient l'œuvre de mort avec des yeux étincelants.

La scène était si imposante, que, sur le premier moment, j'oubliai mon fusil. Cependant les Buschmen mes compagnons, qui se promettaient un ample festin, se jetèrent follement au milieu des lions, et, par leurs cris perçants, ou plûtôt par leurs hurlements, ils les obligèrent à lâcher leur proie et à battre en retraite.

Quand j'arrivai près de la girafe, elle était complètement terrassée, et gisait pantelante sur le sable. Elle fit quelques efforts impuissants pour soulever sa tête; les convulsions de l'agonie agitaient son corps, que l'on voyait trembler et frissonner. Le pauvre animal ne tarda pas à expirer; il avait reçu de profondes blessures; ses terribles ennemis avaient enfoncé leurs dents et leurs griffes cruelles dans sa poitrine et dans ses flancs. Les muscles du cou, si épais et si forts, avaient été déchirés.

Il ne fallait plus songer à poursuivre encore le lion. Les naturels se mirent à dépecer le caméléopard* et à s'en repaître; ils restèrent sur sa carcasse jusqu'à ce qu'ils l'eussent entièrement dévoré.

(ANDERSEN, *Aventures et chasses dans l'Afrique centrale.*)

Girafe attaquée par des lions.

Lion.

On dit volontiers que le lion est le roi du désert. Si par désert on veut désigner les régions non habitées par l'homme, on peut avoir raison, bien que le gorille, l'éléphant et le rhinocéros ne soient guère disposés à obéir à sa majesté sanguinaire ; mais si, comme il arrive dans le langage vulgaire, on entend par désert les plaines sableuses, sans eau et sans végétation, on se trompe singulièrement, car le lion n'y pourrait vivre, lui qui chaque jour doit dévorer une pièce vivante. Il vit au contraire dans les plus riches districts, prélevant sur les antilopes, les buffles, les girafes, sur le bétail domestique, et parfois même sur les nègres, un tribut sanglant.

En rase campagne, le lion attaque assez rarement l'homme, non par générosité, comme on le dit assez naïvement, mais simplement parce qu'il y a meilleur à manger. Très paresseux et très patient quand il n'a ni faim ni soif, il semble, avec sa face presque humaine, écouter avec intelligence les adjurations* que lui adresse le malheureux qui le rencontre à la nuitée, et qui n'est rien moins que rassuré en pareille compagnie.

De là sans doute les croyances répandues dans toute l'Afrique, y compris l'Algérie, que le lion comprend le langage humain et qu'il est un être supérieur au vulgaire des animaux, souvent un lieu d'incarnation nouvelle pour les âmes des morts.

La chasse au lion n'est pas jeu d'enfant. Nettement attaqué ou surtout blessé, c'est une bête terrible. Le célèbre Livingstone a ressenti durement les effets de sa colère.

Pendant mes excursions autour de Kuruman, j'avais choisi la belle vallée de Mabotsa pour y établir le siège d'une mission. C'est là que m'est arrivé un accident sur lequel j'ai été souvent questionné depuis mon retour en Angleterre, et dont, sans les importunités de mes amis, j'avais l'intention de conserver les détails pour les raconter à mes enfants lorsque la vieillesse m'aurait fait radoter.

Des lions inquiétaient vivement la population de Mabotsa; ils pénétraient la nuit dans l'endroit où les bestiaux étaient enfermés, et dévoraient les vaches. Ils attaquaient même les troupeaux en plein jour : ce qui est tellement éloigné de leurs habitudes, que les indigènes s'imaginèrent qu'on leur avait jeté un sort et qu'ils avaient été, suivant leurs propres termes, « livrés au pouvoir des lions par une tribu voisine. » Ils avaient bien essayé une fois de se délivrer de ces animaux en les détruisant ; mais, beaucoup moins braves que les Béchuanas ne le sont généralement en pareille occurrence, ils étaient rentrés chez eux sans avoir attaqué un seul de leurs ennemis.

Il est avéré que, si l'on tue l'un des lions qui font partie d'une bande, les autres, profitant de l'avis qui leur est donné, abandonnent les lieux où ils ont été chassés. Lors donc que le bétail des Bakouaïns fut attaqué de nouveau, j'allai avec les hommes de la tribu, afin de les encourager à se débarrasser des maraudeurs. Nous trouvâmes les lions sur une petite colline boisée, que mes compagnons, disposés en cercle, gravirent en se rapprochant de plus en plus les uns des autres.

Resté dans la plaine avec un indigène appelé Mébalué, qui était maître d'école et le plus excellent des hommes, je vis l'un des lions posé sur un quartier de roche qu'entourait le cercle des chasseurs. Mébalué tira son coup de fusil avant moi et n'atteignit que le rocher où l'animal était assis. Le lion mordit l'endroit que le projectile avait frappé, comme un chien qui mord la pierre ou le bâton qui lui est jeté ; puis, s'enfuyant d'un bond, il franchit le cercle d'hommes qui s'ouvrit à son approche, et il s'échappa sans blessure ; les chasseurs n'avaient pas osé l'attaquer, peut-être à cause de leur foi dans le sortilège dont ils se croyaient victimes. Le cercle fut bientôt reformé ; deux autres lions y apparurent, mais cette fois nous n'osâmes pas tirer, dans la crainte de frapper l'un des hommes qui les entouraient et qui leur permirent encore de s'enfuir sains et saufs. Si les Bakouaïns avaient agi suivant la coutume de leur pays, les lions auraient été tués à coups de lance au moment où ils essayaient de s'échapper; mais nos chasseurs ne firent pas même usage de leurs armes.

Voyant que nous ne pouvions pas les décider à l'attaque, nous reprenions le chemin du village, lorsque en tournant la colline j'aperçus encore un lion posé sur un quartier de roche comme le premier que j'avais vu, mais cette fois tapi derrière un buisson; j'étais environ à trente pas de l'animal, je le visai attentivement au corps, à travers les broussailles, et je déchargeai mes deux coups. « Il est touché, il est touché! s'écrièrent les indigènes, allons à lui. » Derrière le hallier, j'apercevais la queue du lion qu'il agitait avec colère; et me retournant vers ceux qui accouraient, je leur dis d'attendre au moins que j'eusse rechargé mon fusil.

Pendant que j'enfonçais les balles, j'entendis pousser un cri de terreur; je tressaillis, et, levant les yeux, je vis le lion qui s'élançait sur moi. J'étais sur une petite éminence; il me saisit à l'épaule, et nous roulâmes ensemble jusqu'au bas du coteau. Rugissant à mon oreille d'une horrible façon, il m'agita vivement comme un basset le fait d'un rat; cette secousse me plongea dans la stupeur que la souris paraît ressentir après avoir été secouée par un chat, sorte d'engourdissement où l'on n'éprouve ni le sentiment de l'effroi ni celui de la douleur, bien qu'on ait parfaitement conscience de tout ce qui vous arrive : un état pareil à celui des patients qui, sous l'influence du chloroforme, voient tous les détails de l'opération, mais ne sentent pas l'instrument du chirurgien. Ceci n'est le résultat d'aucun effet moral; la secousse anéantit la crainte et paralyse tout sentiment d'horreur, tandis qu'on regarde l'animal en face.

Le lion avait l'une de ses pattes sur le derrière de ma tête; en cherchant à me dégager de cette pression, je me retournai, et je vis le regard de l'animal dirigé vers Mébalué, qui le visait à une distance de quinze pas. Le fusil du maître d'école, un fusil à pierre, rata des deux côtés; le lion me quitta immédiatement, se jeta sur Mé-

Livingstone terrassé par un lion.

balué, et le mordit à la cuisse. Un individu, à qui j'avais sauvé la vie dans une rencontre avec un buffle qui l'avait lancé en l'air, essaya de donner un coup de lance au lion pendant que celui-ci attaquait Mébalué; l'animal, abandonnant alors le maître d'école, saisit cet homme par l'épaule; mais au même instant, les balles qu'il avait reçues produisant leur effet, il tomba frappé de mort. Tout cela n'avait duré qu'un moment et devait avoir eu lieu pendant le paroxysme* de rage qu'avait causé l'agonie.

Le lendemain, les Bakouaïns, pour faire sortir du corps de l'animal le charme dont ils s'imaginaient qu'il avait été doué, firent un immense feu de joie sur le cadavre du lion, l'un des plus gros, disaient-ils, qu'ils eussent jamais rencontrés.

Non seulement j'avais eu l'humérus complètement écrasé, mais encore j'avais été mordu onze fois à la partie supérieure du bras. La blessure que fait la dent du lion est analogue à celle d'une arme à feu; elle est généralement suivie d'une abondante suppuration, d'un grand nombre d'escarres*, et laisse une douleur qui se fait sentir périodiquement dans la partie blessée. Je portais ce jour-là une veste de laine épaisse, qui, je le suppose, essuya tout le virus* des dents qui me traversèrent le bras, car j'échappai aux souffrances particulières que subirent mes deux compagnons d'infortune, et j'en fus quitte pour une fausse articulation dans le bras gauche. Celui de nous trois qui avait été mordu à l'épaule me montra sa blessure l'année suivante; elle venait de se rouvrir, précisément dans le mois où elle lui avait été faite. Ce curieux incident mérite l'attention des hommes de science. (LIVINGSTONE, *L'Afrique Australe.*)

Mais quand on parle de lion, il faut tout d'abord penser à notre célèbre *tueur de lions*, Jules Gérard.

Un peu avant le coucher du soleil, je m'acheminai vers la demeure du lion, en compagnie de mon fidèle

Hamida, d'Amar et de Bil-Kacem, chargés, les deux premiers, de mes carabines, et le dernier, d'un jeune chevreau bâillonné avec soin et destiné à servir d'appât.

Je visitai, en passant, l'entrée du lion dans son repaire, afin de voir l'empreinte de ses pas.

Satisfait de ce que je venais de voir, quant à l'âge et à la taille de l'animal, je cherchai une place convenable pour m'établir et l'attirer.

Ayant rencontré un espace vide d'environ quinze pas dans le voisinage du rocher au pied duquel le lion devait être, je pensai que je ne trouverais pas mieux.

Au moment où le chevreau était garrotté au pied d'un arbuste, et pendant que je prenais mes armes des mains de ceux qui les portaient, Amar se serra brusquement près de moi, et, le visage contracté par la peur, il me montra du doigt une tête énorme et à tous crins qui nous observait à cent pas à peine.

Je m'empressai de renvoyer les Arabes et me plaçai sur le bord de la clairière, de façon à voir le lion quand il viendrait au chevreau, que j'eus soin de démuseler.

La pauvre bête, ne se croyant pas en sûreté sous les canons de ma carabine, se mit à jeter les hauts cris et à tirer sur la corde qui la retenait de manière à la rompre.

Au bout de quelques minutes, elle cessa de crier et fit face au repaire du lion, tremblant comme la feuille et osant à peine regarder de temps en temps, comme pour me supplier d'être prêt à la défendre.

A ces symptômes de frayeur, je compris que le lion s'avançait vers nous.

Sondant du regard l'épaisseur du bois qui bordait la clairière, j'aperçus une masse de couleur fauve, immobile et d'une forme que les branches et le feuillage empêchaient de juger sûrement.

Bientôt les arbres s'agitèrent, et le lion, sortant du massif, fit deux pas dans la clairière, où il s'arrêta pour nous regarder.

Ah! le bel animal, cher lecteur, et combien il ressemblait peu à ceux de sa race que vous avez pu voir dans les ménageries!

Je le trouvai si beau, si noble, si majestueux, moi qui cependant en avais déjà tant vu, de ces rois de la beauté et de la noblesse, qu'après l'avoir ajusté entre les deux yeux ma carabine s'abaissa.

De son côté, le lion s'étendit doucement sur l'herbe, sans doute pour attendre l'heure du dîner.

A mon grand regret, l'appétit lui vint en regardant sa proie. Il se leva comme un ressort et se prépara à l'attaque. Comme il se trouvait de côté, j'ajustai au défaut de l'épaule et lui envoyai deux balles, *pan*, *pan!* coup sur coup. Traversé de part en part, le lion tomba en poussant des rugissements déchirants; puis, se tordant furieux sur la pente du ravin, il se précipita sans le savoir, sans le voir, dans un torrent, d'une hauteur de vingt pieds.

Mes Arabes, avertis par les deux coups de feu et les rugissements du lion, s'empressèrent d'accourir.

Le sang que l'animal avait laissé en abondance leur fit croire que tout était fini, et ils allèrent pousser sur les pitons avoisinant la clairière le cri de circonstance : *Des mulets! des mulets!*

Tandis que ces braves gens demandaient à l'avance des moyens de transport, je m'avançais sur la voie de l'animal, qui, m'entendant lancer une pierre sous bois, me répondit par une menace terrible.

Le massif d'où partaient les rugissements du lion était si épais, qu'il m'était impossible de voir le pied des arbres à deux pas devant moi.

Au moment où je marquais l'entrée sanglante de l'animal, mes hommes revenaient avec quatre montagnards en armes.

Mon intention était d'attendre au lendemain pour trouver le lion mort ou vivant.

J'espérais beaucoup qu'il succomberait à ses blessures pendant la nuit, et, dans tous les cas, je comptais sur le

Lion.

sang qu'il perdrait pour le retrouver moins fort le jour suivant.

Enfin je regardais à bon droit comme une folie d'aller à lui à travers ce massif où l'œil le plus perçant ne pouvait pénétrer, surtout au moment où la nuit allait se faire.

Je représentai toutes ces choses aux Arabes qui m'entouraient; mais ce fut en vain.

Ils me répondirent qu'ils iraient au lion sans moi, avec la certitude que le lion était mort.

Que de gens ont passé pour courageux en faisant comme ces Arabes! Et cela, parce qu'ils bravaient un danger *inconnu*.

En effet, si, au moment où le lion se montrait à nous, quand nous étions tous réunis dans la clairière, je leur avais dit : « Restez ici, je vais revenir dans un quart d'heure. » Si j'avais fait cela, ils m'auraient cru fou et se seraient sauvés à toutes jambes, de peur de se trouver sans moi en présence du lion.

Maintenant ils voulaient y aller seuls.

Quand je vis qu'il m'était impossible de persuader aux Arabes que le lion n'était pas mort, je marchai à leur tête, en leur assurant que bientôt ils sauraient à quoi s'en tenir.

M. de Rodemburgh, de retour de son excursion, arriva au moment où j'allais procéder à l'attaque.

J'eus beau le prier de se retirer, en l'assurant qu'il y aurait mort d'homme, tout ce que je pus obtenir de lui fut qu'il marcherait derrière moi et ne s'éloignerait pas un instant.

En arrivant à l'entrée du lion dans le massif, un coup de feu partit derrière moi.

Le lion rugit sous bois et se précipita vers nous, brisant tout ce qui lui faisait obstacle avec un bruit peu rassurant.

« Vous voyez comme il est mort, dis-je aux Arabes, qui se serraient autour de moi; maintenant je vais voir ceux qui sont des hommes. »

Comme je finissais de parler, le lion débouchait furieux et s'arrêtait magnifique entre Amar, mon quêteur et le groupe que nous formions.

Au moment où j'allais lui mettre une balle dans la tête, je fus aveuglé par la fusillade des Arabes qui m'entouraient.

Ce fut à peine si à travers la fumée je pus voir Amar faire feu, le lion bondir sur lui, briser d'un coup de gueule la carabine qu'il lui présentait pour se garantir, puis l'atteindre et le terrasser comme un brin de paille.

En deux sauts, je fus sur le lion, qui, occupé à déchirer le pauvre homme, ne fit aucune attention à moi.

Ne pouvant frapper la tête du lion sans atteindre Amar, je cherchai le cœur et je fis feu.

Le lion lâcha instantanément sa victime, mais sans tomber sous le coup qui l'avait frappé.

Je visai le second coup à la tête : la capsule seule partit. Le lion, séparé de moi par la longueur de ma carabine, luttait de toute sa force contre la mort.

Les Arabes, comprenant tout le danger de ma situation, vinrent tous avec un élan superbe, quoique leurs armes fussent vides, se grouper autour de moi.

Hamida se trouvant le plus rapproché, je lui jetai ma carabine vide et lui demandai le fusil qu'il avait mission de garder chargé.

Le malheureux avait fait feu avec les autres, nous livrant à la merci du lion. M. de Rodemburgh se trouvait à quelques pas de là.

Il me restait, pour toute défense, un poignard, bon, il est vrai, pour tuer un sanglier ou un ours, mais insuffisant pour le lion, qui porte tant de balles.

Heureusement pour moi et mes compagnons, le lion n'avait plus le sentiment de notre présence, et bientôt il mourut sous nos yeux, au moment où M. de Rodemburgh nous apportait le secours de ses armes.

Mon pauvre Amar n'était pas mort; mais il était couvert de blessures dont une seule eût suffi pour le tuer.

Un brancard fut fait sur-le-champ, et après deux ou trois heures de souffrances atroces, le blessé put recevoir les premiers soins.

Le 27, je me rendis au bois pour faire enlever la dépouille du lion. Ensuite je fis mes adieux à Amar, que je laissai entre les mains d'un docteur arabe. Le même jour je retournai au jardin des lions.

Le surlendemain une lionne massacrait un troupeau de bœufs à deux portées de ma carabine.

Les plaintes entendues, justice ne se fit pas attendre.

Le 30, j'étais, à neuf heures du soir, en face de la lionne, à une distance de huit à dix pas.

L'obscurité de la nuit et l'épaisseur de la forêt m'empêchant de viser juste, je tirai en pleine épaule, afin de mettre, du premier coup, l'animal hors d'état de revenir sur moi.

La chute de la lionne et la hauteur du bois ne m'ayant point permis d'envoyer une seconde balle, je me retirai prudemment, le bruit de ses rugissements couvrant le bruit de mes pas.

Le lendemain, à la pointe du jour, nous étions de nouveau en présence.

Malgré une épaule cassée et la poitrine percée d'outre en outre, la lionne fit bonne contenance.

Elle ne tomba qu'à la troisième balle, au moment où elle me chargeait. Ainsi finit cette campagne.

A peine arrivé à Constantine, j'appris la mort de mon brave Amar. (JULES GÉRARD, *La chasse au lion.*)

La course du lion, extrêmement rapide pendant quelques instants, lui permet même d'atteindre un cheval au galop.

Par une chance inattendue, car je ne croyais pas qu'il y eût dans les environs une seule pièce de gibier, nous avons tué, depuis quelques jours, six antilopes, deux rhinocéros et un couagga*; plus un lion, dont la chasse

Lion.

vaut la peine d'être racontée et que j'ai gardée pour la fin.

Vendredi, le vieux capitaine des Masaras vint me faire une visite ; il avait vu un lion sur sa route et avait laissé une partie de ses gens pour le surveiller. Je travaillais au soleil depuis le matin à faire un timon de chariot ; je n'en pouvais plus, j'étais boiteux, j'avais la main tremblante, et ne me sentais pas disposé à faire un coup d'adresse. Néanmoins je donnai l'ordre de seller Férus, qui lui-même n'était pas des plus frais, ayant dans la matinée couru, à fond de train, derrière un élan maigre.

J'aperçus bientôt vingt-cinq Masaras qui, chargés de leurs assagayes et de leurs boucliers, étaient accroupis dans la plaine ; au même instant mon regard fut attiré par un crâne humain dont la vue me frappa comme un sinistre présage ; il me vint à l'esprit que le mien pouvait être destiné à blanchir au même lieu ; toutefois je ne permis pas à cette pensée d'ébranler mes nerfs, et je continuai ma route. Le lion avait décampé ; les Masaras prirent ses traces, et le firent déboucher à deux milles environ du point de départ. Je ne le vis pas d'abord ; mais, ayant pris la direction que m'indiquaient les dépisteurs, je ne tardai pas à le découvrir. Il se laissa poursuivre pendant environ mille yards, car il était loin de moi, puis s'arrêta dans un épais hallier. Je mis pied à terre, lorsqu'il n'y eut plus entre nous qu'une soixantaine de pas, et tirai sur lui ; je n'apercevais que la ligne supérieure de son corps, et il tomba si instantanément, que je pensai l'avoir tué raide. Je remontai à cheval, rechargeai, décrivis un demi-cercle, et me levai sur les étriers pour voir ce que le lion était devenu. Je l'avais manqué ; ses yeux brillaient d'un tel éclat, il était couché si naturellement, n'ayant de dressé que les oreilles, d'un noir sombre vers la pointe, que cela ne faisait pas le moindre doute.

Je me trouvais à quatre-vingts pas de lui, une immense fourmilière était devant moi, à quinze yards ; je pesai les chances que pouvait me donner ce monticule, et je venais d'ébranler mon cheval pour m'en rapprocher, lorsque le lion, rugissant avec fureur, et venant à bondir, fit pirouetter Férus, qui s'enfuit ventre à terre.

Mon cheval était rapide : il avait forcé l'oryx* ; mais l'allure du lion était effrayante.

Penché en avant, les éperons dans les flancs du cheval, qui volait sur un terrain ferme, uni, excellent pour la course, je jetai les yeux derrière moi. Le lion avançait : deux bonds pour un des miens ; je n'ai rien vu de pareil, et ne désire pas le revoir. Me retourner sur la selle et tirer me vint à l'esprit ; trois enjambées nous séparaient. Au lieu d'appuyer sur la détente, j'imprimai une vive secousse à la rêne gauche, en même temps que j'enfonçais l'éperon du côté droit. Férus fit un violent écart, et le lion passa, me heurtant l'épaule avec tant de force que je fus obligé de saisir l'étrivière pour me retrouver en selle.

Immédiatement le lion ralentit sa course. Dès que je pus arrêter Férus, chose malaisée dans son état d'excitation, je sautai à bas, et fis un coup digne d'éloges. Il ne m'appartient pas de le dire ; cependant c'était beau, si l'on considère l'épreuve à laquelle je venais d'être soumis ; je brisai la patte gauche du lion à cent cinquante pas, juste à la lisière du fourré.

Craignant de le perdre, — les Masaras fuyaient, le bouclier sur la tête, et pour rien au monde ils n'auraient voulu reprendre la piste, — je ressautai à cheval, et partis d'une allure folle. Le lion bondissait rapidement sur trois pattes ; je le gagnai néanmoins, et quittai la selle à quarante pas derrière lui. Mon coup l'ayant frappé à la naissance de la queue, lui brisa l'épine dorsale ; il se traîna sous un buisson, rugit d'une manière effrayante, et je lui mis encore deux balles dans la poitrine avant de le réduire au silence.

C'était un vieux lion, gras et féroce, dont les énormes griffes jaunes étaient émoussées et réduites à quatre aux deux pattes de devant.

Le noir pressentiment qu'avait fait naître en moi la vue de ce crâne avait été bien près de se réaliser.

Pourquoi l'homme risque-t-il sa vie sans y avoir aucun intérêt? C'est un problème que je n'essayerai pas de résoudre. Tout ce que je peux dire, c'est qu'on trouve dans la victoire une satisfaction intérieure qui vaut la peine de courir tous les risques, alors même qu'il n'y a là personne pour y applaudir.

Je voudrais avoir la puissance descriptive du Masara qui fit à ses camarades le récit de l'aventure ; jamais acteur ne m'a fait assister à pareille fête. Je ne comprenais pas un mot de son discours ; mais ses attitudes, ses gestes, sa physionomie étaient d'une prodigieuse éloquence. Ses yeux lançaient des éclairs, des flots de sueur l'inondaient, et j'eus le frisson quand il se mit à rugir. Impossible de mieux peindre l'effroi du cheval, sa course effrénée, ma pose, mes coups d'éperon, l'écart de Férus, tous les incidents de la chasse. J'eus le plaisir de voir qu'il me plaçait au plus haut de son estime ; les Macaras, depuis lors, me comblent d'attentions ; ils m'apportent de l'eau et du bois sans que je le leur demande.

(BALDWIN, *Chasses en Afrique.*)

Eh bien, cette bête terrible, les Abyssins la chassent à l'épée, comme l'éléphant et le rhinocéros.

La rivière avait été franchie ainsi que le fourré épineux qui la bordait, et nous nous trouvions dans une plaine entrecoupée de broussailles, lorsque nous vîmes à deux cents mètres un lion magnifique qu'une épaisse crinière faisait paraître colossal ; il se dirigeait tranquillement vers son fort. « El assat ! » (le lion) murmurèrent les aggagir, dont l'épée sortit du fourreau par un mouvement instinctif. Au même instant les chevaux rasèrent la terre.

Le lion ne nous avait pas remarqués ; mais, en entendant les sabots de nos montures, il s'arrêta, releva la tête et nous regarda dévorer la distance. Quand il pensa que la fuite devenait urgente, il se mit à bondir, entraînant nos chevaux lancés à toute viteses

Chassé par un lion.

Nous continuâmes de la sorte, jusqu'à n'être plus qu'à environ quatre-vingts pas du félin, qui, malgré l'aisance avec laquelle il arpentait le sol, courait moins vite que nous.

Une admirable scène! Agghar était extrêmement rapide et comprenait merveilleusement la chasse, qu'il avait apprise au service des aggagir. Son galop était la perfection même : de longues enjambées, souples et fermes, aussi douces pour le cavalier que faciles pour lui. Pas besoin de le conduire ; il suivait la bête comme un limier et se dirigeait seul au milieu des arbres, évitant avec soin les tiges nombreuses et choisissant l'endroit où les branches devaient me permettre de passer.

En cinq minutes le lion avait été mené à travers la plaine, et quelques mètres seulement nous séparaient du bois, quand, au moment où l'aîné des Chériff et Abou-Do le rejoignaient chacun d'un côté, le lion sauta au fond d'un ravin et disparut dans les nabaks dont l'abîme était couvert.

Je fus très désappointé, le combat eût été glorieux et il y avait longtemps que je désirais voir attaquer le lion à l'arme blanche. Taher et Abou-Do n'étaient pas moins contrariés ; pendant que l'animal aurait chargé l'un d'eux, l'autre lui aurait tranché les reins d'un coup d'épée.

Un bon chasseur, disaient-ils, peut se défendre alors même que le lion saute sur la croupe du cheval ; il suffit pour cela de donner le coup en arrière. Le grand danger est lorsque l'ennemi s'accule dans les broussailles et se retourne pour faire tête. En pareille occasion les aggagir forment un cercle, ils vont droit à l'ennemi, qui s'élance et qui est frappé au moment où il retombe. Chaque fois qu'il y a combat, la mort du lion est certaine ; mais il n'est pas rare qu'un cheval ou un homme soit blessé dans la lutte, quelquefois ils le sont l'un et l'autre, quelquefois même plusieurs y perdent la vie.

(S. S. Baker, *Exploration des affluents abyssiniens du Nil.*)

Panthère.

La panthère est beaucoup moins redoutable que le lion : ce qui ne veut pas dire que sa chasse ne soit pas sans danger, surtout quand on l'a blessée. Écoutez ce récit de Bombonnel, le chasseur de panthères algériennes.

La lune suivante, mêmes plaintes et mêmes prières des mêmes tribus. On ne voyait plus la femelle et ses petits; ils avaient quitté le pays. Le mâle seul était resté, égorgeant, chaque nuit, quelques nouvelles victimes et ne séjournant pas plus de vingt-quatre heures sur le même territoire. Au train dont y allait le terrible maraudeur, la malheureuse contrée était menacée d'une ruine complète; car il s'attaquait à tout sans distinction, et il venait d'étrangler un chameau d'un grand prix. Je retournai avec Nabi chez mes anciens hôtes, cette fois bien résolu d'en finir.

Sept nuits durant, j'établis mon affût dans les divers quartiers fréquentés par la bête; mais lorsque j'étais dans l'un, on la signalait dans l'autre : impossible de la rencontrer. J'avais eu beau prendre toutes les précautions imaginables, inventer ruses sur ruses pour attirer l'ennemi, tout avait été inutile. Ma science était épuisée et ma patience aussi. C'est pendant une de ces longues nuits de veille que j'adressai, désespéré, à saint Hubert cette fatale prière que je n'oublierai jamais : « O saint Hubert! faites que j'arrive à l'abordage avec une panthère ou un lion blessés, mon couteau de chasse à la main; ce jour-là sera le plus beau de ma vie! » Malgré la ferveur avec laquelle j'avais adressé cette supplique au patron des chasseurs, je ne m'attendais pas, je l'avoue, à être aussi vite exaucé.

En arrivant à la tribu, je trouvai les Arabes qui m'attendaient, et m'avaient préparé une chèvre et un piquet pour l'attacher. Ils me conduisirent à quatre cents mètres environ du douar*, sur le bord d'un grand et profond ravin, et me dirent : « La panthère est là dedans; voici un petit buisson dans lequel il faut te mettre; nous allons planter le piquet. » Je fus très étonné de voir qu'ils m'avaient choisi une position aussi convenable, ce que souvent moi-même je n'aurais pu trouver sans grandes difficultés. Le terrain était un plan incliné qui descendait par une pente assez rapide jusqu'au ravin, sur le bord duquel je me postai, lui tournant le dos. Les Arabes plantèrent le piquet sur la partie haute du sol, à six mètres de moi, et, entendant crier la chèvre, ils se hâtèrent de l'attacher, puis s'éloignèrent au plus vite, en me souhaitant bonne chance; ils se doutaient bien que la bête n'était pas loin, et ne voulaient pas s'exposer à me servir d'appât.

Quelques minutes à peine s'étaient écoulées depuis leur départ; je venais de m'asseoir dans mon buisson; je n'avais pas encore tiré du fourreau mon couteau de chasse pour le planter à terre à portée de ma main; j'écartais de menues branches qui pouvaient me gêner dans mes mouvements, lorsque, plus prompte que la foudre, et avant qu'il m'eût été possible de la prévoir, la panthère tombe sur ma chèvre qui pousse le râle de la mort. Je retiens ma respiration et attends pour tirer que la lune vienne m'éclairer; affaire de quelques secondes, car ses rayons brillent à la cime d'un arbre voisin.

Mais quel n'est pas mon étonnement en voyant passer à mes côtés la panthère qui traîne la chèvre avec la légèreté d'un chat emportant une souris! Elle est à trois mètres de moi et en plein travers; je ne distingue ni la queue ni la tête, je ne vois qu'une masse noire qui passe, qui va disparaître.... Le souvenir de mes trente-quatre nuits me traverse l'esprit comme un éclair; la colère me transporte, et, oubliant tous mes serments de prudence, je serre le doigt sur la masse que je suis avec le bout de mon fusil.

J'avais sur ce coup vingt-quatre gros grains de plomb moulés, ainsi que cent dix grains* de poudre dans une cartouche de calibre douze. La bête tombe en se ruant sur la chèvre et en poussant des cris rauques et effrayants. Je lui avais brisé les deux pattes de devant; elle n'avait pas vu d'où lui venait le coup, et pouvait penser que la chèvre lui avait éclaté dans les griffes.

Le moindre mouvement de ma part pouvait attirer son attention et me perdre; la raison me commandait l'immobilité la plus complète; mais, redoutant une surprise, je veux me dresser dans mon buisson pour la dominer et lui envoyer mon second coup. Une branche accroche le

Tête de panthère.

capuchon de mon caban et me le fait tomber sur l'épaule. Ce fut encore là un des hasards providentiels auxquels je dus la vie. Je fus obligé de me rasseoir. Au léger bruit produit par cette branche, ma rusée bête ne poussa pas un cri, pas un souffle; elle fixait son attention sur le buisson et écoutait. Un instant se passe; n'entendant plus rien, ne voyant rien, je la crois morte.

Courbé avec le plus de précautions possibles, je sors de mon buisson, tenant mon fusil les canons bas et ayant le doigt sur la seconde détente. Je ne m'étais pas encore redressé, quand la panthère, m'apercevant, se double, se pousse à l'aide de ses pattes de derrière et fait une glissade de trois mètres sur son poitrail. Je dirige mon second coup sur la tête; mais la rapidité avec laquelle elle m'arrive est si grande, et l'ombre en cet endroit si épaisse, que je la manque; ma balle entre dans la terre, et la flamme de mon fusil lui brûle le poil du cou.

La terrible bête en devient plus furieuse; elle se jette sur moi, et me culbute comme aurait fait une locomotive. Je tombe sous elle, renversé sur le dos et les épaules prises dans le buisson qui m'a servi d'affût. Elle cherche à m'étrangler, et, s'acharnant à mon cou, elle le mord avec une rage indescriptible. Il était heureusement garanti et par le collet de mon paletot, que j'avais relevé à cause du froid de la nuit, et par le capuchon épais de mon caban qui faisait matelas.

De la main gauche, je tâche de me défendre et de repousser la panthère, tandis que de la droite je fais des efforts inouïs pour avoir mon couteau de chasse engagé sous moi. Elle me saisit cette première main et la perce de part en part malgré la manche de laine qui la recouvre; elle me mord horriblement la figure : un des crocs de sa mâchoire supérieure me laboure le front, me perce le nez; l'autre croc m'entre au coin de l'œil gauche et me brise l'os de la pommette. Incapable de contenir d'une main la terrible bête, j'abandonne la recherche inutile de mon couteau, et, de mes deux mains crispées, je la prends par le cou. Elle me saisit alors la figure en travers, et, m'enfonçant dans les chairs ses dents formidables, me fait craquer toute la mâchoire. Ce bruit retentit si douloureusement dans mon cerveau, que je crus avoir la tête complètement broyée. Ma figure est prise dans sa gueule, d'où sort une haleine brûlante et infecte qui m'étouffe; je tiens son cou qui est gros comme un chapeau et dur comme un tronc d'arbre, et, le serrant avec la force que donne le désespoir, j'éloigne son horrible tête de la mienne. Elle se jette sur mon bras gauche et me le perce au coude de quatre énormes trous. Sans la grande quantité de vêtements qui le recouvraient, il était brisé comme verre.

Un duel de nuit.

J'étais toujours renversé sur le dos, au bord extrême du ravin, les jambes en haut et la tête en bas, et je tenais au-dessus de moi, me surplombant et les pattes de derrière dans les jambes, la panthère, dont les rugissements épouvantables faisaient trembler comme la feuille les Arabes et leur bétail à quatre cents mètres de distance.

Elle cherche à me reprendre la figure; je la repousse; mais on ne peut pas se crisper indéfiniment. Dans un moment où je fléchis un peu, elle me saisit la tête et l'emboîte tout entière dans sa large gueule. Réunissant alors tout ce qui me reste de force et de rage dans un effort suprême, je me dégage, ses dents me glissent sur le crâne qu'elles labourent affreusement; ma toque de drap ouaté lui reste dans la mâchoire. Je l'avais soulevée si vigoureusement, qu'elle glisse sur la pente rapide. Ses deux pattes de devant sont brisées; elle ne peut se retenir et roule en rugissant jusqu'au fond du ravin.

Libre enfin, et il n'était pas trop tôt, je vous assure, je me relève en crachant quatre de mes dents et une masse de sang qui me remplit la bouche; mais je ne songe pas à mon mal. Tout entier à la fureur qui me transporte, je tire mon couteau de chasse et, ne sachant pas ce que la bête est devenue, je la cherche de tous côtés pour recommencer la lutte (car je ne croyais pas survivre longtemps à mes blessures). C'est dans cette position que les Arabes me trouvèrent en arrivant.

(BOMBONNEL, *La chasse à la panthère.*)

Crocodile.

Les crocodiles abondent dans tous les lacs et les grands fleuves d'Afrique. L'Algérie seule et les contrées voisines n'en sont pas infestées. Partout ils sont justement redoutés, saisissant sur le bord de l'eau, dans l'eau surtout, les animaux et les hommes. Ils paraissent posséder un odorat assez fin.

Un hippopotame fut tué à deux milles en amont de ce banc de sable et reparut trois heures après. On l'attacha derrière le bateau; les crocodiles arrivèrent en foule; on ne put les éloigner qu'en tirant sur eux. La balle n'avait pas pénétré jusqu'au cerveau de l'hippopotame; elle y avait seulement enfoncé un fragment d'os qui avait causé la mort. Il ne sortait de la blessure qu'un peu de gaz et de sérosité*; rien autre chose ne pouvait annoncer aux crocodiles la présence d'une bête morte; et cependant ceux qui étaient derrière nous accoururent d'une distance de plusieurs milles. L'odorat, chez ces monstres, n'est pas moins développé que le sens de l'ouïe, et l'un et l'autre sont d'une finesse extraordinaire. Joumbo, notre pilote, affirme que le crocodile ne mange jamais de viande fraîche, qu'il fait toujours attendre celle qu'il a prise, et que plus elle est faisandée*, plus il en est satisfait. La chose est fort possible. Le crocodile ne mange que par petites bouchées; il déchire difficilement la chair fraîche et doit préférer celle qui est tendre. Pour avaler, ce qu'il fait comme le chien, il lève la tête au-dessus de l'eau.

Quand nous eûmes pris la quantité de viande que nous voulions avoir, les crocodiles revinrent par douzaines et se disputèrent le reste de l'hippopotame. On essaya de les pêcher; l'un d'eux se jeta sur l'appât et fut bientôt pris. Il fallut six hommes pour le traîner; mais l'hameçon s'étant redressé, l'animal disparut; c'était cependant un hameçon à requin. On fabriqua alors un croc en fer; mais la bête, ne pouvant pas l'avaler, ne tarda pas à l'aplatir avec ses mâchoires, et notre pêche en est restée là. Ainsi qu'on peut se le figurer d'après la vigueur que déploie un saumon, l'attraction d'un crocodile est terriblement forte.

Le corps d'un enfant passa près du navire; un crocodile monstrueux s'élança avec la vitesse d'un lévrier, saisit le cadavre, et le secoua comme un terrier fait d'un rat. Il en accourut d'autres qui se jetèrent sur la proie, chacun d'eux fouettant l'eau de sa queue puissante et la faisant tourbillonner à chaque morceau qu'il arrachait. C'était un spectacle affreux à voir. Au bout de quelques secondes il ne restait plus rien.

Ces monstres pullulaient dans le Chiré ; nous en avons compté jusqu'à soixante-sept sur un banc de sable; mais ils n'y étaient pas aussi féroces que dans certaines rivières. « Les crocodiles, écrit le capitaine Tuckey, sont tellement nombreux dans le Congo, près des rapides, que lorsque les femmes vont puiser de l'eau, tandis qu'elles remplissent leurs calebasses, il y en a toujours une pour écarter ces hideux reptiles ; malgré cela, il arrive fréquemment que ces malheureuses sont emportées. » Ici, pour tirer de l'eau, on se sert d'une calebasse, mise au bout d'une longue perche, ou bien on fait une palissade à l'endroit où les femmes vont la puiser.

Un de nos Makololos était allé à la rivière vers la chute du jour ; il eut soif, et tandis qu'il se jetait de l'eau dans la bouche, comme ils font tous en pareil cas, un crocodile surgit tout à coup et lui happa la main. Il y avait heureusement une branche d'arbre à portée du Makololo, qui eut la présence d'esprit de la saisir ; et chacun de tirer tant et plus, l'un pour avoir à souper, l'autre pour sauver sa vie. La partie demeura quelque temps indécise ; mais l'homme tint bon, et le monstre lâcha la main, y laissant des marques profondes de ses affreuses dents.

(LIVINGSTONE, *Le Zambèze et ses affluents.*)

Tous les voyageurs africains racontent des preuves de la férocité vorace de ces redoutables animaux.

Nous avions d'autres ennemis que ceux de la terre ferme : je veux parler des crocodiles de Gondokoro, dont la férocité dépasse tout ce qu'on pourrait imaginer. Les indigènes étant obligés chaque jour d'entrer dans l'eau avec leurs bestiaux, les astucieux amphibies avaient pris l'habitude de prélever sur eux un droit de passage, sous la forme d'une vache, d'un veau ou d'un nègre. Ils enlevèrent ainsi deux matelots d'Abou-Saoud.

Un de mes soldats, marchant dans l'eau avec plusieurs de ses camarades, dans un endroit où la profondeur ne

Crocodiles dans le Chiré.

dépassait pas deux pieds, fut saisi par un crocodile. Pris à la jambe, au-dessous du genou, il se débattit vigoureusement et enfonça ses doigts dans les yeux de l'animal; ses camarades vinrent à son secours et le sauvèrent d'une mort certaine; mais l'os de la jambe était tellement broyé qu'il dut subir l'amputation.

Un autre accident semblable arriva à l'un de mes matelots. Avec beaucoup d'autres, il récoltait les feuilles d'une espèce de convolvulus* qui remplace avantageusement les épinards. Cette plante, dont la racine s'enfonce dans la vase de la berge, s'étale sur la surface de l'eau, où ses fleurs écarlates produisent le plus bel effet.

Ce matelot se penchait sur la rive pour cueillir les feuilles flottantes, lorsqu'il fut saisi au coude; ses camarades, accourus à ses cris, le prirent par la taille et empêchèrent qu'il ne fût entraîné dans le fleuve. Le crocodile, qui avait goûté le sang, ne voulut pas lâcher prise; il tira si bien qu'il détacha l'avant-bras et se retira en emportant sa proie. L'infortuné, presque mort d'angoisse, fut rapporté au camp, où il fallut l'amputer un peu au-dessus de la jointure lacérée.

Une autre fois, une de nos femmes, qui était allée laver au fleuve, ne revint pas. Ceci se passa près de notre bateau, et comme l'eau avait, en ce lieu, peu de profondeur, nous ne pûmes douter qu'elle n'eût été saisie par un crocodile.

Les jours suivants, je réussis à tuer plusieurs de ces animaux formidables. L'un d'eux, mortellement blessé, fut traîné jusqu'au camp, où, mesuré au ruban, il donna une longueur d'environ douze pieds du bout du museau à l'extrémité de la queue.

Son estomac contenait environ cinq livres pesant de cailloux; en se repaissant de quelque chair déposée sur le banc de sable, il avait avalé, en même temps, tous les graviers qui y adhéraient. Mêlée aux cailloux se trouvait une matière verdâtre et visqueuse, d'apparence laineuse et renfermant les preuves convaincantes que le monstre s'était rendu coupable de meurtre volontaire : c'étaient un collier et deux bracelets semblables à ceux que portent les jeunes négresses. Notre malheureuse blanchisseuse avait été surprise pendant son travail et digérée.

J'ai souvent rencontré des crocodiles de plus de dix-huit pieds de longueur, et il est certain qu'il en existe dont la taille dépasse vingt pieds; mais de moins grands sont tout aussi redoutables : un animal de petite taille entraîne aisément un homme à la nage.

Le crocodile n'avale pas sa proie tout d'un coup; il la porte dans son garde-manger de prédilection, c'est-à-dire généralement dans un trou très profond; là il est tout à l'aise pour la démembrer à l'aide de ses dents et de ses ongles, et la dévorer à loisir.

(BAKER, *Récit d'une expédition armée dans l'Afrique centrale.*)

Baldwin lui-même faillit être enlevé par des crocodiles pour s'être endormi au bord de l'eau.

Un jour nous chassions dans la baie de Sainte-Lucie : on m'avait débarqué sur un îlot couvert de roseaux; la chaleur était extrême, je venais d'avoir mon premier accès de fièvre, et me trouvais fatigué. Je coupai un fagot d'herbes, m'y assis, les pieds trempant dans l'eau, et ne tardai pas à m'endormir.

Pendant ce temps-là, Monies et Arbuthnot poursuivaient des hippopotames; ceux-ci fuyaient, montrant de fort belles têtes, et mes amis ne pouvaient comprendre pourquoi je ne tirais pas. Monies m'appelait vainement et se demandait où je pouvais être, lorsqu'il remarqua les allées et venues de quatre énormes crocodiles qui passaient et repassaient devant un îlot et semblaient y guetter quelque chose. Il poussa le bateau de ce côté-là, et me trouva dormant à quinze mètres de ces aimables compagnons, qui s'apprêtaient à déjeuner de ma personne. Toute la sympathie que devait inspirer cette situation périlleuse se traduisit par une semonce qui m'était adressée pour avoir dormi au lieu de tuer une couple d'hippopotames; mais j'étais trop reconnaissant pour me fâcher de l'algarade.

A quelque temps de là, toujours à l'embouchure de la Sainte-Lucie, j'avais tué une oie sauvage; dérivant à merveille, elle se dirigeait de mon côté, lorsque je la vis disparaître. Je supposai que, n'étant pas morte, elle avait plongé, et ne m'en occupai plus. Les oies étaient nombreuses, j'en tuai une seconde; elle disparut de la même façon. J'en tirai une troisième, mais, déterminé cette fois à garder ma pièce, car je n'avais pas déjeuné, j'allai à sa rencontre, armé d'une pesante baguette de fusil. J'avançais avec fracas, me démenant et criant pour effrayer les crocodiles, quand, juste au moment où j'allongeais la main afin de ramasser mon oie, celle-ci plongea comme les deux autres. Criant plus fort, je saisis mon oie par la patte; elle se divisa immédiatement, les cuisses, le dos et quelques intestins m'échurent, tandis que le crocodile gardait la meilleure part et recevait trois coups violents sur le nez. Je regagnai prestement le rivage, mais ce n'est que plus tard que je sentis combien je l'avais échappé belle. (BALDWIN, *Chasses en Afrique.*)

Serpents.

Les serpents sont nombreux en Afrique, comme dans tous les pays chauds. Les pythons atteignent une taille colossale; ils ne sont pas venimeux. Sur divers points, ces animaux sont l'objet de soins particuliers.

Au Dahomey, il y a un véritable culte des serpents, culte organisé avec prêtres et temple spécial.

Je sortis pour courir la ville, et ma première visite fut pour le temple des serpents fétiches, situé non loin du fort, dans un lieu un peu isolé, sous un groupe d'arbres magnifiques.

Ce curieux édifice consiste simplement en une sorte de rotonde de dix à douze mètres de diamètre et de sept à huit de hauteur. Ses murs en terre sèche, comme ceux des cases des habitants, sont percés de deux portes opposées, par lesquelles entrent et sortent librement les divinités du lieu. La voûte de l'édifice, formée de branches d'arbres entrelacées qui soutiennent un toit d'herbes sèches, est constamment tapissée d'une myriade de serpents que je pus examiner à mon aise. Tous appartiennent, comme doit bien le supposer le lecteur, à des espèces inoffensives, car ils sont dépourvus des crochets canaliculés* dont la présence caractérise les serpents venimeux. Leur taille varie d'un à trois mètres; ils ont le corps cylindrique, fusiforme, c'est-à-dire un peu renflé au milieu, et se terminant insensiblement par une queue formant le tiers à peu près de la longueur totale de l'animal. La tête est large, aplatie, et triangulaire à angles arrondis, soutenue par un cou un peu moins gros que le corps. Leur couleur varie du jaune clair au jaune verdâtre, peut-être selon leur âge.

Quoi qu'il en soit, le nombre de ces animaux, lors de ma visite, pouvait bien s'élever à plus d'une centaine. Les uns descendaient ou montaient enlacés à des troncs d'arbres disposés à cet effet le long des murailles; les autres, suspendus par la queue, se balançaient nonchalamment au-dessus de ma tête, dardant leur double langue et me regardant avec leurs yeux clignotants; d'autres enfin, roulés et endormis dans les herbes du toit, digéraient sans doute les dernières offrandes des fidèles. Malgré l'étrangeté fascinante de ce spectacle et l'absence complète de tout danger, je me sentais mal à l'aise au milieu de ces visqueuses* divinités, et, comme au sortir d'un mauvais rêve, je laissai échapper, en quittant le temple, un soupir de soulagement.

Il n'est pas rare de voir dans les rues de la ville quelques-uns de ces animaux sacrés promenant leurs loisirs. Quand les nègres les rencontrent, ils s'en approchent avec les plus grandes marques de respect, et, en se traînant sur les genoux, les prennent dans leurs bras avec mille précautions, s'excusant de la liberté grande, et les reportent dans leur temple, de crainte qu'il ne leur arrive quelque fâcheux accident. Malheur à l'étranger ignorant ou imprudent qui les maltraiterait! Il payerait cet outrage de sa vie. On m'a raconté qu'il y a quelques années un employé récemment débarqué avait fait feu dans la cour du fort sur un de ces animaux, qu'il prenait pour un serpent ordinaire. Mais il est probable que si le crime eût été commis dans les rues de la ville, le fanatisme populaire, de moins facile composition que la conscience des prêtres, eût tiré une sanglante vengeance.

Ces prêtres habitent, près du temple des serpents, une des plus vastes cases* de la ville, dans laquelle ils vivent grassement des offrandes des fidèles et du produit de leur double industrie de médecins et de sorciers. Ils jouissent d'une influence considérable bien qu'occulte, car ils paraissent étrangers aux affaires du pays. Nous ne les avons vus ni dans les conseils du roi, ni dans ceux du vice-roi de Wydah. Ils semblent même s'être fait une loi de cette existence isolée et mystérieuse. Je désirais cependant avoir quelques rapports avec eux, d'autant plus qu'on m'avait vanté différents remèdes dont ils possèdent le secret, soit contre le ver de Guinée*, soit contre la morsure des serpents venimeux. Ils composent en outre, avec le jus de certaines herbes, les poisons les plus subtils.

Bien que j'ajoutasse peu de foi à ces assertions, j'étais néanmoins curieux de les vérifier; mais, malgré l'offre de cadeaux importants et de médicaments précieux, il me fut impossible non seulement d'en rien obtenir, mais encore de leur parler.

. . . .

Nous mîmes un instant pied à terre pour recevoir les compliments des prêtresses ou féticheuses de Xavi, moins sauvages que leurs collègues masculins. Ces dames, au nombre de six, étaient ornées d'une grande profusion de colliers d'ambre et de corail, la poitrine nue, et la partie inférieure du corps couverte de pagnes de soie de cou-

Temple des serpents à Dahomey.

leurs éclatatantes. C'étaient les prêtresses ou les épouses du serpent fétiche, car les deux sexes sont également employés au service de cette religion. A certaines époques de l'année, les vieilles prêtresses parcourent les rues du village, enlèvent les jeunes filles de huit à dix ans qu'elles rencontrent, et les conduisent dans leur habitation. Ces enfants subissent là un noviciat plus ou moins long, et, lorsqu'elles sont nubiles, elles sont fiancées au serpent fétiche. Plus tard, quelques-unes finissent par se marier à de simples mortels, mais assez difficilement, parce que, conservant toujours quelque chose de leur caractère sacré, elles exigent de leurs maris une complète soumission.

(Répin, *Voyage au Dahomey.*)

ASIE

Régions chaudes de l'Asie.

Nous y comprendrons, outre l'Inde et l'Indo-Chine, les grandes îles dites de la Sonde, Sumatra, Bornéo, etc., dont la population zoologique a les plus grands rapports avec celle du continent.

Dans toutes ces régions intertropicales, les forêts à la végétation prodigieusement puissante sont remplies de singes, de cerfs, d'antilopes, de sangliers, de perroquets, d'oiseaux aux mille couleurs. Des rhinocéros à une corne, des éléphants, rappellent la faune africaine. Le tigre, plus dangereux encore que le lion, a pris la place de celui-ci, qu'on ne rencontre que dans l'Asie occidentale; panthères, grands chats, ours, loups, abondent. Partout d'innombrables serpents venimeux ; dans les fleuves et les marais, des crocodiles redoutables, et dans les îles de la Sonde une énorme couleuvre non moins à craindre que le boa. Partout encore des insectes en légions et présentant les formes les plus bizarres.

Voici du reste un récit de chasse qui donne une idée de la variété des animaux qu'on rencontre dans les forêts indiennes.

Le 20, à midi, nous inaugurons l'ouverture des chasses annuelles. Le Rana, assis sur son éléphant de chasse, sort de son palais au milieu d'un cortège de bardes* qui récitent des hymnes de circonstance et agitent de grandes palmes ornées de roses. Le grand veneur* Maharaj Singjee, monté sur un chameau richement harnaché, marche au milieu des valets de meute, les invités et les nobles suivent chacun sur un éléphant; derrière vient une nombreuse escorte de Rajpouts à cheval. Le cortège s'avance lentement dans la plaine, au milieu d'une foule compacte de villageois venus pour assister à la cérémonie. Arrivés à une lieue du village, le Rana désigne les personnes qui auront l'honneur de chasser avec lui : ce sont seulement le major, le docteur, Schaumburg, moi et les deux Raos de Baidlah et de Pursaoli ; les autres se borneront au rôle de spectateurs. Les préliminaires ainsi terminés et la chasse déclarée ouverte, les batteurs se répandent dans la plaine et détournent un troupeau de sangliers qui vient passer devant la ligne des éléphants; quatre restent sur le sol, et ce trophée paraissant suffire pour le premier jour, le cortège se reforme et rentre dans le même ordre au camp. A la porte du palais, les bayadères*, parées de leurs plus beaux atours, viennent, comme autrefois les filles d'Israël, nous féliciter de nos exploits.

Les quatre jours suivants furent employés en battues dans la plaine, ayant pour but de rabattre le gibier vers la montagne. Rien de plus pittoresque que la longue ligne des éléphants se développant dans la vallée au milieu des cavaliers ; ces énormes animaux, revêtus de housses* faites avec les peaux de leurs prédécesseurs, dominent les basses jungles comme des tours, et s'avancent silencieusement et d'un pas assuré au milieu des fourrés épineux. La partie la plus intéressante de ces battues et celle qui démontre le plus l'extraordinaire sagacité des éléphants de chasse, est la poursuite des animaux blessés. Les sangliers passent par bandes devant la ligne des chasseurs ; sitôt que l'un d'eux se sent blessé, il s'écarte du troupeau et s'enfonce dans le fourré. Tout animal blessé appartenant de droit à celui qui l'a atteint le premier d'une balle, il faut se séparer du groupe des chasseurs et se lancer à la poursuite de son gibier. L'éléphant sur lequel le chasseur est monté lui sert alors de chien ; il suit infatigablement la piste, sentant de distance en distance les traînées du sanglier; ses pieds dépourvus de sabots se posent à terre d'une manière tellement silencieuse, qu'il passe près des animaux les plus craintifs sans leur donner l'éveil. Suivant à éléphant la piste d'un animal blessé, il m'est arrivé souvent d'apercevoir à quelques pas de moi des groupes de daims qui continuaient à brouter paisiblement malgré notre présence. Au bout de la piste, l'éléphant s'arrête subitement, et il faut quelquefois regarder longtemps autour de soi avant d'apercevoir le pauvre sanglier haletant et forcé, affaissé parmi les épines ; une balle vient mettre un terme à ses souffrances, et l'éléphant exprime sa satisfaction par un coup de trompette.

Le 21 seulement, les shikaris vinrent annoncer que nous pouvions commencer les *kânkh* ou battues de montagne ; d'après leurs rapports, les bêtes, effarées par nos quelques jours de chasse, s'étaient réfugiées en nombre considérable dans les gorges boisées. Le plan des battues fut immédiatememt dressé ; nous devions commencer par la partie méridionale de la chaîne et suivre ainsi, de ravin en ravin, jusqu'au col qui domine le rendez-vous de la Nahrmugra, et où aurait lieu la dernière et la plus grande battue.

Dans la matinée du 25, le cortège de chasse remonte jusqu'à Dubock, et de là nous nous dirigeons vers l'*houdi*, d'où nous devons assister au kânkh. On appelle houdis, de petits fortins crénelés construits pour servir d'affûts ; ils sont généralement placés à l'entrée d'un ravin, de façon que le feu des chasseurs en commande entièrement le passage. On s'y installe confortablement ; des fauteuils sont préparés pour le Rana et les invités, et les rafraîchissements, bière, champagne, limonade glacée, ne sont pas oubliés. La chasse à l'houdi est donc la chasse la moins fatigante qu'il soit possible d'imaginer. Derrière chaque chasseur se tiennent deux shikaris, présidant une vraie batterie de fusils ; l'un d'eux est occupé du chargement des armes, tandis que l'autre les passe au chasseur au fur et à mesure qu'il en a besoin, reprenant celles qui ont servi.

L'houdi de Dubock est dans une position charmante, ombragé par un groupe d'arbres, au bord d'un ravin profond, et dominant une vue étendue sur la plaine et les Aravalis. Les batteurs qui nous ont précédés se sont rangés, au nombre de trois mille, dans la montagne et occupent les hauteurs, ne laissant aux habitants de la forêt d'autre issue que celle que nous commandons. Bientôt des clameurs se font entendre dans le lointain; un bruit formidable de gongs, de trompettes, de tam-tams s'élève des profondeurs de la jungle. Quelques instants après, on entend un craquement dans les broussailles, et la première troupe de sangliers débouche dans le ravin; ils sont une vingtaine et paraissent ahuris. Une fois à portée, ils essuient notre feu; quelques-uns restent sur place; les uns regagnent la montagne; d'autres, plus intelligents, continuent leur route et se perdent dans la plaine. Au bout d'un quart d'heure, la confusion devient indescriptible; les sangliers s'entassent dans le ravin par centaines, et le feu du houdi tonne sans interruption. Des chacals, des hyènes passent pêle-mêle avec les porcs, et la fantaisie des chasseurs en arrête quelques-uns en route; toutes ces pauvres bêtes sont en proie à une terreur folle. Une panthère s'avance avec plus de lenteur et essaye de contourner l'houdi en gravissant les rochers; mais elle roule au fond du ravin, le corps criblé de balles, et aux cris de joie des Rajpouts.

Les batteurs reviennent enfin et la battue est finie. Nous descendons dans le nullah pour compter les morts et examiner notre gibier. Le coup d'œil est vraiment effrayant; les animaux gisent les uns sur les autres dans un désordre terrible, et de vraies mares de sang remplissent les cavités des rochers. Plus de quarante sangliers, une quinzaine de chacals, hyènes et chiens des jongles et une panthère, tel est le résultat d'une heure et demie de kânkh. Ce qui m'intéresse le plus parmi ces victimes, ce sont les chiens sauvages, dont j'avais souvent entendu parler, mais sans trouver l'occasion d'en voir aucun spécimen. C'est un animal de la taille du chacal; il lui ressemble beaucoup par la tête, mais son pelage est plus court, d'un brun fauve, et sa queue est rase. Son aboiement rappelle celui du chien ordinaire, mais est plus aigu et a quelque chose de sinistre. Réunis en troupes nombreuses, ces animaux traquent les daims et les antilopes, et, grâce à leur ruse et à leur agilité, en font une proie facile; ils n'attaquent jamais l'homme. Même pris en bas âge, ils ne s'apprivoisent jamais.

Les batteurs forment des brancards sur lesquels sont entassés les cadavres, et notre cortège rentre triomphalement à Nahrmugra. Pour fêter cette journée, le Rana nous donne le soir un grand dîner au palais; la soirée se prolonge fort avant dans la nuit, et nous faisons fort honneur au champagne royal. Les bayadères et les bardes nous divertissent pendant de longues heures avec leurs danses et leurs chants, et nous ne les divertissons pas moins, je pense, en leur chantant le *God save the Queen** et *la Marseillaise*.

En causant avec le Maharana, j'obtiens de lui de très curieux renseignements sur la faune* du pays. Aimant avec passion la chasse, il a étudié avec soin les habitudes des animaux qui peuplent ses forêts et en parle avec beaucoup de connaissance. Je lui fis part de l'étonnement que m'avait causé l'absence de tigres dans cette grande battue; il me répondit que ce cas, loin d'être une exception, est plutôt la règle dans tous les districts contenant de grandes hardes de sangliers; ceux-ci se réunissent toujours pour attaquer le tigre qui envahit leur domaine, et ils réussissent à l'expulser ou même à le tuer. Comme je paraissais douter de la possibilité d'une pareille manœuvre de la part d'animaux si dépourvus de moyens d'attaque, il me promit de m'en donner une preuve irréfutable en me faisant assister à un de ces combats.

(L. ROUSSELET, *L'Inde des Rajahs.*)

Le récit suivant nous transporte dans la vallée du Mékong. Il est tiré des voyages de Francis Garnier, tué héroïquement à l'ennemi.

après avoir renouvelé en Cochinchine les exploits de Cortez au Mexique et de Pizarre au Pérou.

Le disque du soleil apparaissait déjà à travers la ligne d'arbres qui couronnait le sommet des collines; la vie s'éveillait peu à peu sous les arceaux de la forêt; les oiseaux célébraient par des chants joyeux les flots de lumière qui venaient pénétrer soudain leurs retraites ombreuses; les cerfs bramaient et les éléphants faisaient entendre leur cri sonore. Comme un tressaillement de la nature à son réveil, un léger souffle de brise ridait la surface de l'eau et agitait la cime des grands arbres. J'essayai de démêler d'une oreille attentive toutes les notes de ce vague et mélodieux concert, et je contemplai d'un regard charmé le ciel, l'onde et la forêt, tout enveloppés encore d'une vapeur transparente que les rayons du soleil coloraient d'une teinte rose avant de la dissiper tout à fait. Tout à coup, en contournant un rocher qui me barrait la route, j'aperçus à dix pas de moi un jeune cerf qui buvait. Je m'arrêtai et, instinctivement, je cherchai sur mes épaules ma carabine heureusement absente. Qu'eussé-je fait d'un pareil gibier et comment l'apporter au campement? Je demeurai donc immobile, regardant le gracieux animal savourer à longs traits l'eau limpide, et s'arrêter parfois pour contempler l'image tremblante que lui renvoyait l'onde à peine troublée. Au bout d'un moment, il se releva, fit quelques pas sur la berge, m'aperçut, et — je supplie le lecteur de me croire — il vint à moi. Ses oreilles dressées, son regard fixe, témoignaient d'un indicible étonnement, auquel ne se mêlait aucun symptôme de défiance ou de crainte. Je ressentis à mon tour une sensation bizarre, et je retins ma respiration pour prolonger le plus possible ce tête-à-tête avec un habitant des forêts. Il me vint comme un ressouvenir du paradis terreste ou des jardins enchantés d'Armide *, dans lesquels je n'ai pourtant jamais fait aucun voyage. Cette singulière confiance, qui m'affirmait d'une façon si inattendue et si énergique que l'homme était absolument inconnu dans ces parages, me charmait et m'intimidait à la fois. Le cerf s'arrêta à un pas de moi, et, l'instinct du chasseur se réveillant soudain, il me vint l'idée de le saisir par les

Tête de l'éléphant d'Asie.

cornes; si rapide que fût mon mouvement, l'agile bête se déroba et disparut en un clin d'œil dans la forêt, me laissant aux regrets d'avoir écourté par mon impatience cette entrevue de contes de fées, à laquelle il n'avait manqué qu'un dialogue pour devenir une fable de La Fontaine.

Un peu plus loin, je dus me livrer à la gymnastique la plus rude pour franchir une sorte de promontoire qui s'avançait dans le lit du fleuve. Il formait une muraille absolument verticale, que l'eau baignait d'un courant trop rapide pour que je pusse songer à la contourner à la nage. Une épaisse végétation couvrait le sommet du rocher, et, après en avoir gravi les pentes glissantes, j'eus encore à me frayer une route difficile au milieu des lianes et des ronces épineuses. Au delà, une belle plage de sable s'interposait heureusement entre la forêt et le fleuve et me promettait pendant quelque temps une circulation facile. Je m'arrêtai un instant pour me reposer des efforts que je venais de faire. L'eau calme et profonde qui venait battre la rive d'un flot paresseux invitait aux plaisirs du bain, et je me laissai séduire par ses promesses. A peine avais-je fait quelques brasses en pleine eau, que deux éléphants sortirent de la forêt et se dirigèrent à leur tour vers le fleuve. A ma vue, l'un d'eux s'arrêta et rebroussa chemin. J'eusse bien désiré, malgré la bonne opinion que je professe sur le caractère de ces animaux, que son compagnon l'imitât. Mais il n'en fut rien, et après un instant d'hésitation, celui-ci entra dans l'eau en allongeant la trompe de mon côté et en reniflant bruyamment. Je ne savais trop quel parti prendre : revenir à la berge, où la forêt et les rochers me barraient le chemin de deux côtés sur trois, était peut-être plus dangereux encore que de rester dans l'eau ; je restai donc en me faisant le plus petit possible et en observant attentivement les démarches du proboscidien*, prêt à tirer la brasse* en plein courant, au risque d'être emporté bien loin de mes vêtements et de mes notes, si l'animal faisait mine de trop se rapprocher de moi. Il était d'un brun noir magnifique ; sa haute taille et la longueur de ses défenses prouvaient qu'il avait atteint depuis longtemps le terme de son développement. Il s'avança dans l'eau jusqu'au ventre et se mit en devoir de s'asperger le dos avec sa trompe. Nous étions à une vingtaine de mètres l'un de l'autre et il tenait constamment ses petits yeux gris fixés sur moi, en allongeant de temps en temps sa trompe dans ma direction. Mais bientôt il parut prendre tant de plaisir à se verser des douches sur le corps, qu'il parut ne plus faire grand cas de ma présence. Je me rapprochai peu à peu de la rive, où mes effets séchaient au soleil; je les jetai sur mes épaules et je continuai ma route d'un pas rapide, en jetant parfois un coup d'œil furtif sur mon compagnon de bain. Celui-ci ne daigna même pas se retourner pour regarder la direction que je prenais, et j'aperçus longtemps encore les jets d'eau qu'il lançait en l'air, retomber en pluie irisée par les rayons du soleil.

(Francis GARNIER, *Voyage d'exploration en Indo-Chine.*)

Orang-outang.

En tête des singes d'Asie se place sans hésitation l'orang-outang, grand singe sans queue, haut de 1m,30, à très longs bras, à face quasi humaine. Il a été connu en Europe bien avant le chimpanzé et le gorille, ses cousins africains.

Voici de récents et très importants renseignements fournis par le célèbre naturaliste anglais Wallace, qui est allé le chasser sur place.

Il est connu que l'orang-outang habite Sumatra et Bornéo, et tout porte à croire qu'il est confiné dans ces deux grandes îles. Il paraît beaucoup plus rare à Sumatra qu'à Bornéo; dans cette dernière contrée, il peuple de vastes districts. On le voit surtout au sud-ouest, au sud-est, au nord-est et au nord-ouest; il préfère les forêts basses et marécageuses. Il semble, au premier abord, inexplicable que le mias (nom donné par les indigènes à l'orang-outang) soit tout à fait inconnu dans la vallée de Sarawak, tandis qu'il est fréquent à Sambas à l'ouest et à Sadong à l'est. Mais quand on connaît les habitudes et la manière de vivre de cet animal, on trouve une raison suffisante de cette anomalie apparente dans la constitution physique du district de Sarawak. Au Sadong, où je l'ai observé, on ne trouve le mias que dans la partie basse, plate et paludéenne, couverte de hautes forêts vierges. Au milieu de ces marais s'élèvent quelques montagnes isolées. Les Dyaks s'y sont établis et y ont planté des arbres fruitiers. C'est assez pour attirer le mias, qui vient manger les fruits verts et se retire toujours dans le marais pendant la nuit. Dans les endroits élevés, où le sol est sec, plus de mias. L'animal est commun dans la basse vallée de Sadong; mais, dès que l'on monte au-dessus du niveau des marais, là où le pays, quoique plat encore, est assez élevé, le grand singe disparaît. La vallée de Sarawak, bien que marécageuse dans sa partie inférieure, n'est pas couverte entièrement de forêts; on y trouve surtout le palmier nipa, et près de la ville de Sarawak, sur un sol qui n'est plus humide, mais ondulé et bien égoutté, des massifs de forêts vierges et des jungles poussant sur un terrain que cultivèrent autrefois les Malais ou les Dyaks.

Il me semble qu'une étendue compacte de hautes forêts vierges est nécessaire à l'existence de ces animaux. Ces forêts sont leur véritable patrie; ils peuvent y rôder aussi facilement que l'Indien dans la prairie ou que l'Arabe dans le désert, passant de tête d'arbre en tête d'arbre sans être obligés de descendre sur le sol. Les districts élevés et secs sont plus fréquentés par l'homme, plus coupés de clairières, et la jongle ne s'y prête pas à la manière de voyager de l'orang : il y serait plus exposé, plus souvent obligé de descendre à terre. Il y a probablement aussi une plus grande variété de fruits dans les districts des mias; les petites montagnes qui s'y élèvent comme des îles sont des espèces de jardins où les arbres des terres hautes s'étagent au-dessus des plaines marécageuses.

Il est très curieux de guetter un orang cheminant à son aise à travers la forêt : il marche résolument le long de quelques grandes branches, à moitié droit, attitude que

Orang-outang.

ses longs bras et ses jambes si courtes à proportion l'obligent à prendre. La disproportion entre ses membres supérieurs et inférieurs s'accroît par la manière dont il marche sur les articulations, au lieu d'appuyer sur la paume de la main, comme nous le ferions. Il suit les branches qui s'entre-mêlent à celles d'un arbre voisin; puis il étend ses longs bras, et saisissant des deux mains les rameaux, paraît en essayer la force, et s'élance sans hésitation pour continuer sa marche. Il ne saute ni ne bondit, et ne paraît pas se presser : pourtant il va presque aussi vite qu'une personne qui courrait dans la forêt. Ses longs bras vigoureux lui sont de la plus grande utilité : ils lui permettent de monter facilement aux arbres les plus élevés, pour s'emparer des fruits et des jeunes feuilles sur les minces rameaux qui ne supporteraient pas son poids, et de cueillir les feuilles et les branches dont il fait son chenil. Il place ce lit assez bas, sur un petit arbre, à une hauteur de 6 à 15 mètres de terre, sans doute pour avoir plus chaud et pour être moins exposé au vent. On dit que chaque singe se fait un nouveau gîte toutes les nuits; mais je ne crois pas cela possible; on en trouverait plus de restes épars. J'en ai bien vu plusieurs autour des mines, mais ce district était sûrement visité par plusieurs orangs tous les jours, et au bout d'une seule année le nombre de leurs gîtes abandonnés aurait dû être prodigieux. Les Dyaks disent que pendant les nuits très humides l'orang se couvre de feuilles de pandanus ou de grandes fougères: d'où peut-être le conte qu'il se fait des huttes dans les arbres.

L'orang ne quitte pas son gîte avant que le soleil n'ait séché la rosée sur les feuilles. Il mange pendant tout le milieu de la journée : rarement il retourne après deux jours de course au même arbre. Il ne semble pas craindre beaucoup l'homme; j'en ai vu souvent me regarder pendant plusieurs minutes, puis filer tranquillement vers un arbre prochain. Quand j'en avais aperçu un, il me fallait faire parfois un ou deux milles pour aller chercher mon fusil, et presque toujours en revenant je retrouvais l'animal sur le même arbre ou tout au plus à cent mètres de distance. Je n'ai jamais vu deux adultes ensemble; mais les mâles et les femelles sont parfois accompagnés de jeunes orangs-outangs; d'autres fois on trouve trois ou quatre petits groupés. L'orang se nourrit presque exclusivement de fruits; mais il mange aussi de temps en temps des feuilles, des bourgeons, de jeunes rejetons. Il semble préférer les fruits verts; quelques-uns de ces fruits sont très acides, d'autres fort amers, particulièrement l'arille, grand, rouge et charnu, l'un de ses fruits favoris. Parfois il mange seulement la graine d'un fruit; il gaspille et détruit presque toujours plus qu'il ne dévore; de l'arbre sur lequel il se trouve tombe constamment une pluie de débris.

L'orang descend rarement à terre, excepté quand, pressé par la faim, il cherche de succulents rejetons au bord de l'eau, ou quand, par un temps très sec, il ne trouve plus de quoi boire dans le creux des feuilles.

Une fois seulement, j'ai vu deux jeunes orangs-outangs assis sous un creux de roche, en terrain sec, au pied de la colline de Simunjon. Ils jouaient tout droits, et se saisissaient par les bras. Rarement l'orang-outang marche droit; il prend cette attitude seulement lorsqu'il va se suspendre aux branches au-dessus de sa tête, ou quand on l'attaque. Le représenter marchant avec un bâton, c'est pure imagination.

Les Dyaks déclarent tous que ce vigoureux animal n'est jamais attaqué par aucun des animaux de la forêt, à deux rares exceptions près; les détails qu'on m'a donnés à ce sujet sont si curieux, que je vais rapporter presque textuellement ce que m'ont dit de vieux Dyaks qui ont passé toute leur vie dans les endroits fréquentés par ce singe. L'un d'eux s'exprimait ainsi : « Aucun animal n'est assez fort pour faire du mal au *mias;* le seul avec lequel il combatte jamais est le crocodile. Quand il n'y a plus de fruits dans la jongle, le mias cherche sa nourriture sur les bords de la rivière, où il y a une grande quantité de jeunes rejetons qu'il aime et de fruits venant près de l'eau. Quelquefois alors le crocodile essaye de le saisir; mais le mias saute sur lui, le frappe de ses mains, de ses pattes, le déchire et le tue. »

Le vieux Dyak ajoutait qu'il avait été témoin d'un semblable combat, et qu'il croit le mias toujours vainqueur.

L'autre Dyak, l'Orang-Kaya ou chef des Dyaks-Balous, qui habitent la rivière Simunjon, me parla en ces termes : « Le mias n'a pas d'ennemis ; nul animal n'ose l'attaquer, hors le crocodile et le python. Il tue toujours le crocodile, par la force ; se tenant sur lui, il lui arrache les mâchoires et lui met la gorge en pièces. Si un python attaque un mias, celui-ci le saisit, le mord et le tue. Le mias est très fort ; il n'y a pas dans la jongle d'animal aussi vigoureux que lui. »

. . . .

Je rentrais à la maison, revenant d'une excursion entomologique, quand Charles se précipita dans la maison, hors d'haleine, en s'écriant d'une voix haletante :

« Prenez votre fusil, monsieur, dépêchez-vous ! un grand mias !

— Où est-il? demandai-je en prenant mon fusil, qui avait heureusement un canon chargé à balle.

— Tout près, monsieur, dans le sentier des mines ; il ne peut se sauver. »

Par bonheur deux Dyaks se trouvaient à la maison ; je les appelai et je partis, disant à Charles de m'apporter des munitions en allant au galop.

Le sentier de notre clairière aux mines s'élevait sur le penchant de la colline, parallèlement au tracé d'un nouveau chemin qui en contournait la base, et où travaillaient plusieurs Chinois ; le mias ne pouvait donc s'échapper dans la forêt marécageuse d'en bas sans descendre pour traverser la route ou sans franchir le sentier pour tourner les clairières. Nous marchâmes avec précaution, sans bruit, écoutant le plus léger son qui pût trahir le mias, nous

Combat d'un Dyak et d'un orang.

arrêtant par intervalles pour regarder. Charles nous rejoignit bientôt à l'endroit où il avait vu l'animal; il mit une balle dans l'autre canon du fusil et nous choisîmes nos positions, certains que le singe devait être quelque part près de nous. Au bout de quelques instants, j'entendis un bruissement très léger au-dessus de ma tête; mais j'eus beau regarder, je n'aperçus rien. Je marchai dans toutes les directions pour voir en plein chaque côté de l'arbre sous lequel je me trouvais; j'entendis encore le même bruit, mais plus distinct, et je vis les feuilles remuer comme par le mouvement d'un animal pesant, passant à un arbre voisin. Je criai immédiatement à tout le monde de venir et d'essayer de découvrir quelque chose, de façon à ce que je pusse tirer; mais cela n'était pas facile, car le mias avait un talent particulier pour se dérober à notre vue au milieu du feuillage épais. Bientôt cependant un des Dyaks m'appela en me faisant signe du doigt; j'aperçus un grand corps à poils rouges et une énorme face noire qui regardait en bas comme pour savoir ce qui causait un tel tumulte. Je fis feu immédiatement : l'orang se sauva, de sorte que je ne pus dire si je l'avais atteint. Pour un aussi grand animal, il se remuait très silencieusement et pourtant vite; je dis aux Dyaks de me suivre et de ne pas le perdre de vue pendant que je chargeais mon fusil. La jongle, en cet endroit, était remplie de grands débris angulaires de rocs tombés de la montagne et de plantes grimpantes entrelacées. Nous vîmes le mias, courant, sautant et rampant, atteindre le sommet d'un arbre élevé qui se trouvait près du chemin où les Chinois travaillaient, là précisément où l'animal avait été découvert; les Chinois exprimaient leur étonnement, criant de toutes leurs forces : « *Ya, Ya, Tuan, Orang-outang, Tuan!* » Voyant qu'il ne pouvait aller plus loin sans quitter le bois, il retourna vers la colline; je tirai deux fois sur lui, et le suivis le plus vite possible, en tirant deux autres coups pendant qu'il regagnait le sentier; mais il était toujours plus ou moins caché par le feuillage et protégé par les grosses branches sur lesquelles il marchait. Une fois, tandis que je chargeais, je le vis parfaitement : il suivait une grande branche, à moitié debout. Arrivé au sentier, il monta sur un des arbres les plus élevés de la forêt et nous vîmes qu'il avait une jambe fracassée par une balle : il ne pouvait plus s'en servir et la laissait pendante. Il se logea entre deux branches, caché par le feuillage, et parut ne plus vouloir bouger. Je craignis qu'il ne restât et ne mourût dans cette position ; or, comme la nuit arrivait, je ne pouvais faire abattre l'arbre ce jour-là ; je tirai donc encore. Il quitta sa place, gagna la colline et fut obligé de se réfugier sur des arbres plus bas ; il se fixa sur des branches de manière à ne pas tomber, et se ramassa sur lui-même, comme mort ou mourant.

Je priai les Dyaks de monter sur l'arbre et de couper la branche sur laquelle reposait l'animal ; mais ils eurent peur, disant qu'il n'était pas mort et qu'il les attaquerait. Nous secouâmes alors l'arbre voisin, arrachâmes les plantes pendantes, et fîmes tout ce que nous pûmes pour le déranger, mais sans effet ; je pensai que le mieux était d'envoyer chercher deux Chinois avec leurs haches pour abattre l'arbre. Pendant que le messager était en route, un Dyak prit courage et grimpa ; le mias ne l'attendit pas, gagna un autre arbre, où il s'enfonça dans une masse épaisse de branches et de plantes grimpantes qui nous le cachaient presque complètement. L'arbre était petit heureusement ; quand les haches arrivèrent, nous l'eûmes bientôt abattu ; mais il était tellement accroché par des lianes* aux arbres voisins, qu'au lieu de tomber il pencha seulement. Le mias ne bougeait pas, et je craignais que malgré tous nos efforts il ne nous échappât.

La nuit arrivait, et il aurait fallu abattre six troncs au moins pour renverser l'arbre auquel nous en voulions. Comme dernière ressource, nous nous mîmes tous à arracher les lianes ; l'arbre fut alors très ébranlé, puis au bout de quelques minutes, quand nous commencions à perdre tout espoir, l'animal tomba pesamment comme un géant.

C'était un géant, en effet, grand comme un homme; ses bras étendus avaient une longueur de deux mètres vingt et un centimètres; il avait un mètre vingt-sept centimètres de la tête aux talons; le tour du corps, juste sous les bras, était de quatre-vingt-seize centimètres; le buste était aussi long que chez l'homme, les jambes étant excessivement courtes à proportion.

. . . .

Quatre jours après, des Dyaks virent un autre mias près du même endroit et vinrent m'en informer. Il était sur les plus hautes branches d'un grand arbre et paraissait d'une forte taille. Au second coup de feu, il tomba en roulant, mais il se releva aussitôt et se mit à grimper à l'arbre. Un troisième coup le fit tomber mort; c'était une femelle arrivée à toute sa croissance, et tandis que nous faisions nos préparatifs pour la porter à la maison, nous trouvâmes un petit, la face contre terre, dans le marais : il avait environ un pied de long et était évidemment attaché à sa mère quand elle tomba la première fois. Il paraissait, heureusement, n'avoir pas été blessé, et quand nous eûmes nettoyé la boue qu'il avait au museau, il commença à crier, et nous parut très fort et très vif. Pendant que je le portais à la maison, il saisit ma barbe avec ses petites pattes, et la tenait si serrée que j'eus grand'peine à me débarrasser, car les doigts des orangs-outangs sont ordinairement courbés en dedans à la dernière phalange, de manière à former de véritables crochets. Il n'avait pas encore de dents, mais quelques jours après il lui perça deux dents de devant à la mâchoire inférieure. Malheureusement je n'avais pas de lait à lui donner, car ni les Chinois, ni les Malais, ni les Dyaks n'en font usage; je cherchai en vain une femme qui pût l'allaiter. Je fus obligé de lui donner de l'eau de riz à l'aide d'une bouteille dont le bouchon avait un tuyau de plume dans le milieu; après plusieurs essais, il finit par sucer très bien tout seul. C'était une bien maigre nourriture, qui ne faisait pas engraisser le petit animal, bien que j'y ajoutasse de temps en temps du sucre et du lait de noix de coco pour rendre son eau de riz plus nourrissante. Quand je mettais mon doigt dans sa bouche, il le suçait de toutes ses forces, cherchant à extraire un peu de lait, et, après avoir persisté longtemps, il y renonçait avec dégoût et se mettait à crier comme le ferait un bébé en semblable circonstance.

Lorsqu'on le tenait ou qu'on lui donnait sa nourriture, il était très tranquille et paraissait très content; mais si on le couchait, il criait toujours et ne cessait de se remuer et de faire du bruit. J'arrangeai une petite boîte en guise de berceau, je mis dans le fond une natte bien molle, qui était changée et lavée tous les jours; il fallut aussi bientôt laver le petit mias. Quand je lui eus fait cette opération plusieurs fois, il y prit goût, et dès qu'il était sale, il se mettait à crier, jusqu'à ce que je l'eusse pris et porté à l'eau; il devenait alors tranquille, sauf quelques coups de patte à la première sensation de l'eau froide, et quelques grimaces quand l'eau coulait sur sa tête. Il se plaisait à être essuyé et frotté, et tandis que je brossais les longs poils de son dos et de ses bras, il semblait parfaitement heureux, sans mouvement, les jambes et les bras étendus. Les premiers jours, il se cramponnait en désespéré par ses quatre pattes à tout ce qu'il pouvait attraper, et il fallait faire attention à ce que ma barbe ne fût pas à sa portée, car ses doigts serraient poils et cheveux avec plus de ténacité que tout autre objet, et il m'eût été impossible de me débarrasser sans aide. Quand il était agité, il s'efforçait, se démenant pattes en l'air, de saisir quelque chose. Quand il tenait un morceau de bois ou un chiffon, il semblait très heureux; faute d'autre chose, il s'empoignait souvent les pattes; bientôt il prit l'habitude de croiser constamment ses bras et de saisir avec chaque main les longs poils qui poussaient juste sous l'épaule opposée. Enfin, il cessa de saisir tout ce qu'il trouvait avec autant de ténacité, et je fus obligé d'inventer quelque moyen d'exercer ses membres et de leur donner de la force. Je fis une échelle de trois ou quatre échelons, sur laquelle je le mis, un quart d'heure chaque fois, pour se suspendre : d'abord il parut très content, mais ses quatre pattes ne pouvaient être dans une position commode en même temps, et après les avoir changées plusieurs fois, il lâchait une patte, puis une autre et finissait par se laisser tomber à terre.

Quelquefois, quand il était pendu par deux pattes, il en lâchait une et la croisait sur l'épaule opposée, empoignant ses propres poils, et comme cela lui semblait beaucoup plus agréable que le bois de l'échelon, il lâchait encore l'autre et tombait; il croisait alors les deux mains et restait sur le dos, l'air parfaitement content et ne semblant jamais souffrir de ses nombreuses chutes. Le voyant si amateur des poils, je lui fabriquai une mère artificielle : je fis un paquet d'une peau de buffle, et je le suspendis à un pied de terre. Cela parut d'abord lui convenir admirablement, car il pouvait se rouler les jambes autour et empoigner des poils. J'espérais avoir fait le bonheur du petit orphelin; ce bonheur dura jusqu'au jour où il se souvint de sa mère; il essaya de teter, se hissant près de la peau et cherchant partout la place favorable; mais ne trouvant que poil et laine, il se fâcha, jeta les hauts cris, et, après deux ou trois tentatives, abandonna tout. Un jour il avala un peu de laine; je crus qu'il allait étouffer; à grand'peine il reprit sa respiration et revint à lui; je mis en morceaux la fausse mère et renonçai à ce dernier espoir de faire prendre un peu d'exercice au petit animal.

Au bout d'une semaine, je trouvai que je pouvais lui donner à manger avec une cuiller et je lui fis prendre une nourriture un peu plus variée et solide. Il aimait assez le biscuit bien trempé, mélangé d'œuf et de sucre, et les pommes de terre au sucre. C'était un amusement d'observer les curieux changements qui s'opéraient en lui selon l'amour ou le dégoût de ce qu'on lui donnait. Le pauvre petit léchait ses lévres, tournait ses yeux avec béatitude quand la bouchée lui plaisait. S'il n'aimait pas ce qu'on lui offrait, il poussait des cris et lançait des coups de pied, comme un bébé en colère.

J'essayais d'élever le petit mias depuis trois semaines, lorsque je pus me procurer un jeune singe *bec-de-lièvre*. Quoique tout petit, il était très vif et pouvait manger seul. Je le mis dans la même boîte que le mias et ils devinrent immédiatement d'excellents amis, ne témoignant aucune crainte l'un de l'autre. Le petit singe s'asseyait sur l'estomac du mias et même sur sa figure, sans le moindre égard pour son compagnon. Quand je donnais à manger au mias, le singe

Femelle d'orang.

était assis à côté de lui, ramassant tout ce qui tombait et cherchant de temps en temps à arrêter la cuiller au passage; aussitôt que j'avais fini, il prenait ce qui restait collé aux lèvres du mias et lui ouvrait ensuite la bouche pour voir s'il y avait encore quelque chose; après quoi il se couchait sur le ventre du pauvre animal comme sur un coussin confortable. Le petit mias se soumettait à toutes ces insultes avec la patience la plus exemplaire, trop content d'avoir près de lui quelque chose de chaud qu'il pût tenir affectueusement embrassé. Il prenait quelquefois sa revanche, car, lorsque le singe avait envie de s'en aller, le mias le tenait aussi longtemps qu'il le pouvait par la peau du dos, par la tête ou par la queue, et ce n'était qu'après un grand nombre de sauts vigoureux que le fuyard parvenait à s'échapper.

Il était curieux d'observer les différentes manières d'être de ces deux animaux dont l'âge ne différait guère : le mias, semblable à un bébé, presque toujours couché sur le dos, roulait nonchalamment de côté et d'autre, tendait parfois ses quatre pattes en l'air, comme s'il eût voulu saisir quelque chose, mais incapable de guider ses doigts vers un objet déterminé ; mécontent, il ouvrait une large bouche où les dents manquaient encore ; il exprimait ses besoins par un vrai cri d'enfant. Le petit singe, au contraire, en mouvement continuel, courait et sautait à son caprice, examinait tout ce qui l'entourait, saisissait les plus petits objets avec une extrême précision, se balançait ou courait sur le bord de la boîte et mangeait en route tout ce qu'il trouvait de bon. On ne pouvait voir de plus grand contraste, et la comparaison faisait paraître le mias plus enfantin encore. Je l'avais depuis un mois, lorsqu'il parut vouloir apprendre à marcher seul. Quand il était à terre, il se traînait sur ses jambes ou roulait sur lui-même et avançait ainsi lentement. Quand il était dans la boîte, il essayait de se lever, de se hausser jusqu'au bord ; une fois ou deux il réussit à tomber en dehors. S'il lui arrivait d'être sale ou affamé, ou qu'il eût été oublié en quoi que ce fût, il poussait des cris qui ressemblaient à une espèce de toux ou à un bruit de pompe, presque pareil à celui que fait l'animal adulte. S'il n'y avait personne dans la maison, ou si l'on ne répondait pas à ses cris, il s'arrêtait ; mais dès qu'il entendait un pas, il recommençait de plus belle.

Au bout de cinq semaines, les deux dents de devant de

la mâchoire supérieure commencèrent à percer, mais pendant tout ce temps il n'avait pas grandi et ne pesait pas plus que le jour où je m'en étais emparé; cela tenait sans doute au manque de lait ou de toute autre nourriture plastique. L'eau de riz, le riz ou les biscuits remplaçaient mal le lait maternel, et le lait de coco que je lui donnais quelquefois n'allait pas à son estomac. A tout cela j'attribuai une attaque de diarrhée dont le pauvre petit souffrit beaucoup; une dose d'huile de ricin le guérit. Une semaine ou deux après, il tomba encore malade et cette fois plus sérieusement; il avait tous les symptômes de la fièvre intermittente, accompagnés d'enflure aux pieds et à la tête. Il perdit l'appétit et mourut après avoir langui une semaine. Je l'avais depuis trois mois; je regrettai beaucoup mon petit favori.

(RUSSEL WALLACE, *L'archipel Malaisien, patrie de l'orang-outang et de l'oiseau de paradis.*)

Singes de l'Inde.

Dans toutes les forêts de l'Asie chaude gambadent d'innombrables troupes de singes.

Malgré leur esprit dévastateur, certains de ces animaux sont considérés comme sacrés par les Indiens. Rousselet en a rencontré qui vivaient en toute sécurité dans les ruines d'anciennes habitations royales.

Les appartements étaient décorés avec la magnificence qu'on retrouve dans tous ces admirables palais ; mais cent cinquante ans d'abandon, et aussi les habitants actuels, n'en ont laissé subsister que peu de traces ; on y voit cependant encore des fresques antiques fort curieuses et quelques belles mosaïques.

Quand je dis les habitants actuels, je veux parler d'une puissante tribu de singes Hunoumans, qui ont établi leur campement dans les salles désertes du Zenanah et qui règnent aujourd'hui en maîtres dans tout l'ancien harem. Si même les préjugés indiens ne protégeaient pas ces inoffensifs animaux, il serait encore difficile de les déloger d'un poste qu'ils occupent depuis de nombreuses années, et qu'ils seraient capables de défendre vaillamment. Lorsque je pénétrai pour la première fois dans le Zenanah, accompagné de Schaumburg et d'un béra du palais, notre entrée occasionna un violent tumulte; les mères se sauvaient en emportant leurs enfants, et les mâles nous suivaient à distance respectueuse, mais en montrant d'une manière peu rassurante leurs formidables mâchoires.

Le *langour* ou *hunouman* est le plus grand des singes qui peuplent les forêts de l'Inde; sa taille varie de deux pieds et demi à près de quatre pieds ; il est d'une forme élancée, élégante, et d'une souplesse excessive ; sa face, très intelligente, est dégarnie de poils, couverte d'une peau très noire et encadrée par de longs favoris blancs ; sa fourrure est gris chinchilla sur le dos, blanche sous le ventre, d'un poil long et soyeux; sa queue est nue, à l'exception d'une touffe à l'extrémité, et a une longueur égale au corps.

Le langour est le singe sacré de l'Inde ; ce sont ses tribus qui, sous la conduite d'Hunouman, roi des singes, aidèrent Rama* dans la conquête de l'île de Ceylan, l'antique Lanka. Les Hindous prenant à la lettre la description du Ramayana*, qui compare à des singes les barbares alliés des Aryens*, ne voient dans les langours que les descendants des soldats de Rama, et les tiennent en grande vénération.

Ces étranges habitants du palais d'Amber m'intéressèrent beaucoup durant le séjour que j'y fis en leur voisinage : au bout de quelques jours, toute la tribu nous connaissait et nous approchait sans crainte; des bananes, du pain et du sucre nous avaient rendus populaires. Les personnes qui ont vécu dans les pays où ces singes sont nombreux ont pu toutes remarquer qu'ils vivent toujours en tri-

Les singes du palais d'Amber.

bus, et sous le gouvernement d'un chef; chaque tribu occupe son champ, son bois, ses ruines, qu'elle paraît considérer comme son territoire et dont elle défend jalousement l'accès aux maraudeurs étrangers. Les langours, postés sur les créneaux du Zenanah, observent la contrée; une sentinelle voit-elle approcher un étranger, un ennemi, aussitôt elle pousse un cri rauque, et à ce signal d'alarme les créneaux se couvrent de défenseurs. Un jour, une panthère traversa le ravin et vint se promener sous les murs du Zenanah. Il fallait voir avec quelle fureur, mêlée de terreur comique, les singes insultaient du haut de leurs remparts leur terrible ennemi; longtemps après son départ, toute la troupe hurlante resta aux aguets, se livrant à mille contorsions en signe de bravade.

Le temps étant toujours beau, nous prenions nos repas sur la terrasse du Jess Munder; à heure fixe, toute la tribu se rangeait sur le parapet touchant au Zenanah, et nous observait avec un plaisir extrême; quel spectacle pour ces singes qu'un Parisien buvant et mangeant! Assises au premier rang, se tenaient les guenons, chacune portant dans ses bras un joli petit singe; derrière, plus farouches, les adultes; et seul, sur le rebord du toit, trônait le vieux roi. Cette galerie était si bouffonne, et les singes observaient une telle immobilité, que j'essayai plusieurs fois d'en faire la photographie; mais à la vue de l'objectif, qu'ils prenaient pour un nouveau genre de fusil, tous se sauvaient en hurlant. Le langour, animal inoffensif et facile à mettre en fuite, est un terrible adversaire lorsqu'il est blessé ou se sent en danger d'être pris; la force de ses mâchoires est prodigieuse, et, jointe à l'agilité avec laquelle il se sert de ses bras, le rend aussi redoutable, une fois furieux, que la hyène et la phantère.

(L. ROUSSELET, *L'Inde des Rajahs.*)

Éléphant.

L'éléphant d'Asie a le front beaucoup plus plat et les oreilles beaucoup moins larges que celui d'Afrique : ses défenses sont moins fortes. Il existe encore à l'état sauvage dans l'Inde, Ceylan, la Cochinchine, Sumatra. Chacun sait qu'on l'emploie beaucoup comme animal domestique et qu'il rend les plus grands services par sa force et son intelligence.

A Sattara, me laissant entraîner par l'espoir d'être plus heureux qu'à Ceylan où je n'avais pu chasser l'éléphant, je me joignis à une compagnie de sportsmen* qui se dirigeait vers les jongles du sud de la province, avec l'intention d'y organiser une grande battue. Plusieurs jours de marche à travers d'impénétrables forêts nous firent bien apercevoir un ou deux troupeaux d'éléphants, mais ce fut tout ; la nature du terrain ne permit à aucun de nous de les approcher de manière à tirer un de ces animaux.

Par l'empreinte des pieds de devant on peut se rendre compte de la taille des éléphants qu'on poursuit : elle est à peu près égale à deux fois leur circonférence ; en employant ce procédé, nous vîmes que nous étions sur la piste de bêtes d'environ neuf à dix pieds de taille. Pour tirer un éléphant, il faut, comme dans toute chasse aux bêtes féroces, s'approcher de dix à quinze pas de l'animal, puis on vise soit à la racine de la trompe, soit dans la tempe ou dans le creux placé au-dessus de l'œil.

Les troupeaux d'éléphants sauvages ne sont pas dangereux ; la panique se met facilement parmi eux, et ils fuient à l'aspect de l'homme. Les chasseurs intrépides, comme le major Roger de Ceylan qui en a tué plus d'un millier, disent que le troupeau ne charge jamais en masse. Lorsqu'ils sont blessés, ils deviennent quelquefois furieux et poursuivent le chasseur, qui ne pourrait fuir en rase campagne ou dans des taillis, mais qui réussit souvent à se dérober dans une forêt en faisant des détours ; d'ailleurs, quand un éléphant tient son ennemi en son pouvoir, il est si maladroit, qu'il parvient rarement à en tirer vengeance et qu'il le laisse souvent échapper sans blessures graves. A l'époque de mon voyage, on parlait d'un docteur anglais qui avait été tenu prisonnier pendant quelques minutes dans la trompe d'un de ces animaux; l'éléphant cherchait bien à l'écraser du poids d'un de ses pieds, mais il ne pouvait y parvenir. Le sportsman fut heureux de sortir de cette position originale, mais certes peu commode, avec de simples contusions, qui le mirent au lit pour une semaine. Les défenses mêmes de ces animaux, vu leur courbure particulière, ne leur sont pas d'un grand usage contre leurs ennemis.

La chair de l'éléphant est dure; les seules parties qu'on puisse manger avec plaisir sont la langue, qui est un mets assez délicat, et les pieds, qui servent à faire un bon potage.

Les éléphants solitaires sont bien plus à craindre que leurs congénères vivant en troupeau, surtout dans certaines circonstances. Ils viennent souvent attaquer les hommes, et il n'est pas rare qu'il en résulte des malheurs ; les chasseurs redoutent d'ordinaire de semblables rencontres. Ce sont des animaux échappés à la captivité ou chassés de leur troupeau, et dont la solitude a aigri le caractère.

Nous avons plusieurs fois parlé des éléphants domestiques, dont les Indiens utilisent la force au bénéfice de l'homme. Comme ces animaux se reproduisent rarement en captivité, on est obligé de les prendre dans les forêts pour les dresser aux usages divers auxquels on doit les employer.

Quand on veut s'emparer d'un troupeau d'éléphants sauvages, dans l'Inde comme dans l'Indo-Chine, on fait, avec un grand nombre de rabatteurs et d'éléphants apprivoisés, une battue lente et silencieuse afin de pousser les animaux sauvages dans la direction d'un *kedda* ou *korral*, enclos dans lequel on cherche à les enfermer, puis à les dompter au moyen de la faim et des leçons de leurs congénères* domestiques.

Les éléphants sont devenus rares dans l'Inde, relativement du moins au temps passé. Comme partout, l'emploi des armes européennes a éclairci dans cette contrée le gros et le petit gibier, et il arrive souvent que les battues sont infructueuses; on se servira du reste de moins en moins de ces animaux, à mesure que les moyens de communication seront plus faciles dans les pays asiatiques. Ceux de l'Inde dépassent rarement trois mètres de hauteur et on en trouve peu qui aient de belles défenses; ces derniers sont, en effet, en butte aux attaques des indigènes, qui, vendant l'ivoire fort cher, leur font une guerre acharnée. D'ailleurs il est utile de détruire ces colosses dans le voisinage des cantons cultivés, où ils commettent de grands ravages.

(GRANDIDIER, *Voyage dans les provinces méridionales de l'Inde.*)

Voici quelques détails intéressants sur la manière dont on s'empare des éléphants sauvages pour les domestiquer.

Les éléphants abondent dans les forêts et les jungles qui entourent Ajuthia ; ils y vivent, non pas tout à fait à l'état sauvage, mais dans cette* espèce de liberté dont jouissent les chevaux et les bœufs de la Camargue* et les buffles des Marais-Pontins*. Tous sont la propriété du souverain, et c'est un crime d'en tuer un ou d'en blesser un, même surpris en flagrant délit de déprédation. Une fois par an seulement on les traque officiellement pour en amener le plus qu'on peut dans le kraal, ou parc construit pour eux près d'Ajuthia, et qui forme le *dépôt de remonte* le plus vaste et le mieux organisé du royaume.

C'est un grand quadrilatère, formé de deux enceintes

concentriques et parallèles. La première ou l'intérieure est en maçonnerie de deux mètres d'épaisseur ; la seconde se compose d'une palissade en troncs massifs profondément enfoncés dans le sol et n'offant entre eux qu'un intervalle de quelques pouces.

Chaque enceinte n'a qu'une entrée, sorte de traquenard* qui s'ouvre ou se ferme par le jeu de deux énormes poutres, glissant facilement dans de profondes rainures.

Dès que la bande d'animaux pourchassés est engagée tout entière entre les deux enceintes, et que le seuil de la première s'est refermé sur elle, on procède au triage des éléphants propres au service. Cette opération se fait sous la direction d'un jury d'examen, composé des plus grands personnages de l'État, présidé ordinairement par le roi en personne, et siégeant sur une large plate-forme élevée sur un des côtés du kraal.

Les qualités recherchées à Siam dans un éléphant sont : une couleur approchant du brun pâle ou de l'isabelle cendré, des ongles bien noirs, et enfin des défenses bien intactes et une queue non mutilée. Ces deux derniers points sont difficiles à concilier dans un même individu ; car si un ivoire sans écornure dénote chez l'animal qui en est porteur un caractère paisible et peu querelleur, une queue en bon état indique clairement que son propriétaire n'a jamais tourné le dos à l'ennemi.

Dès que, du haut de leur estrade, les membres de la commission d'examen ont remarqué dans la bande sauvage un animal remplissant, ou à peu près, les conditions requises, ils le signalent à l'attention et à la poursuite des cornacs-chasseurs* apostés à cet effet. Ceux-ci font entourer immédiatement le pachyderme* désigné par de vigoureux éléphants privés, qui le pressent, le poussent et l'amènent plus ou moins doucement dans l'enceinte intérieure. Si la pauvre brute regimbe trop, ou cherche à s'enfuir, un nœud coulant jeté autour d'une de ses jambes ne tarde pas à la faire trébucher ; puis un de ses congénères civilisés, s'appuyant sur elle de tout son poids, la fait tom-

Le parc aux éléphants.

ber lourdement sur le sol, d'où elle ne se relève que bien et dûment garrottée et captive.

Cette dernière phase de la chasse est la plus dangereuse pour les chasseurs et amène parfois mort d'homme. On me l'a dit du moins, mais le cas doit être rare ; d'autant plus qu'on a ménagé. au centre même du kraal intérieur un fort blockhaus* d'un accès très facile à l'homme, mais dont les énormes palissades sont à l'épreuve de la charge à fond de l'éléphant le plus désespéré.

Une fois ces animaux enfermés dans le kraal, il suffit pour les dompter de quelques jours d'une diète absolue, suivie d'un régime abondant de cannes à sucre et d'herbages frais. L'habitude quotidienne de l'aspect et de la voix de leurs gardiens achève de les apprivoiser.

Ces rudes colosses sont du reste, à plusieurs égards, d'une timidité extraordinaire. Ils ont des nerfs de jolie femme ; il leur faut longtemps pour s'habituer, sans trembler, à la vue d'un cheval et à la détonation d'une arme à feu. Quand la vie du kraal les a bien soumis à la domesticité, on transporte à Bangkok ceux que le service du roi y réclame, dans des écuries établies sur d'immenses radeaux qui descendent lentement et surtout tout doucement le fleuve.

J'avoue que j'emprunte la plupart des détails qui précédent, plutôt à des récits de personnes dignes de foi qu'à mes propres observations ; car la chasse ou battue dont j'ai été témoin avait bien moins pour objet d'amener à la domesticité un certain nombre d'éléphants que de mettre temporairement *sous les verrous* quelques centaines de ces quadrupèdes, qui, chassés par l'inondation de leurs pacages habituels, étaient venus chercher un asile et une pitance dans les vergers et jardins d'Ajuthia.

Pour dépister ces hôtes indiscrets, les gardiens du kraal ne trouvèrent rien de mieux que de glisser nuitamment dans la bande un certain nombre de femelles privées, habituées à revenir à l'étable au son d'une trompe ; en arrière on forma un cercle de rabatteurs renforcés de gros éléphants mâles, chargés de couper la retraite à leurs

Éléphants sauvages amenés.

camarades sauvages; puis la battue commenca. Je n'en ai jamais vu d'aussi émouvante.

A celui qui n'a jamais assisté qu'à une chasse d'Europe, qui n'a jamais vu fuir devant les cris, les cors, les chiens et les chevaux que le gibier timide et chétif de nos forêts rabougries, rien ne donnera jamais l'idée de cette scène. Il pourra bien s'imaginer, dans un espace étroit, une lieue carrée peut-être, aux trois quarts submergée par l'inondation, deux ou trois cents éléphants, divisés en autant de troupeaux que le sol présente d'îlots ou de massifs d'arbres, et mis tout à coup en éveil par des bruits discords, s'élevant de trois côtés de l'horizon. Il pourra se les représenter, au fur et à mesure que le cercle de menaces se resserre autour d'eux, reculant peu à peu et se concentrant enfin en une seule masse énorme, qui, bientôt folle de terreur, s'élance tout entière, sur les pas des femelles privées, dans la seule direction où ne retentissent ni détonations d'armes à feu, ni clameurs humaines, ni vibrations de tam-tam*. Oui, l'imagination et le savoir aidant, il pourra graver dans son cerveau une image plus ou moins colorée de ces choses; mais le sol ébranlé sous les pieds de ces colosses effarouchés, mais les taillis*, les cépées*, les futaies* même disparaissant écrasés sous leurs flancs, mais le clapotis et le remous des eaux soulevées par leur passage, qui lui en rendra jamais les saisissants effets? Pour leur trouver des termes de comparaison, il faut avoir éprouvé la commotion d'un tremblement de terre, avoir suivi la course d'une trombe, avoir contemplé face à face une grande marée d'automne!

D'ailleurs, pour bien comprendre ce que les leçons de l'homme peuvent obtenir de l'intelligence des animaux, il faut avoir été témoin, comme je l'ai été en cette occasion, et du calme sang-froid des éléphants privés, chargés de côtoyer, à travers bois et fondrières, ruisseaux et torrents débordés, les flancs de la bande fugitive, afin de la maintenir dans la ligne prescrite, et des ruses calculées des femelles, qui, leur besogne de guides accomplie, et toutes les victimes de leur manège massées devant les murailles du kraal, font prestement demi-tour, et von fortifier le cercle de leurs camarades, qui, à coups de trompe et de front et de flanc, forcent les pauvres sauvages à franchir la porte de la prison, jusqu'à ce qu'elle se ferme enfin sur le dernier d'entre eux.

(H. MOUHOT, *Voyages dans les royaumes de Siam, de Cambodge, de Laos et autres parties centrales de l'Indo-Chine.*)

Suivent quelques récits sur l'emploi de l'éléphant domestique dans les deux grandes presqu'îles indiennes.

Aux alentours tintaient les clochettes de bois des éléphants, qui commettaient sans pitié toute sorte de dévastations dans les vergers du hameau.

Sauvages et Laotiens* se servent également de l'éléphant, qu'ils savent réduire en fort peu de temps. Quant au dressage complet, c'est une affaire infiniment plus compliquée et qui demande des années entières.

Les indigènes se procurent leurs éléphants surtout par la chasse, dont les procédés varient beaucoup suivant les localités; mais la reproduction à l'état domestique leur fournit aussi bon nombre d'élèves estimés.

Je demanderai la permission de ne pas m'étendre sur l'intelligence et la sagacité si connue de ces singuliers animaux, et sur leur docilité telle, comparée à leur puissance et à la nôtre, que l'on croirait volontiers que, s'ils consentent à nous prêter leur aide, c'est par un sentiment de pitié pour l'humaine faiblesse.

Si tous les voyageurs ont parlé de l'intelligence merveilleuse de ce gigantesque survivant d'une faune* disparue, et si l'on a pu pousser l'exagération jusqu'à prétendre qu'il était doué de sentiments de pudeur et de religiosité que n'ont peut-être pas tous les hommes, on a, en revanche, passé sous silence les preuves innombrables de sa stupidité. La première n'est-elle pas (pour abandonner ma métaphore de tout à l'heure) de voir l'éléphant obéir à un sauvage malingre, juché sur son cou massif, et qui, à première vue, moins intelligent que sa monture, le mène cependant à son gré, lui faisant endurer à propos de tout et de rien des souffrances inimaginables, lui perçant, lui lacérant la peau du crâne à coups redoublés d'une sorte de gaffe aiguë, ou simplement à coups de coutelas, par la pointe, le dos ou le tranchant, suivant son caprice?

Et comme il est craintif et peureux! Presque toutes les fois que je me suis servi d'éléphants, je me suis vu obligé de faire tenir en laisse, derrière la caravane, mon fidèle compagnon, mon chien, qui ne comprenait rien à ma conduite. Mais les instincts de naturaliste de mes éléphants n'étaient pas, du moins il faut le croire, assez développés pour reconnaître un chien dans cet animal à longs poils, à queue touffue, à oreilles pendantes, à la robe bariolée, très différent, en somme, du chien indigène, et sitôt qu'ils l'apercevaient, c'était une débandade générale de la colonne, avec accompagnements de cris terribles, que les coups de crochet ne parvenaient plus à calmer.

Avec ses défauts et ses qualités, il n'en est pas moins vrai que l'éléphant rend dans ce pays de si grands services, que le Laotien ou le sauvage ne sauraient se passer de lui. Avec l'éléphant, nul besoin de s'inquiéter de la route : si le sentier cesse d'être frayé, ou si même il n'existe plus, c'est l'éléphant lui-même qui le tracera, en abattant en un clin d'œil les arbres que son maître lui désigne, arrachant, tordant, brisant toutes les lianes et les bambous qui s'opposent à son passage et à celui de sa charge, dont il a appris, aux dépens de la peau de son crâne toujours, à mesurer exactement la hauteur et la largeur. Avec lui on se passe de ponts comme de routes, et il sait gravir et descendre des pentes où une chèvre serait embarrassée.

Le harnachement de l'éléphant laotien est primitif au

Caravane d'éléphants.

plus haut degré, et il faut l'insouciance absolue de l'indigène pour n'avoir pas, depuis des siècles, songé à perfectionner cet attirail, tout à fait dépourvu de confortable, hélas!... On place sur le dos de l'animal, protégé par une couche d'écorces battues ou par des peaux de cerfs et de buffles, une sorte de bât qui vient s'emboîter, par sa concavité, dans l'épaisse crête formée par les vertèbres dorsales, et qui supporte par en haut une étroite plate-forme rectangulaire de quatre-vingts centimètres de long sur cinquante de large environ. C'est sur cette banquette, recouverte d'une natte en même temps rugueuse et glissante, que doit se placer le pauvre voyageur, au grand détriment de son épiderme, rapidement excorié par les frottements énergiques et répétés qui se produisent à chaque pas. De plus, quelle que soit la position que l'on se décide à adopter, après de longs essais, tous plus infructueux les uns que les autres, il y a toujours quelque morceau de bois ou quelque corde de rotin* qui vient vous meurtrir à un endroit ou à un autre. Comme le dit spirituellement un auteur : « Pourvu que l'on ne soit ni assis, ni couché, ni debout, ni n'importe comment, on peut se déclarer très satisfait de sa situation. »

Cet appareil est recouvert d'une sorte de dôme disgracieux, mais à la fois solide, léger et résistant, fait de rotin* tressé, qui protège le voyageur contre la pluie ou le soleil, et surtout les épines, contre les lianes flottantes et les invasions cuisantes des nichées de fourmis rouges arrachées aux feuillages touffus des broussailles et des arbres.

Tout cet attirail est fabriqué à coups de coutelas et de hachette, chevillé de bambou, relié par des lianes tordues, sans qu'il entre un atome de fer. Une sous-ventrière en gros rotin, passant derrière les membres antérieurs et les mamelles (pectorales*, comme on sait), fixe le tout d'une façon à peu près solide, pourvu que la charge soit bien équilibrée. De plus, pour les montées et les descentes, souvent incroyablement abruptes, des liens de rotin passent sur le poitrail et sous la queue.

En route pour les hauts plateaux.

Les éléphants de charge n'ont sur le bât qu'une sorte de grand panier rectangulaire, ou simplement, surtout chez les sauvages, quatre grands crochets de bois, accouplés deux à deux.

Et ce n'est pas une petite affaire que de se jucher sur cet étrange monument. C'est toute une gymnastique nouvelle à acquérir, malgré la bonne volonté que met l'éléphant lui-même à faciliter l'accès de la machine, en vous présentant poliment le pied, qu'il relève tant qu'il peut sous votre poids. Pour ne pas prêter à rire à l'assistance et sauvegarder ma dignité, je me faisais toujours à chaque départ hisser par deux Laotiens, tenant un bâton horizontal sur lequel je posais les pieds, et qu'ils élevaient à la hauteur suffisante, en soufflant comme des geindres*.

Du reste, autant que possible, je marchais à pied, comptant mes pas et écrivant plus facilement ma route et les indications de ma boussole.

L'arrimage de mes bagages fut une besogne des plus compliquées. Les Laotiens, habitués à voyager avec des paniers cylindriques, ne comprenaient rien au maniement de mes caisses et ne savaient comment les placer sur les bâts. Il fallut bien perdre près de deux heures avant de parvenir à un résultat satisfaisant pour les bêtes et pour les gens, d'autant plus que beaucoup d'éléphants avaient peur de la forme et de la couleur insolite de leur chargement, et s'éloignaient chaque fois qu'on leur présentait ces objets inconnus.

Enfin tous ces longs préparatifs, qui font une bonne partie des ennuis du voyageur avare de son temps, étant enfin terminés, la colonne se met en route, les éléphants marchant à la file indienne de leur pas flegmatique et mesuré, précédés des guides indispensables.

(HARMAND, *Le Laos et les populations sauvages de l'Indo-Chine.*)

Ma principale préoccupation après chaque marche est

pour l'éléphant que le Maharajah de Rewah m'a confié personnellement. Ce n'est ni une légère responsabilité, ni une petite affaire que d'avoir à garder et à entretenir un éléphant pendant un mois ou deux. Le lecteur en jugera par les quelques renseignements qui suivent.

La ration quotidienne d'un éléphant en marche se compose de vingt à vingt-cinq livres de farine de blé, que l'on pétrit avec de l'eau, en y ajoutant une livre de *ghi* ou beurre clarifié et une demi-livre de gros sel. On en fait des galettes d'une livre chacune, que l'on cuit simplement sur un plateau de fer et que l'on distribue en deux repas à l'animal. Cette ration est absolument indispensable pour que l'éléphant ne dépérisse pas, lorsqu'il a à faire tous les jours de longues marches. Mais, pour qu'elle lui soit réellement donnée, le voyageur doit assister à ses repas; sans cela le mahout (conducteur) et sa famille ne se font aucun scrupule de prélever dessus leur propre nourriture.

Ces galettes de farine fournissent à l'éléphant ses repas réguliers ; mais cela est loin de lui suffire, et dans les intervalles il absorbe une quantité de nourriture bien en rapport avec son énorme volume. Cet appoint lui est fourni par les branches de plusieurs arbres, principalement le bâr, *ficus indica*, et le pipul, *ficus religiosa*. On le conduit à la jungle, où il choisit et cueille lui-même les branchages à sa convenance. Il ne les mange pas sur place, mais charge sur son dos la provision nécessaire à la journée et la rapporte au camp. Il rejette les feuilles et le bois et ne mange que l'écorce; c'est un spectacle curieux de voir avec quelle dextérité il enlève d'un seul coup, avec le doigt qui est au bout de sa trompe, l'écorce entière d'une branche, quelque petite qu'elle soit.

Dans les nombreux étangs qui avoisinent les villages de l'Inde centrale, on trouve à partir d'avril une herbe marécageuse qui croît en abondance et a la grosseur d'une lame de sabre; les botanistes la nomment *typha elephantina;* les éléphants la préfèrent aux branchages.

Ils sont aussi très friands de cannes à sucre, mais c'est une nourriture trop échauffante pour eux.

Il faut plusieurs personnes pour prendre convenablement soin d'un éléphant; aussi en général le mahout se fait suivre en voyage par sa femme et ses enfants. L'animal doit être toujours placé à l'ombre d'un arbre au feuillage épais et sur un terrain sec sans litière. Une simple corde attachée à une des jambes de derrière et retenue à un piquet suffit pour l'entraver; un animal docile ne cherchera jamais à rompre ce faible lien. Matin et soir, il faut le baigner, et, avant qu'il se mette en marche, lui graisser le front, les oreilles, les pieds et toutes les parties susceptibles de se fendre sous l'influence du soleil.

On voit souvent les éléphants faire des boules de terre, généralement d'une glaise rouge, puis les avaler. C'est un remède naturel qu'ils emploient instinctivement contre les vers intestinaux auxquels ils sont très sujets, et qui a pour résultat de les purger violemment.

Je n'ai pas besoin d'insister sur l'étonnante sagacité de ces intelligents animaux; bien des voyageurs en ont rapporté des preuves évidentes. Aussi ne sera-t-on pas étonné de voir l'éléphant remarquer la coïncidence de la présence du voyageur avec le redoublement de soins dont il est l'objet et lui manifester dès lors le plus vif attachement. On est sûr, chaque fois qu'on s'approche, d'être récompensé par un cri amical; il obéit à votre moindre geste et prend bien soin en marche d'écarter ou de briser les branches qui pourraient vous atteindre.

(Rousselet, *L'Inde des Rajahs.*)

Le lendemain, en effet, trois de ces nobles animaux, rappelés des pâturages, stationnaient devant la plateforme de la maison, et à dix heures et demie nous nous mettions en route. La monture de M. Thorel et la mienne étaient des femelles, et chacune d'elles était suivie d'un petit en bas âge. Le plus jeune avait un an à peine, le plus âgé en avait trois ; le premier était de la taille d'un buffle, le second était sensiblement plus haut. Ils n'avaient point encore la gravité qui est particulière à ces majestueux animaux, et leurs gambades folâtres nous égayèrent beaucoup pendant toute la route. Ils se poursuivaient jusque dans les jambes de leurs mères, qui, sans ralentir ni changer en rien leur allure, suivaient d'un œil complaisant et attentif les évolutions de leurs nouveau-nés. Quand ils s'éloignaient trop et, par une excursion trop hardie dans les champs de riz voisins, risquaient de s'attirer la colère et les coups des cornacs, un cri de la mère rappelait bien vite l'enfant indocile, qui accourait aussitôt se ranger auprès d'elle, caressait un instant ses mamelles du bout de sa trompe, puis, apercevant une mare d'eau voisine, courait y remplir le mobile organe et en jetait malicieusement le contenu sur son camarade ou sur ses propres épaules.

En sortant de Ban Song, on traverse une plaine dénudée où la roche apparaît à chaque pas en larges plaques noirâtres. Peu après, le terrain se boise et s'ondule légèrement. Un fort torrent gronde à peu de distance. Il n'avait guère à ce moment qu'un mètre et demi de profondeur, mais le courant en était fort rapide. Le plus âgé des deux petits éléphants se jeta bravement à la nage, tandis que son compagnon, effrayé par le bruit, restait indécis sur la rive. La mère de ce dernier — c'était l'éléphant que je montais — le fit placer contre elle du côté d'amont, de manière à le retenir et le protéger contre la violence des eaux. Le jeune animal appuya ses jambes contre celles de sa mère. Celle-ci s'inclina légèrement, de manière à lui donner un point d'appui, et le fit rouler pour ainsi dire de ses jambes de derrière à celles de devant jusqu'à ce que le torrent fût traversé. Au delà, nous entrâmes en pleine forêt, et j'admirai de plus en plus l'intelligence de ces puissants quadrupèdes. Un mot du cornac, un simple geste étaient à l'instant compris d'eux. Tantôt c'était une branche trop basse et nous barrant le passage qu'ils détournaient ou qu'ils arrachaient avec leur trompe, tantôt un détour habilement calculé qu'il fallait faire à un coude trop brusque du sentier pour ne pas heurter leur cage contre un tronc noueux. Puis, quand la route était moins grande, leur trompe s'en allait cueillir à droite et à gauche quelques jeunes pousses de bambou qu'elle secouait longuement pour détacher la terre adhérente aux racines. L'animal n'était satisfait que quand il n'y restait plus un grain de poussière, et si, après les avoir frappées les unes contre les autres, une motte de terre rebelle s'obstinait à y demeurer, il la plaçait sous son pied et l'arrachait avec une étonnante précision. Tous ces mouvements étaient exécutés par lui sans ralentir d'une seconde son allure et sans que le cornac pût lui reprocher de sacrifier à sa gourmandise les intérêts du voyageur.

(Francis GARNIER, *Voyage d'exploration en Indo-Chine.*)

Quelques-uns de ces animaux sont de couleur très claire, et baptisés éléphants *blancs*. Ils sont alors recherchés et considérés, surtout dans le royaume de Siam, comme des animaux sacrés.

Écoutez avec quelle joie la nouvelle de la découverte d'un éléphant blanc est accueillie dans le pays.

Dans l'intervalle, j'appris qu'un éléphant blanc venait d'être pris dans le Laos et qu'il était en route pour Bangkok, sous la garde d'un mandarin *.

Cette grande nouvelle a été apportée ici par un messager, chargé par le vice-roi de Korat de faire préparer la route et les étapes pour la bête sacrée. M'étant trouvé chez le premier magistrat de Khao-Khoc au moment de l'arrivée dudit messager, je me suis empressé de reporter sur mon journal les principaux détails de cette entrevue et du dialogue qui s'ensuivit, dans l'espoir qu'ils auront au moins pour mes lecteurs, si j'en ai jamais, le piquant de la nouveauté.

La scène se passe dans le prétoire de la localité, où ce

qu'en France on appellerait l'*hôtel de la préfecture.* Pauvre prétoire, qui ne diffère guère de la plupart des huttes cambodgiennes, dans la construction complète desquelles, pilotis, charpente, cloisons, plancher et toiture, gros et petit mobilier compris, il n'entre d'autres matériaux que ceux que peut fournir un pied de *graminée**, gigantesque il est vrai, une touffe de bambou.

Sur le plancher vacillant de cette espèce de cage, le mandarin, les jambes croisées à la façon d'un tailleur, occupe une estrade de quinze à dix pouces de hauteur et roule dans la bouche, d'un air grave, quelques pincées de bétel*; devant lui, plutôt étendu que prosterné, le *messager*, fonctionnaire de l'ordre des *nai-mouets* ou sergents de police, fait son rapport, tandis que, sur les degrés de l'échelle qui donne accès à la salle d'audience, des volailles indiscrètes se perchent et caquètent, et que des tonquins, à l'abdomen distendu, se vautrent et grognent dans la vase chargée d'immondices du sous-sol de cette demeure officielle.

Le message débité et ouï, le mandarin se lève avec transport, dépose sa chique, joint les mains et s'écrie : « Heureux événement ! Avez-vous, ô Nai-Mouet ! été favorisé de la vue du saint éléphant?

Le messager. — Illustre seigneur, que n'en est-il ainsi? Mais je ne le connais que par la proclamation de l'auguste Chao-Phaja de Khorat, dont je reçois les ordres, moi cheveu. L'auguste Chao-Phaja s'est transporté jusqu'à Pimaie pour vérifier si la chose était telle que l'annonçait le roi de Louang-Prabang, et à son retour il a déclaré avoir reconnu un éléphant mâle, de noble race, marqué de tous les signes divins.

Le mandarin. — Bien! très-bien! Alors sa couleur peut être comparée à la couleur d'une marmite de terre neuve ?

Le messager. — Illustre seigneur! je reçois vos ordres, il en est ainsi.

Le mandarin. — Parfaitement! Et quelle est sa taille?

Le messager. — Illustre seigneur ! il a au moins quatre coudées de hauteur.

Le mandarin. — Ah ! Il est jeune encore ? et a-t-il une bonne apparence ?

Le messager. — Illustre seigneur ! je reçois vos ordres, il est majestueux.

Le mandarin. — Et quand devons-nous l'attendre en ces lieux ?

Le messager. — Illustre seigneur ! si je puis énoncer une opinion à cet égard, moi cheveu, il sera ici vers le milieu de la prochaine lune.

Le mandarin. — Bien ! très bien ! tout sera prêt pour sa réception. »

Et tandis que le Nai-Mouet se glisse à reculons vers l'échelle pour aller porter ailleurs la bonne nouvelle, l'*illustre seigneur* aux soixante ticaux d'appointements annuels (180 fr.), auquel il vient de la communiquer, se frotte les mains avec une vigueur inaccoutumée et répète avec une animation croissante :

« Heureux événement ! heureux événement ! »

(H. Mouhot, *Voyage dans les royaumes de Siam, de Cambodge, de Laos, etc.*)

L'éléphant blanc est admirablement et royalement traité.

Au nord du palais se trouve le palais du *seigneur éléphant blanc*, derrière lequel sont les appartements ordinaires de Sa Seigneurie. Près de sa demeure se trouvent les écuries où l'on renferme les éléphants vulgaires.

L'éléphant blanc actuel occupe sa haute position depuis plus de cinquante ans. Je croirais volontiers que c'est celui dont parle le P. Sangermano, et qui fut pris en 1806, à la grande joie du roi, qui venait de perdre celui qu'il possédait.

C'est un éléphant énorme ; il a plus de trois mètres de haut, une tête superbe, des défenses magnifiques. Malheureusement son corps est long, efflanqué, mal fait. Il nous parut dans un mauvais état de santé. Son regard est

Éléphant blanc.

faux et désagréable, et ses gardiens semblent se méfier de

son caractère : ils nous ont toujours conseillé de ne pas nous approcher de sa tête; le petit anneau rougeâtre qui entoure son iris ressemble, dit-on, à un « cercle des neuf pierres précieuses » (talisman). A peu près uniforme, sa couleur rappelle celle des taches que l'on voit sur les oreilles et sur la trompe des éléphants ordinaires; en somme il mérite bien son nom d'éléphant blanc.

Ses *paraphernalia* royaux, qu'on déploie quand il arrive des visiteurs, sont magnifiques : l'aiguillon à crochet avec lequel on le conduit, qui avait environ un mètre, était incrusté de perles dans toute sa longueur; çà et là cerclé de rubis, son manche était de cristal avec des ornements d'or. La tiare, de drap écarlate, ruisselait de gros rubis et de diamants splendides; son front était orné de « cercles des neuf pierres précieuses » qui détournent les mauvaises influences.

Quand il était en grand costume, comme les grands dignitaires birmans, comme le roi lui-même, il portait sur sa tête une plaque d'or où se lisaient tous ses titres, et entre ses yeux resplendissait un croissant de grosses pierres précieuses. A ses oreilles pendaient d'énormes glands d'argent, et il était harnaché de bandes écarlates tissées d'or et de soie et embossées d'or pur.

Il a un fief qui lui appartient en propre, un *woon* (ministre), quatre ombrelles d'or, et une maison composée de trente personnes. Avant d'entrer dans son palais, les Birmans ôtent leur chaussure.

On annonce souvent la prise d'éléphants blancs; il y a lors grand émoi à la cour; mais la plupart du temps, vérification faite, il se trouve que ce n'est de leur part qu'une prétention à ce titre, au grand regret du roi, qui saluerait la venue d'un véritable éléphant blanc comme la consécration par la nature de ses droits légitimes à la royauté; car il n'est pas sans quelques remords, paraît-il, au sujet de l'usurpation qui l'a placé sur le trône de son frère. En 1831 on avait pris un de ces éléphants, suffisamment blanc pour qu'on lui assignât un apanage. Mais, le gouvernement étant alors obligé de payer les dernières indemnités de la paix de Yandabo, on fut obligé d'y appliquer les revenus du nouveau *Senmeng* (seigneur éléphant). Une députation présenta en grande pompe au pachyderme une lettre du roi, écrite sur une longue feuille de palmier. Le roi le priait de ne pas s'offenser si on le privait de son revenu pour payer les *kalàs* (étrangers), et on lui donnait l'assurance que le tout lui serait remboursé avant deux mois.

Je n'ai pu m'assurer si les Birmans intelligents ont conservé leur antique superstition pour les éléphants blancs, ou s'ils ne voient là qu'une sorte d'attribut traditionnel de la royauté; quelque chose comme les chevaux café au lait qui conduisent la reine d'Angleterre quand elle ouvre ou proroge le parlement.

(HENRI YULE, *Voyage dans le royaume d'Ava.*)

Rhinocéros.

Des rhinocéros de divers espèces, mais tous unicornes, sauf celui de Sumatra, sont fréquents dans les bois des régions chaudes de l'Asie et des grandes îles de la Sonde. Ils ne paraissent pas, tant s'en faut, être aussi redoutables que leurs frères bicornes d'Afrique.

Dans le hameau Na-Lê, où j'arrivai le 3 septembre, j'eus le plaisir de tuer une tigresse, qui, avec son mâle, causait de grands ravages dans la contrée. Le lendemain, le chef des chasseurs de ce village organisa en mon honneur une chasse aux rhinocéros, animal que je n'avais pas encore rencontré dans toutes mes courses à travers ces forêts. La manière dont les Laotiens font cette chasse est fort curieuse, fort intéressante, en raison de sa simplicité et de l'habileté qu'ils y déploient. Nous étions huit hommes, moi compris. J'étais armé d'un fusil, ainsi que mes domestiques; j'avais placé au bout du mien ma longue baïonnette bien effilée; les Laotiens ne portaient que de solides bambous emmanchés dans une lame de fer, tenant le milieu entre une baïonnette et un long poignard, tandis que la lance du chef était une sorte d'*espadon*, longue, effilée, forte et souple, mais ne se brisant pas, ce qui fait la qualité de cette arme dangereuse.

Ainsi armés, nous nous mîmes en route dans le plus épais de la forêt, dont notre chef connaissait tous les détours et tous les gîtes à gibier. Après y avoir pénétré à peu près de deux milles, tout à coup nous entendîmes le craquement des branches et le froissement des feuilles sèches. Le chef prit les devants, nous faisant signe de la main, sans se retourner, de ralentir notre pas et de nous tenir armés et prêts.

Bientôt un cri perçant se fit entendre ; c'était le signal de notre chef, pour nous prévenir que l'animal n'était pas éloigné ; puis il se mit à frapper l'un contre l'autre deux tuyaux de bambou, et tous ses compatriotes poussèrent des cris sauvages pour forcer le rhinocéros à quitter sa retraite. Peu d'instants après, l'animal, furieux d'être dérangé dans sa solitude, venait droit à nous ; c'était un mâle de la plus grande taille. Sans la moindre crainte, au contraire avec tous les signes de la plus grande joie, comme s'il était assuré de sa victoire, l'intrépide chasseur s'avança au-devant du monstre, et, la lance croisée, l'attendit à une certaine distance et comme le défiant. L'animal avançait toujours, baissant et relevant alternativement son énorme tête, la gueule grande ouverte. Arrivé à la portée de l'homme, celui-ci lui enfonça sa lance dans l'intérieur du gosier à une profondeur de plus d'un mètre et demi, et aussi tranquillement que s'il eût chargé une pièce d'artillerie. Cela fait, il abandonna son arme dans le corps de l'animal et vint nous rejoindre. Nous nous tenions à une distance respectueuse, de manière à assister à l'agonie de la brute sans avoir à craindre pour nous-mêmes. Elle poussait des mugissements affreux et se roulait sur le dos, en proie à des convulsions épouvantables, tandis que nos hommes poussaient des cris de joie. Quelques instants

Chef laotien chassant.

après, nous pûmes nous en rapprocher : elle vomissait des flots de sang. Je donnai une poignée de main au chef en le félicitant de son adresse et de son courage. Il me dit alors qu'à moi seul appartenait l'honneur d'achever l'animal : ce que je fis en lui perçant la gorge de ma longue baïonnette.

Le chasseur, ayant retiré sa lance du corps du *Béhémoth*, me la présenta en me priant de l'accepter comme souvenir. Je lui donnai, en retour, un magnifique poignard européen....

(H. Mouhot, *Voyages dans les royaumes de Siam, Cambodge, de Laos, etc.*)

Tigre.

Les tigres sont, avec les serpents venimeux, les animaux les plus redoutables des régions chaudes de l'Asie. Tous les ans, les hommes périssent par dizaine de mille sous leurs dents. Ils attaquent directement l'homme, surtout l'Indien demi-nu, et sont d'une force et d'une audace terribles. Aussi leur chasse, à laquelle se livrent avec passion les riches Anglais de l'Inde, présente-t-elle de grands dangers, lors même que le chasseur est juché sur le dos d'un éléphant.

Nous étions venus établir notre camp non loin d'un petit village de Sontâls, et ceux-ci nous eurent bientôt signalé la présence de plusieurs des animaux que nous cherchions.

Les mois d'avril et de mai sont, comme je l'ai déjà dit, les plus favorables pour la chasse au tigre. La chaleur intense qui caractérise cette saison a bientôt desséché les ruisseaux et les mares de la forêt, et le tigre est obligé d'abandonner ses cantonnements d'hiver et de descendre dans les vallées pour venir se désaltérer aux citernes des villages. Il s'établit alors généralement dans quelque ravin rempli de broussailles, où il passe la journée à dormir, et qu'il ne quitte que vers le coucher du soleil pour choisir sa proie parmi les bestiaux conduits à l'abreuvoir. Un tigre adulte tue d'habitude un bœuf tous les quatre ou cinq jours; il le transporte sous bois, non loin de son repaire, afin de pouvoir en éloigner les rôdeurs, hyènes et chacals, que ses émanations tiennent du reste prudemment éloignés. On peut calculer qu'en moyenne chaque tigre abat annuellement de soixante à quatre-vingts têtes de gros bétail, ce qui représente au minimum une somme de quatorze à quinze mille francs. On voit que ces animaux occasionnent dans les districts où ils sont nombreux des dégâts considérables.

Le village de Daragaum, près duquel nous étions campés, avait ainsi perdu dans la dernière quinzaine quatre bœufs, enlevés par deux tigres qui avaient choisi confraternellement comme résidence un ravin à un kilomètre des habitations. Le *chikari* ou chasseur en titre du village avait bien essayé de les déloger de leur repaire, mais l'absence d'arbres dans le voisinage du ravin l'avait empêché d'établir un affût, et il n'avait osé s'aventurer à pied parmi les épaisses broussailles qui entouraient la nullah.

Nous nous rendîmes dans la journée avec ce chikari jusqu'auprès du ravin, afin d'en examiner les abords et de dresser notre plan d'attaque. Le ravin formait une sorte de large dépression aux versants peu rapides, débouchant d'un bois épais; le fond était entrecoupé de quelques petites mares d'eau limpide ombragées par d'épais bosquets de bambous. C'est là que se cachaient les deux tigres. Ayant bien examiné le terrain, nous vîmes qu'aucun arbre du voisinage ne se présentait de façon à permettre l'établissement d'un affût fixe; d'un autre côté, pénétrer à pied parmi ces broussailles eût été une folle témérité; nous décidâmes donc d'employer les deux éléphants que nous avions amenés et d'attaquer les tigres dès le lendemain matin avec leur aide.

Je n'avais jusqu'à présent chassé le tigre qu'à l'affût ou en battue; une seule fois, monté sur un éléphant, j'avais poursuivi un de ces animaux dans les bois de Nagode, en compagnie du général B***, car cette dernière façon de le chasser est la plus difficile et demande une profonde connaissance des habitudes du terrible félin.

On se figure généralement qu'il suffit de monter sur un éléphant et de s'en aller dans la jungle où l'on a signalé un tigre, pour être sûr de le trouver et de le tuer : c'est là une profonde erreur. De nombreux chasseurs montés sur des éléphants et battant en ligne à travers la forêt peuvent certainement rencontrer ainsi et abattre des tigres, surtout s'ils se font aider par une ligne de rabatteurs indigènes. Mais il n'est pas de chasse qui demande une plus profonde connaissance des habitudes de l'animal, plus de persévérance et d'adresse que la poursuite d'un tigre avec un seul éléphant.

Lorsque l'on entre pour la première fois dans la jungle, on ne peut s'empêcher d'une certaine timidité, tant on est persuadé que les tigres vont se montrer à chaque pas, et ce n'est que lorsqu'on a passé infructueusement des journées entières à leur recherche, que l'on arrive à se rendre compte du peu de danger que ces animaux offrent dans les jungles. Durant les dix années que j'ai passées à parcourir à pied les districts de l'Inde centrale les plus infestés par les tigres, il ne m'est arrivé que trois fois de me rencontrer avec ces animaux alors que je ne les cherchais pas. En fait, si l'on en excepte les lieux habités par des tigres mangeurs d'hommes, qui sont toujours connus, il n'y a aucun danger immédiat à traverser la jungle.

Bien des chasseurs affectent de mépriser l'emploi des éléphants pour la poursuite du tigre et parlent beaucoup des exploits qu'ils ont accomplis en se mesurant face à face avec lui. Règle générale, les neuf dixièmes des tigres prétendus tués *à pied* ont été abattus du sommet de quelque affût haut perché. Dans cette façon de chasser, il arrive que le tigre n'est généralement que blessé, et le véritable danger est alors de le poursuivre dans sa retraite, danger que beaucoup de sportsman se gardent d'affronter. Les quelques chasseurs qui se sont fait un point d'honneur de ne se mesurer avec le tigre qu'à pied, finissent toujours par être tués ou par recevoir quelque blessure qui les guérit de leur téméraire folie. Un homme à pied au milieu d'un épais fourré est sans défense contre le tigre. Il lui est impossible de voir à un mètre de lui, et il est lui-même à la merci de l'animal, qui peut à volonté se cacher complètement ou tourner autour de lui sans éveiller son attention.

Il ne faut pas croire cependant que la chasse du tigre à dos d'éléphant n'offre aucun danger; le chasseur est exposé aux attaques du tigre, qui peut bondir jusqu'à lui ou même renverser sa monture. Souvent celle-ci, prise de panique, se sauve affolée à travers les obstacles de la forêt et met en danger la vie du chasseur.

On ne peut, du reste, employer un éléphant pour la chasse du tigre qu'après l'avoir soumis à une soigneuse éducation et lui avoir fait surmonter l'instinctive répulsion que lui inspirent la vue et l'odeur des félins*. Il est aussi fort difficile de trouver un bon mahout ou conducteur; c'est de ce dernier surtout que dépendent toutes les qualités de l'éléphant. On commence généralement par habituer l'éléphant au bruit du fusil et on le lance après les daims ou les cerfs. Chose bizarre, l'éléphant redoute le sanglier encore plus que le tigre, et souvent la vue d'un de ces animaux suffit à le mettre en fuite.

Nous avions heureusement pour guide M. H***, qui avait maintes fois chassé le tigre à éléphant et qui était un aussi éminent sportsman que l'officier dont je viens de citer les intéressantes instructions. Les deux éléphants qu'il avait amenés avaient été éprouvés dans de fréquentes rencontres, et nous pouvions compter sur leur calme et leur courage.

Pendant la nuit, les tigres s'étaient approchés plusieurs fois de notre camp et nous avions pu entendre leur toux rauque. Au lever du jour, nous quittions notre tente et nous nous dirigions lentement vers le ravin.

Le chikari et deux batteurs nous accompagnaient; M. H***, montait un éléphant et moi l'autre; chacun de ces animaux était conduit par un mahout habitué à cette chasse.

Nous étions partis de bonne heure, dans l'espoir de rencontrer un des deux animaux hors de son repaire; mais quoique le sable de la nullah, qui passe auprès du village et dont nous suivions le lit, portât de nombreuses empreintes toutes récentes, les tigres étaient déjà rentrés. Nous continuâmes donc notre route lentement vers le ravin; il fut décidé que je resterais avec le chikari d'un côté, tandis que M. H*** contournerait la nullah et, descendant du versant opposé, débusquerait les tigres.

J'avais atteint à peine la limite du bois s'étendant le long du ravin, lorsque j'aperçus, à une distance de cent pas devant moi, l'un des tigres, marchant d'un pas calme et mesuré. Je restai un moment en admiration devant le bel animal, qui ne manifestait aucune inquiétude et paraissait revenir repu et fatigué de son excursion nocturne. Au moment où, armant mon fusil, j'allais épauler, l'animal disparut derrière un buisson. Quelques minutes après, M. H*** arrivait sur la crête opposée, et le tigre, l'ayant aperçu, sortit des broussailles et se dirigea en rampant, la queue basse, précisément vers moi. Je n'étais plus qu'à soixante mètres; le mettant en joue, je lui logeai une balle dans les côtes, pendant qu'il tournait la tête pour suivre les mouvements de mon compagnon. Poussant un terrible rugissement, il bondit sur lui-même et rentra dans le fourré.

Mon mahout lança son éléphant en avant, et bientôt nous étions dans le lit de la nullah. Nous vîmes alors à deux cents mètres devant nous le tigre fuyant vers le bois. M. H***, qui avait suivi ses mouvements, s'était porté en avant, et il l'arrêta d'un coup de fusil. Le tigre, blessé de nouveau, se voyant cerné, marcha droit à mon compagnon; son éléphant, épouvanté de cette attaque, fit volte-face et prit la fuite : mais la terrible bête l'eut bientôt rejoint et d'un seul bond s'accrocha à sa croupe.

Chasse au tigre.

Un frisson me parcourut le corps ; je crus mon ami perdu.

Quelques mètres nous séparaient et mon mahout excitait de ses cris mon éléphant, lorsque M. H***, tirant à bout portant dans la face du tigre, le fit rouler à terre. C'était une bête vraiment enragée, car, se relevant encore, elle se rua cette fois sur mon éléphant, qui arrivait enfin sur la scène de l'action ; mais au moment où elle essayait de se cramponner à la jambe de ma monture, je lui brisai le dos d'une balle, et elle retomba expirante. Nous lui donnâmes chacun encore une balle, pour bien nous assurer de sa mort.

Je descendis fort ému de mon éléphant et j'allai serrer la main de mon ami, en le félicitant d'avoir soutenu avec tant de sang-froid le premier assaut du tigre, puis nous examinâmes notre victime. C'était un beau tigre royal, dans toute la force de l'âge ; sa robe, d'une couleur orange, était zébrée de superbes rayures noires et blanches ; il mesurait du museau à l'extrémité de la queue un peu plus de trois mètres, ce qui est une taille moyenne pour un tigre adulte.

La joie de nos éléphants se manifestait plus bruyamment encore que celle de nos chikaris ; ces énormes bêtes venaient flairer le cadavre de leur ennemi mort, le retournaient avec leur trompe, puis poussaient des cris rauques accompagnés de véritables fanfares.

Le second tigre s'était esquivé prudemment du ravin pendant la bagarre, mais le lendemain M. H*** et Schaumburg le surprirent à une petite distance du village.

Quelques jours après nous avions le rare bonheur d'abattre dans un bois voisin de notre camp un couple d'ours. L'ours des Rajmahals est plus petit que celui du Kachmîr ; sa fourrure est longue et noire ; ses pieds sont fort larges et armés de griffes d'une formidable longueur. Cependant c'est un animal inoffensif et même utile, car il se nourrit surtout de rats et d'insectes, parfois de racines. Les Sontâls le nomment *bajra balou*, ou l'ours invulnérable, parce qu'il est fort difficile à tuer et ne succombe qu'à de nombreuses blessures.

Le 26 mai, nous rentrions à Bhâgulpore, ayant tué dans notre excursion, outre les deux tigres et les deux ours, un beau cerf sambar, cinq grands caps, plusieurs antilopes, sangliers et nombre d'oiseaux.

(L. ROUSSELET, *L'Inde des Rajahs.*)

Tout ne se passe pas toujours, tant s'en faut, aussi bien.

Un autre jour, je fis ma partie dans une bien douloureuse aventure. Un tigre, dont les déprédations devenaient intolérables, avait enlevé le meilleur chien d'un des bons chasseurs de la contrée, M. D.... Il fut décidé que nous aurions raison de cet audacieux voleur.

La chasse du tigre se fait peu en Cochinchine, où l'éléphant, cette forteresse vivante, ne met pas au service de l'Européen ses hautes épaules et ses puissantes armes. La plupart des tigres que l'on apporte aux inspections, pour toucher la prime que donne l'État (cent francs), meurent dans les pièges où ils tombent; on en prend ainsi un grand nombre.

L'expédition étant résolue, nous cernâmes la colline qui servait de repaire au monstre. Plus de cent cinquante indigènes étaient là, criant, gesticulant, faisant le bruit le plus odieux qui ait jamais troublé la sieste d'un tigre. Quant à nous, l'inspecteur, un soldat français et moi, nous étions dans la plaine, parsemée de petits tombeaux, qui s'étend derrière l'arroyo de Tayninh, et nous attendions qu'il plût au tigre de montrer sa précieuse fourrure. Il paraît qu'il trouva décidément que l'audace était un peu bien vive, car, moins d'une demi-heure après l'établissement du bruyant cordon, il sortit du bois et s'avança vers nous. Un feu roulant l'accueillit; sur nos quatre balles une au moins le toucha, car il fit un mouvement de douleur et se dirigea vers le soldat qui nous avait accompagnés. Pour être plus libres de nos mouvements, nous nous étions disséminés. Notre soldat grimpa immédiatement sur un tumulus haut d'un mètre environ, et, son arme rechargée à la main, il attendit. Une seconde balle de l'inspecteur atteignit encore l'animal; mais, dédaignant cette nouvelle provocation et s'acharnant à sa proie, il s'élança vers le tombeau; d'un bond il fut au pied et se dressa tout debout. Il se passa alors une scène lamentable et étrange, qui montre combien les plus braves sont peu maîtres d'eux-mêmes à l'approche de ces terribles fauves. Le soldat était certes un homme courageux, il avait fait ses preuves : c'était lui qui avait mis le plus d'ardeur à organiser la partie; il avait en main son bon fusil, et à la longueur de son bras s'étalait la poitrine blanche du tigre qui semblait attendre sa balle. Eh bien! pendant quelques secondes il se contenta de frapper avec la crosse sur les pattes étendues vers lui. Le tigre s'allongea, saisit avec une de ses griffes le malheureux à la jambe et l'entraîna. « Un homme touché par un tigre est un homme mort, dit un naturaliste allemand, et il est inutile d'exposer la vie d'un second chasseur pour courir la chance aléatoire d'arracher au félin une victime mutilée que la mort doit saisir bientôt. » Ces raisonnements ne se comprennent pas sur le terrain de l'action. Nous courûmes tous deux au tigre qui traînait toujours notre camarade, et deux balles plus heureuses que les premières l'arrêtèrent pour toujours.

La plaie de notre malheureux compagnon était affreuse. Je songeai à lui amputer la cuisse dans la case où il fut transporté; mais, soit perte d'un sang qui, dans sa totalité, suffit souvent à peine à entretenir la vie de l'Européen sous ces latitudes, soit ébranlement nerveux trop puissant, il mourut dans la nuit.

Cette malheureuse issue de notre campagne consterna toute la petite colonie française, et les chasses furent suspendues pendant quelque temps.

Les crimes du tigre ne sont plus aujourd'hui aussi communs qu'autrefois; il se retire peu à peu devant le fracas de nos carabines, et du reste le chiffre incroyable de cerfs et de bœufs sauvages que renferment toutes ces forêts suffit amplement à sa table royale. Seuls les chiens des chasseurs et quelques Annamites ou Cambodgiens trop loin aventurés lui servent encore quelquefois de proie. A ce propos il règne dans la colonie une idée plus ou moins juste. Lorsqu'on chasse, dit-on, il est prudent d'avoir un indigène avec soi ; si le tigre vous rencontre, il préférera l'indigène. Quoi qu'il en soit, le grand félin est loin d'être aujourd'hui redouté en Cochinchine comme il l'est encore dans les Indes. Les courriers ou *trams*, qui sillonnent jour et nuit la colonie avec une régularité et un courage au-dessus de tout éloge, ne deviennent guère sa proie, tandis que dans l'Inde, si l'on en croit les journaux anglais, vingt facteurs, encore de nos jours, auraient été successivement dévorés à un certain passage des Ghattes occidentales. Au début de la conquête, c'était tout différent : plusieurs de nos soldats furent saisis aux environs de Saigon, et le cruel animal entrait souvent dans les villages indigènes pour enlever un homme ou une femme. Aujourd'hui son cri de chasse, *cop*, *cop* (d'où lui est venu son nom annamite), se fait encore entendre la nuit dans les environs immédiats de nos forts de l'est, à Bariah, à Bienhoa, à Tayninh. Dans cette dernière ville en particulier, je l'ai souvent entendu très distinctement de ma case, et j'ai plus d'une fois relevé ses traces à quelque distance du poste.

L'émotion paralysante que fait éprouver l'approche d'un tel ennemi est un fait assez fréquent. On m'a raconté l'histoire d'un indigène touché par un tigre qui se jetait sur son camarade ; cet indigène n'avait aucune blessure ; mais il mourut le soir même, dans un état de délire complet. Un soldat français ayant vu, dans une promenade poussée trop loin dans les bois, son sergent dévoré sous ses yeux, rentra dans un véritable état d'égarement, et ne redevint jamais absolument maître de son intelligence.

On prétend que le tigre qui habite les provinces marécageuses de l'Ouest est plus petit de taille ; les colons français le considèrent, à tort selon moi, comme une espèce particulière.

Le caractère du tigre de Cochinchine est, du reste, bien celui que de temps immémorial on a reconnu à ce grand félin : une prudence excessive, unie à une force terrible et à un grand besoin de sang.

Il est, dit-on, fort rare qu'il attaque par devant une proie quelconque; et, d'après les Cambodgiens, on ne doit jamais tirer sur lui un coup de feu que lorsqu'il a passé : en effet, à ce moment, il ne se retourne pas sur son ennemi, alors même qu'il est blessé.

(Dr Morice, *Voyage en Cochinchine.*)

Malgré la force prodigieuse du tigre, les Annamites ont le courage de l'attaquer directement à l'arme blanche.

Dès qu'un tigre a enlevé quelqu'un dans une localité, tous les hommes accourent des environs au son du tam-tam pour se mettre aux ordres d'un chasseur renommé et traquer l'animal.

Comme d'ordinaire, le tigre se couche toujours près de l'endroit où il a laissé les restes de son repas; lorsqu'on trouve ceux-ci, on est presque sûr que « le seigneur » n'est pas loin. Ce titre ou celui de « grand-père » est toujours employé pour désigner l'animal, qui a l'ouïe fine et prendrait en mauvaise part une qualification moins respectueuse.

Lorsque l'on a découvert le gîte du tigre, tous les chasseurs qui s'avançaient en groupe se forment en un cercle aussi grand que le comporte le nombre d'hommes présents, qui s'espacent de façon à ne pas se gêner mutuellement dans leurs mouvements. Cela terminé, le chef s'assure si la fuite est impossible à l'animal; quelques-uns des plus braves pénètrent dans l'intérieur du cercle, et, sous la protection d'autres individus armés de piques, coupent les broussailles autour d'eux.

Le tigre, pressé de tous côtés, se retire lâchement dans les broussailles qui n'ont pu être coupées. Roulant ses yeux sanglants autour de lui, et léchant ses pattes d'une

Tigre royal

manière agitée, comme pour se préparer à la lutte, il pousse un effroyable hurlement et prend son élan; mais aussitôt les hallebardes sont relevées, et l'animal, percé de coups, tombe sur le terrain, où on l'achève. Parfois, cependant, des accidents ont lieu dans ces sortes de chasses, et plusieurs hommes sont mis hors de combat; mais les armes à feu étant prohibées dans le pays, l'Annamite est forcé d'avoir recours à sa pique, car la nécessité l'oblige à poursuivre partout « le grand-père », qui ne lui laisse pas de repos, force les clôtures et enlève très souvent des animaux et même des hommes, non seulement sur les chemins et à la porte des maisons, mais jusque dans l'intérieur des habitations.

(MOUHOT, *Voyage dans les royaumes de Siam, de Cambodge, de Laos, etc.*)

Ces braves Annamites ont certes plus de mérite que les paresseux affûtiers qui tuent sans risque le redoutable félin.

Les chikaris* viennent nous prévenir de nous tenir prêts pour le soir. A trois heures, le sowari* de chasse passe devant notre camp; le Rajah, monté sur un superbe éléphant, fume son houka* qu'un jeune page porte à ses côtés; tout autour se pressent nobles, soldats et suivants de toute sorte. Montant sur notre éléphant, nous rejoignons la troupe et bientôt nous gravissons de compagnie la montagne.

Le cortège du roi se déroule pittoresquement sur le flanc de la montagne; en tête l'éléphant du roi, entouré d'un groupe de serviteurs élevant des parasols, des chasse-mouches en queues de yak, puis la longue ligne des éléphants avec leur haodah* de chasse et leur harnachement bariolé, derrière lesquels viennent les piétons et les cavaliers conduisant par la bride leurs chevaux, qui vont sautant comme des chèvres de roc en roc.

Bientôt nous atteignons un beau plateau, couvert d'une épaisse végétation; de tous côtés se dressent de hauts pitons arrondis, entre lesquels on aperçoit à quelque mille pieds de profondeur la belle vallée de la Sône.

Continuant notre marche à travers le plateau, nous faisons halte au pied d'un des cônes qui nous entourent; le cortège s'arrête, laissant les chasseurs gagner seuls à pied l'houdi. Après une montée pénible, sur ces talus couverts de broussailles et de jeunes arbres, nous atteignons le sommet; c'est un vaste entonnoir tapissé de verdure, dont le fond est rempli par un petit étang. Ne serait-ce pas un ancien cratère? Nous descendons dans le plus profond silence jusqu'au bord de l'eau et atteignons l'houdi.

Le lac, sur les bords duquel il se dresse, est le seul point de la montagne où les animaux trouvent de l'eau; c'est donc le rendez-vous des hôtes de la forêt, et les tigres y sont attirés par le double attrait de l'eau et d'une proie abondante. Quand l'un d'eux a été signalé, on le laisse jouir en maître de cet Éden, jusqu'au jour où il devient l'objet d'une expédition semblable à celle que nous faisons.

L'houdi est ici plus perfectionné encore que dans le Meywar; c'est une véritable petite habitation, renfermant une chambre et surmontée d'une terrasse. Les murs sont crénelés et leurs meurtrières commandent en plein l'emplacement où les animaux sont forcés de venir boire, le reste du lac étant entouré d'une petite muraille qui en défend l'accès.

Dans la chambre principale de l'houdi, nous trouvons une table, des chaises, et une corbeille contenant une collation et quelques flacons de Moselle, qui doivent nous permettre d'attendre patiemment l'arrivée du seigneur tigre; il est cependant strictement défendu de parler haut et de fumer. Un véritable arsenal de carabines, rangées le long du mur, est destiné à notre usage et à celui du roi et des quelques nobles qui l'ont suivi.

L'obscurité envahit la petite vallée; les heures se passent et il est plus de minuit, rien n'a encore bougé; mais vers une heure la forêt paraît s'animer; bientôt arrivent quelques sangliers, puis des daims; un peu plus tard, un cerf samber vient se camper superbement à trente mètres de nous, reflétant sa belle tête couronnée de magnifiques andouillers sur le miroir du lac, éclairé par mille étoiles. Mais toutes ces tentations ne nous font pas oublier le tigre que nous attendons.

Comme toujours dans ces chasses de nuit, les instants les plus intéressants sont ceux de l'attente, alors que le chasseur désarmé momentanément voit se dérouler devant lui toute la vie nocturne de la forêt. Lorsque le tigre apparaît, il y a encore un instant d'émotion; puis la malheureuse bête, fatalement condamnée, s'avance presque sans défiance; une décharge part du houdi, et le tigre s'affaisse avec un rugissement, le corps criblé de balles. Ce dernier acte, qui paraît le principal, n'est pas le plus beau; et pour ma part, j'ai toujours éprouvé un certain remords à participer à l'assassinat d'un tigre, à huit, derrière un mur de deux pieds.

On me réserva cette fois l'honneur de tirer le premier sur le tigre. J'attendis que l'animal ne fût plus qu'à une vingtaine de mètres de l'houdi. Ma première balle lui fit faire un bond prodigieux; au moment où il retombait à terre, je visai pour la seconde fois; mais une décharge générale m'empêcha de juger de l'effet de mon coup et étendit le tigre mort sur les rochers.

Au bruit des coups de feu, les gens de la suite arrivent, apportant des torches; le corps du tigre est placé sur un brancard, et, remontant sur nos éléphants, nous reprenons la route de Govindgurh. A quatre heures du matin, nous sommes dans notre tente, après une course effrayante sur le dos de nos éléphants, culbutant à la clarté des torches au milieu du chaos de rochers dont j'ai parlé. C'est un vrai miracle qu'aucun accident ne soit arrivé, car j'ai idée que pendant que nous sablions le Moselle dans l'houdi, les gens du roi fêtaient le vin nouveau de mhowah.

(L. Rousselet, *L'Inde des Rajahs.*)

On prend presque partout le tigre dans des pièges, où sa gloutonnerie le fait aisément donner. Ici, cc sont de véritables ratières gigantesques; là, des fosses recouvertes de branchages légers.

Quant au seigneur tigre, j'ai déjà dit la profonde terreur qu'il inspire aux indigènes; aussi sont-ils bien peu nombreux les hommes intrépides qui osent s'aventurer seuls la nuit, et avec des intentions hostiles, dans les formidables repaires où, comme l'a dit un poète :

.... Le tigre royal, fier habitant des jungles,
Se roule sur le dos et dilate ses ongles.

Il y a cependant à Java des chasseurs de bêtes féroces qui s'attaquent au tigre de différentes manières connues en Europe. Mais la manière de prendre un tigre vivant est plus ignorée et mérite une mention spéciale.

Quand on a reconnu les parages où l'animal fait habituellement ses promenades nocturnes, on y choisit une petite éclaircie de terrain cachée par des buissons. On creuse alors une fosse de trois mètres carrés de surface sur quatre à cinq mètres de profondeur environ, et on y jette un animal vivant, un chien ou une chèvre par exemple : on recouvre le tout d'un mince treillage de lattes légères sur lequel on simule, avec autant de perfection que possible, un terrain vierge. A la tombée de la nuit, les chasseurs se retirent aux environs et guettent en silence, certains que tant qu'ils entendront crier l'appât il n'y aura point de tigre pris. Cependant la bête fauve, attirée d'abord par les cris, et ensuite alléchée par l'odeur, s'approche de son pas silencieux et allongé, flaire et fouille dans les buissons, cherchant le meilleur endroit pour s'élancer sur la place où elle pense que se trouve la proie invisible : tout à coup le tigre s'arrête, recule de quelques pas, prend son élan, et d'un bond va rouler au fond de la fosse, en entraînant avec lui le terrain mobile. Presque immédiatement après la chute du tigre, la bête mise en appât est morte d'effroi. Après quelques bonds furieux, rendus impuissants par le manque d'espace, le tigre se résigne et se couche, la tête posée sur ses pattes de devant, et les yeux levés vers le haut de la fosse. On peut alors le fusiller sans qu'il fasse un seul mouvement. Mais si on veut le prendre et l'emmener vivant, on descend dans la fosse une cage moins haute et de fort peu plus étroite qu'elle, faite en bambou, fermée par le haut et ouverte par le bas ; puis on comble le trou petit à petit, avec la terre qu'on en avait retirée et qu'on avait eu soin de cacher à peu de distance de là sous des feuillages. Impatienté par cette pluie de terre, le tigre renonce à son immobilité ; il se lève, piétine la terre fraîchement jetée, et au fur et à mesure que le niveau s'élève, le tigre remonte avec lui, emportant sur son dos la cage qui le tient captif. Lorsque prison et prisonnier sont presque sortis de terre, on adapte des brancards à la cage et on la met au niveau du sol, en achevant de combler la fosse. Alors, si l'animal est très redoutable, on lui glisse un plancher sous les pieds et on l'emporte ; sinon, on se contente de le faire voyager en poussant sa prison mobile et en se bornant à la poser par terre chaque fois qu'il manifeste quelques velléités de révolte ; tout élan lui étant impossible, aucune évasion n'est à redouter, d'autant plus, comme nous l'avons déjà dit, que le tigre a horreur du contact du bambou, dont l'écorce vernissée agace ses terribles griffes. (De MOLINS, *Voyage à Java.*)

Crocodile.

Les crocodiles d'Asie se conduisent absolument comme leur cousins africains, dont ils ont la taille, la force et l'excellent appetit. Le gavial du Gange fait seul exception, et se montre assez inoffensif.

Ils traitent tout aussi volontiers que le tigre des populations entières comme un simple gibier.

Des poules d'eau, au plumage pourpre ou indigo, couraient prestement sur les feuilles de lotus.

J'abattis quelques-unes de ces dernières et j'eusse tenu à les conserver; mais chaque fois, avant que nous pussions assez approcher, l'oiseau disparaissait subitement, attiré en dessous par une force invisible. Les mystérieux voleurs de gibier n'étaient autres que les crocodiles, qui pullulent dans ces eaux, mais qui, effrayés par les détonations de nos armes, se cachaient prudemment sous la surface.

Vers le soir, nous eûmes une preuve de l'abondance de ces sauriens dans les canaux des Sunderbunds. Le patron de notre barque vint jeter l'ancre pour la nuit auprès d'un misérable amas de huttes, où les hommes de l'équipage descendirent pour faire cuire leur repas. A côté du débarcadère*, je remarquai une estacade * formée de gros pieux, s'avançant dans l'eau et entourant complètement une sorte d'abreuvoir. Le patron m'expliqua que les indigènes étaient obligés de se retrancher derrière cette fortification lorsqu'ils avaient à puiser de l'eau ou à laver leurs vêtements s'ils ne voulaient être enlevés par les crocodiles. Cependant, m'assura-t-il, ces rusés animaux savent même déjouer ces précautions : ils pénètrent par la rive dans l'intérieur de l'estacade, se blottissent sous les eaux et attendent patiemment qu'une femme ou un enfant s'approche d'eux; ils bondissent alors sur leur proie, la saisissent, et se hâtent de regagner le fleuve avec elle. Il ne se passe pas d'année sans que les villages aient à payer un sangiant tribu à ces féroces animaux.

Les crocodiles ne sont pas les seuls ennemis auxquels les habitants des Sunderbunds aient à disputer leur misérable existence. Les jungles qui les environnent de toute part regorgent d'animaux féroces de toute espèce, mais les tigres y sont surtout en nombre prodigieux. Ces animaux nagent facilement d'une île à l'autre et viennent quelquefois attaquer en corps les villageois, qui sont obligés d'entourer leurs demeures de palissades et de soutenir un véritable siège.

On a vu, vers 1862, une troupe de tigres attaquer et

dévorer complètement les malheureux employés de la stration télégraphique située à la pointe de l'île de Saugor.

Les indigènes font, du reste, une guerre à outrance aux félins. Ils se servent en général de fosses remplies de piques en bois durci et aussi de pièges très ingénieux, d'une forme toute parculière. Pour cela, ils choisissent un jeune arbre fort et flexible, qu'ils recourbent en forme d'arc, en assujettissant le faîte, au moyen d'une corde, à un pieu planté dans le sol. Cette corde supporte l'appât, qui est disposé de telle sorte que le tigre ne puisse y toucher qu'en s'engageant la tête ou la patte dans un nœud coulant. Au moindre mouvement que fait l'animal une fois pris, le nœud coulant se serre, la corde attachée au pieu se déroule, et l'arbre, remis en liberté, se relève brusquement, enlevant avec lui le tigre, qui reste piteusement suspendu en l'air. Afin d'éviter qu'il puisse se dégager, une sorte de rouleau en bois durci est disposé de telle façon que, au moment où l'arbre se détend, il vient glisser le long de la corde et frapper brusquement la partie de l'animal engagée dans le nœud coulant. Depuis que les Anglais essayent de développer la culture du riz dans les Sunderbunds, ils ont fourni aux indigènes de la strychnine, et une grande quantité de tigres ont péri par le poison. Leur nombre n'est cependant encore qu'à peine entamé, car pendant la nuit nous entendons de tous côtés s'élever autour de nous un concert de rauques hurlements. (L. Rousselet, *L'Inde des Rajahs.*)

M. Mouhot a été témoin d'un terrible jeu de singes, s'amusant, non sans péril, du mauvais caractère du crocodile.

Les crocodiles sont plus nombreux dans le fleuve de Paknam-Ven que dans celui de Chantaboun. Continuellement je les voyais ou les entendais s'élançant de la rive dans l'eau, et il arrive assez fréquemment que des pêcheurs endormis près de la rivière ont été dévorés par eux

Singes jouant avec un crocodile.

ou sont morts des blessures qu'ils en ont reçues. Ce dernier cas s'est renouvelé deux fois depuis mon séjour dans la province de Chantaboun ; mais une chose amusante, pour l'homme qui se plaît à étudier les mœurs intéressantes de toutes les créatures dont Dieu a parsemé la surface du globe, et que nous eûmes le plaisir d'observer à Ven-Ven, c'est la manière dont ces amphibies attrapent les singes qu'une malicieuse fantaisie pousse à les taquiner. Au bord du rivage, le crocodile, le corps enfoncé dans l'eau, ne laisse dépasser que sa gueule grande ouverte, afin de saisir tout ce qui passera à sa portée. Une troupe de singes vient-elle à l'apercevoir, ils semblent se concerter, s'approchent peu à peu et commencent leur jeu, tour à tour acteurs et spectateurs. Un des plus agiles ou des plus imprudents arrive de branche en branche jusqu'à une distance respectueuse du crocodile, se suspend par une patte et, avec la dextérité de sa race, s'avance, se retire, tantôt allongeant un coup de patte à son adversaire, tantôt feignant seulement de le frapper. D'autres, amusés du jeu, veulent se mettre de la partie ; mais, les autres branches étant trop élevés, ils forment la chaîne en se tenant les uns et les autres suspendus par les pattes; ils se balancent ainsi, tandis que celui qui se trouve le plus rapproché de l'animal amphibie le tourmente de son mieux. Parfois la terrible mâchoire se referme, mais sans saisir l'audacieux singe : ce sont alors des cris de joie et des gambades; mais parfois aussi une patte est saisie dans l'étau et le voltigeur entraîné sous les eaux avec la promptitude de l'éclair. Toute la troupe se disperse alors en poussant des cris et des gémissements; ce qui ne les empêche pas de recommencer le même jeu quelques jours, peut-être même quelques heures après.

(H. Mouhot, *Voyage dans les royaumes de Siam, de Cambodge, de Laos, etc.*)

Par un juste retour des choses d'ici-bas, ce grand dévoreur d'hommes devient à son tour, en Cochinchine, un animal de boucherie.

Parmi les particularités que renferme Cholen, il faut citer avant tout ses parcs de crocodiles. Figurez-vous une barrière de quelques lourds et longs pieux qui entourent quelque vingt mètres carrés sur la berge de la rivière; dans cette boue, que les grandes marées inondent régulièrement, grouillent cent à deux cents crocodiles. La viande se débite à côté. Lorsqu'on éprouve le besoin de sacrifier un des monstres, on soulève deux pieux, on jette un nœud coulant autour du cou du plus gros de la bande et on le tire au dehors; puis on lui amarre la queue le long du corps, on lui serre les pattes et on les relève sur le dos en les attachant avec du rotin; un autre bout de rotin tient fermées les mâchoires, et telle est la solidité de ces liens végétaux, que malgré sa force prodigieuse l'énorme saurien ne peut se débattre et se laisse sacrifier sans se venger. Quant à sa chair, bien qu'un peu coriace, il paraît qu'elle a sa valeur et n'est pas imprégnée de cette odeur de musc que tant de voyageurs s'accordent à lui donner. C'est une viande très bien reçue sur les tables annamites. (Morice, *Voyage en Cochinchine.*)

Serpents.

Les reptiles sont extraordinairement nombreux dans toutes les contrées chaudes; les serpents y atteignent de grandes tailles, et certains d'entre eux possèdent un venin qui tue presque instantanément l'homme. Il périt ainsi dans l'Inde anglaise, chaque année, des milliers de personnes.

Quand je dis que pendant tout ce mois les distractions nous manquèrent, j'oublie celles que nous fournissaient les hôtes qui partageaient avec nous l'abri hospitalier du Mouti Bungalow. Ces hôtes n'étaient autres que des milliers de reptiles et d'insectes qui, chassés des jardins par la pluie, avaient cherché un refuge dans la toiture e t dan le sous-sol de notre demeure. Leur présence n'était pas sans nous occasionner quelque désagrément; mais les chasses continuelles que nous avions à leur livrer rompaient un peu la monotonie du temps, et certes un naturaliste enthousiaste l'eût considérée comme une bonne fortune.

Je doute que le palais des reptiles de notre Jardin des Plantes puisse jamais offrir une collection plus variée et plus intéressante.

Tout d'abord, nos appartements fourmillaient de lézards et de caméléons grands et petits, se promenant impudemment sur les murs et les plafonds. Soulevait-on une natte, un tapis, on était sûr de trouver des légions de scorpions de toute taille et de toute couleur, de scolopendres, de centipèdes aux mille pointes venimeuses et d'araignées noires et velues, d'une dimension fort respectable. Quant aux serpents, il ne se passait pas de jour sans que nous n'en découvrissions quelques-uns : cobras noires, whip-snakes ou serpents-fouets, goulabis et autres espèces rares. Nous eussions pu rapidement remplir toute une collection de bocaux, si l'esprit-de-vin ne nous eût manqué.

Parmi ces reptiles, il en est deux surtout qui nous causèrent une assez forte émotion. Le premier n'était autre que le *bis-cobra*, hideux lézard de grande taille, hérissé de pointes, dont la langue, divisée à l'extrémité en deux dards cornés, passe pour distiller un poison extrêmement actif, ce qui a valu à l'animal son terrible surnom indien, signifiant vingt cobras. Cet être hideux s'était retranché sous mon lit et refusait obstinément d'en sortir; je dus l'y tuer d'un coup de fusil.

Le second visiteur importun fut un superbe python indien, que nous découvrîmes tapi dans le sous-sol d'un petit cabinet. Il accueillit notre arrivée par des sifflements et des bonds d'une telle puissance, que nous prîmes la fuite. Pour le déloger de là, nous dûmes lui administrer une douche d'eau chaude. Il sortit alors par un trou de la muraille et essaya de gagner la plaine ; mais là quelques coups de gaule en eurent promptement raison. C'était une superbe bête, à la robe d'un vert bleuâtre, marquée de ces anneaux réguliers qui lui ont valu son nom de python tigré. Il ne mesurait pas moins de quatre mètres vingt-cinq centimètres, et avait la grosseur du bras. Ce boa est le plus grand serpent de l'Inde ; il atteint quelquefois cinq et six mètres de longueur. Il passe les mois de décembre et de janvier dans une sorte de torpeur, tapi sous les herbes. En mai, il change sa robe. Il se nourrit principalement de rats et de petits animaux.

Chose digne de remarque, malgré l'abondance de tous ces reptiles dangereux, aucun de nous ne fut piqué, même légèrement. (ROUSSELET, *L'Inde des Rajahs*.)

Voici quelques détails intéressants sur le plus redoutable des serpents venimeux de ces contrées, le *serpent à lunettes*, le *cobra capello*, qui doit ses noms à l'élargissement de son cou et aux dessins qui y sont tracés.

A cette époque m'arriva une aventure qui aurait pu me coûter cher, et que je raconte en détail pour montrer certain danger que l'on peut courir en Cochinchine. Le 20 juin 1873, je faisais la sieste, lorsque des ouvriers qui réparaient le fort trouvèrent, en descellant une vieille pierre branlante, un serpent d'une assez forte taille, enroulé sur lui-même à côté d'un paquet d'œufs agglomérés. Comme tout le monde connaissait ma passion pour ces intéressants animaux, on vint me prévenir immédiatement. J'arrivai armé d'un bâton et d'une longue pince. L'animal aurait certainement pu s'enfuir : la présence de ses œufs l'en empêcha sans doute. Je le trouvai blotti dans un coin du trou, ne laissant guère voir que sa tête de couleur foncée et sur laquelle je pus distinguer de grandes plaques.

Appuyer mon bâton sur son cou, substituer ma pince, puis ma main droite au bâton, fut l'affaire d'un instant. Je n'eus pas trop de mes deux mains pour le contenir, et je l'emportai, au grand effroi des coulies* chinois qui travaillaient près de là et qui me firent place avec empressement. Pendant mon trajet de quelques minutes, l'animal me lança au front, d'une distance de deux pieds environ, un jet de liquide qui ne me fit éprouver aucune sensation désagréable. De plus, je frôlai contre sa gueule entr'ouverte mon index gauche, qui se mit à saigner immédiatement. Arrivé chez moi, je déposai le reptile avec ses œufs dans une caisse remplie de paille, que je fis clouer et que j'isolai du sol par des vases pleins d'eau, à cause des fourmis. Alors seulement je me lavai le visage et suçai ma plaie avec soin; j'étais cependant persuadé que je n'avais pas affaire à un serpent venimeux. Le lendemain, du reste, la petite plaie était complètement fermée. Je ne m'occupai plus de mon prisonnier, auquel j'avais ménagé des trous avec une vrille, afin qu'il pût respirer, lorsque, le 30 du même mois, je trouvai, le soir, dans ma chambre, successivement quatre petits serpents que je pris à la main, malgré les sifflements irrités de deux d'entre eux. Je les mis dans un bocal en verre. Le lendemain matin, voulant les examiner, je fus étonné du phénomène suivant : trois de ces animaux se dressaient contre la paroi transparente ; immédiatement après leur tête, le cou se dilatait latéralement en devenant excessivement mince, et sur ce cou ainsi élargi j'aperçus le V caractéristique. C'étaient des serpents à lunettes, des najas ou *cobra capello!*

Je me hâtai de faire à la caisse qui renfermait les autres petits ou œufs un certain nombre de trous plus grands que les premiers, et par ces ouvertures je fis brûler des mèches soufrées; puis j'ouvris. Je trouvai dix-huit petits et la mère axphyxiés, plus quatre œufs qui n'étaient pas encore éclos. Maintenant ces œufs avaient-ils été couvés? Ce serait un fait nouveau, car on ne connaît guère que les grands serpents, les pythons et les boas, qui couvent leurs œufs.

En tout cas il est intéressant que cet animal n'ait pas voulu quitter les siens. Sur les petits éclos il n'y avait qu'une femelle, et la plupart avaient déjà une fois changé

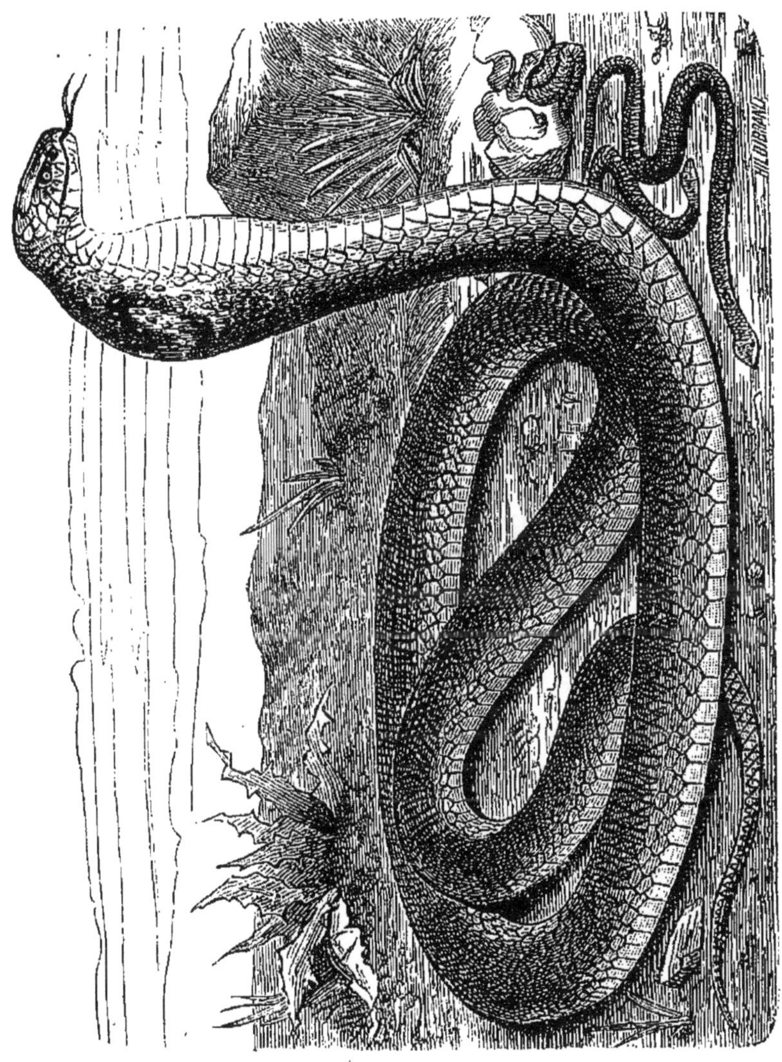

Serpent à lunettes.

de peau ; ils étaient longs de trente et un centimètres et leurs crochets étaient très visibles. Quant aux œufs, ils étaient de forme ovale, leur coque était parcheminée, et ils mesuraient cinq centimètres de long.

Je me suis appesanti sur ces détails, car une aventure pareille n'est pas, que je sache, arrivée à bien des gens.

Ces animaux ont un caractère irritable et sont très nombreux dans la colonie, où les Annamites les prennent fréquemment avec un nœud coulant en rotin disposé au bout d'une longue baguette. Dans notre Cochinchine ils ne font jamais mourir personne, tandis que chez nos voisins, dans l'Inde anglaise, on enregistre chaque année plusieurs milliers de morts de leur fait. Je livre sans aucun commentaire ce fait singulier à l'appréciation des savants spéciaux; je ne me l'explique pas moi-même, mais il est très facile de s'assurer de son exactitude.

(MORICE, *Voyage en Cochinchine.*)

Ce terrible serpent à lunettes, qui fait la terreur des Indiens et des Européens, est cependant le jouet favori des *charmeurs de serpents.*

Pendant notre séjour au bungalow* de Saugor, nous recevons la visite de deux *sâpwallahs*, charmeurs de serpents, qui font le commerce de reptiles. Ils nous offrent entre autres espèces rares le *goulâbi* ou serpent des roses, dont la robe est diaprée de teintes de corail, et un autre dont la tête et la queue se ressemblent au point qu'on ne les distingue que difficilement. Ne trouvant pas de cobra-capello dans leur collection, je leur en fais la remarque. « A quoi bon nous encombrer, me répondent-ils, d'un serpent que nous pouvons nous procurer dès qu'on nous le demande? En désirez-vous un? La cour même de votre bungalow va nous le fournir. »

Ma curiosité était piquée, et je les mis au défi de me trouver un serpent dans un espace de temps aussi court qu'ils paraissaient le supposer. Aussitôt l'un des sâpwallahs se dépouille de ses vêtements, à l'exception du langousti, et, saisissant son *toumril* (flûte des charmeurs), il m'invite à le suivre. Arrivé derrière le bungalow, où s'étend un terrain couvert de ronces et de pierres, il embouche son instrument et lui fait rendre des sons perçants

Charmeur de serpents.

entrecoupés de modulations plus douces; le corps tendu en avant, il scrute chaque herbe, chaque buisson. Au bout d'un instant, il m'indique un point du regard; j'y porte les yeux et je vois une tête de serpent sortir de dessous une pierre. Rapide comme l'éclair, le charmeur laisse tomber son instrument, et saisissant avec une inconcevable adresse le reptile, le lance en l'air, et le saisit par la queue au moment où il retombe à terre. Après examen, il se trouve n'être qu'une inoffensive couleuvre. Le sâpwallah continue sa recherche; bientôt même mimique, en moins d'une seconde le toumril tombe, le reptile vole en l'air, retombe et, avec un flegme triomphant, l'Indien me présente par la queue une effrayante cobra noire de plus d'un mètre de long. Le hideux reptile se débat, mais, d'un mouvement rapide, le charmeur lui a saisi le derrière de la tête et, ouvrant la gueule, me montre ces terribles crochets qui distillent la mort. C'est une preuve qu'il n'y a pas eu supercherie, car les serpents que transportent les charmeurs sont toujours édentés. Prenant alors une petite pince, notre homme arrache avec soin chaque crochet, et met ainsi l'animal hors d'état de nuire. Cependant, soit accident, soit bravade, il s'est piqué légèrement et le sang coule sur un de ses doigts; sans s'émouvoir, il suce fortement la plaie et y applique une petite pierre noire poreuse* qu'il m'offre comme un antidote* sûr contre les morsures de cobra. Je lui en achetai un morceau, mais, après analyse, je découvris que cette pierre n'était qu'un os calciné, d'une texture très fine.

Après cette chasse à la cobra, les sâpwallahs nous font passer en revue tous les tours qu'ils exécutent avec des serpents. Il en est un qui offre une ressemblance frappante avec le fameux miracle de Moïse devant le Pharaon. Le jongleur, ne conservant pour tout vêtement que son langousti, choisit un serpent d'espèce inoffensive et le place ostensiblement dans un panier, qu'il recouvre d'une couverture. Il se relève en agitant les bras en l'air et en chantonnant quelques paroles cabalistiques* que son compagnon accompagne sur un tambourin. Soudain il s'arme d'une baguette flexible, la fait tourner quelques instants autour de sa tête et la lance brusquement à nos pieds, où elle arrive sous la forme d'un serpent. Malgré l'attention la plus soutenue, il me fut impossible, à deux reprises différentes, de saisir le moment où la baguette est échangée contre le serpent. Le tour est si prestement fait, que des gens crédules jureraient que la transformation a été véritable.

Voici l'explication la plus plausible de ce tour. Le charmeur, faisant semblant de placer le serpent sous la couverture, le glisse dans les plis de son langousti, où le reptile, préalablement dressé, s'enroule et reste parfaitement immobile. Il ne s'agit plus alors que d'opérer sous les yeux du spectateur la substitution du serpent à la baguette. D'un seul geste, le jongleur doit rejeter en arrière la baguette que ramasse son compagnon et envoyer en avant le reptile enroulé autour de ses reins. Ceci ne doit pas réclamer une adresse plus surprenante que celle que le sâpwallah déploie dans la chasse à la cobra, où il a à saisir, avec la promptitude de l'éclair, la tête du reptile, offrant une prise de quelques centimètres seulement en dehors de son trou.

Les deux charmeurs auxquels j'avais affaire n'étaient pas des gens ordinaires et jouissaient parmi les indigènes d'une grande vénération; cependant deux roupies* leur parurent un magnifique salaire pour cette séance de plus de deux heures.

(L. ROUSSELET, *L'Inde des Rajahs.*)

ASIE TEMPÉRÉE ET FROIDE

Au nord, les régions chaudes dont nous venons d'étudier quelques animaux, sont bornées par de hautes montagnes, qui les séparent de plateaux élevés où les conditions du climat changent immédiatement. Plus au nord encore sont les steppes, brûlantes pendant un court été, puis glacées, de la Sibérie. A l'occident, les régions relativement tempérées de la Perse.

Sur ces montagnes, dans ces plaines, vit une population animale très différente de celle dont nous venons de nous occuper. Cependant le tigre remonte au nord jusqu'aux monts Alataus en Sibérie. Les ours, les loups, y sont nombreux. Dans les vastes plaines paissent des troupeaux de diverses espèces voisines du cheval. Les chevaux domestiques eux-mêmes y errent en quasi-liberté, jusqu'à ce que leurs propriétaires viennent les capturer.

Dans les montagnes, on chasse les moutons et les chèvres sauvages, et, dans le massif de l'Himalaya, le yak, sorte de bœuf qu'on a domestiqué. Tout à fait au nord, on retrouve la faune des contrées polaires et les attelages de rennes et de chiens.

Yak.

Le yak est un bœuf sauvage de l'Himalaya, que caractérisent surtout les longs poils dont il est couvert. C'est de sa queue poilue que les chefs orientaux ornent leur étendard.

Malgré leur aridité et leur âpre climat, les déserts du Tibet sont peuplés par un grand nombre d'animaux sur lesquels la raréfaction* de l'air n'exerce aucune action. C'est là qu'on rencontre le yak sauvage, l'argali, le mouflon à poitrine blanche, des antilopes, des ânes sauvages, des loups blanc-jaunâtre, des ours, des renards, des lièvres, des marmottes, deux espèces de lièvres nains, et le chat *manul*.

Le yak sauvage est un magnifique animal d'une stature et d'une beauté imposantes. Le mâle atteint onze pieds de long, sans compter la queue, qui est garnie de poils ondoyants et a trois pieds. Sa hauteur jusqu'à la bosse du garrot* est de six pieds, son poids de trente-cinq à quarante ponds (cinq cent soixante à six cent quarante kilogrammes). Tout le corps est couvert d'une laine épaisse, dure et noire, qui est à peu près de couleur brune à la partie supérieure des flancs et sur le dos des mâles âgés. Sur le mufle, la laine devient grise. La robe des jeunes individus est d'un poil plus doux, et rayée, dans le sens de la longueur, d'une seule bande argentée qui court le long du dos. Chez les jeunes, l'extrémité des cornes est tournée en arrière; avec l'âge, elle se recourbe en dedans, et leur base se recouvre d'un épiderme épais d'un gris sale.

La chasse du yak sauvage est aussi attrayante que dangereuse; lorsque l'animal est blessé, il se précipite sur le chasseur. Le plus grand sang-froid est nécessaire : la balle de la meilleure carabine ne brise pas toujours la boîte crânienne et n'atteint pas le cerveau, dont le volume est du reste insignifiant comparé à celui de la tête, qui est énorme. Le coup dirigé en plein corps est rarement mortel; le chasseur peut donc viser juste et n'être pas sûr de tuer et surtout de sortir victorieux de la lutte. Ce qui vient à son aide, c'est la stupidité et l'irrésolution de l'animal. Si le buffle était plus intelligent, sa chasse présenterait autant de danger que celle du tigre. Le nombre des balles seul vient à bout de lui : aussi est-il indispensable d'être armé d'une carabine à plusieurs coups. Nous ne parlons ici que des vieux taureaux, car les autres se sauvent au premier coup de feu sans engager le combat.

Il arrive pourtant qu'un taureau blessé prend la fuite; il faut alors le faire poursuivre par les chiens, qui le saisissent par la queue et le forcent à s'arrêter. Fou de rage, le yak se jette sur les chiens et ne s'inquiète plus du chasseur.

Avec un bon cheval il est encore plus facile et moins dangereux d'attaquer un taureau isolé et même un troupeau entier; mais nos deux chevaux, exténués par le jeûne, pouvaient à peine se soutenir, et nous dûmes renoncer à ce plaisir.

Heureusement nous pûmes chasser à pied avec mes compagnons autant que nous le désirions. Armés de carabines à plusieurs coups, nous partions de grand matin et suivions les buffles à la piste. Il n'est pas difficile de distinguer à l'œil nu, à une distance de plusieurs verstes*, la grosse masse noire de l'animal couché; il est vrai qu'on peut se tromper et le confondre avec un bloc de rocher. Du reste, à partir de la rivière Chouya et surtout dans le Baïan-Kara-Oula et sur les rives de la Mour-Ousou, ces bêtes devinrent si nombreuses, qu'à peu de distance de notre tente on voyait continuellement des individus isolés, ou même des troupeaux qui paissaient tranquillement.

En somme, il est plus aisé de s'approcher du yak à portée de fusil que de tout autre animal sauvage. Généralement on peut arriver jusqu'à trois cents pas. Les taureaux laissent venir le chasseur jusqu'à cette distance, même lorsqu'ils l'ont remarqué de loin : ils se contentent de le fixer très attentivement, en secouant leur énorme queue ou en la rejetant sur le dos; c'est ainsi que, sauvages ou domestiques, les yaks manifestent leur colère quand on interrompt leur repos.

Si le chasseur continue à s'avancer, l'animal fuit et fait halte de temps en temps pour le regarder. S'il est effrayé ou blessé par le coup de feu, il court pendant plusieurs heures de suite.

Dans les montagnes, en profitant du vent, on arrive à s'approcher du yak jusqu'à cinquante pas. Quand un yak était immobile dans un endroit découvert et que je désirais arriver très près de lui, j'employais le moyen suivant. Je me mettais à genoux, tenant au-dessus de ma tête ma carabine, qui, avec sa fourchette, formait des

Chasse au yak.

espèces de cornes. Comme à la chasse j'étais toujours vêtu d'une jaquette sibérienne en peau de cerf et le poil en dehors, ce vêtement aidait encore à faire illusion à l'animal, qui me laissait arriver jusqu'à deux cents et même à cent cinquante pas.

A cette distance je posais ma carabine sur sa fourchette, je retirais à la hâte mes cartouches, que je plaçais sur ma casquette, à terre, devant moi, et, à genoux, j'envoyais mes balles à leur adresse. L'animal à la première détonation se sauvait; alors je l'accompagnais de coups de feu jusqu'à six cents pas et plus. Si c'était un vieux taureau, le plus souvent, au lieu de fuir, il se précipitait sur moi les cornes en avant, la queue sur le dos. C'est alors que se révélait la stupidité du yak; car, au lieu de continuer vigoureusement sa charge ou de se décider à battre en retraite, il s'arrêtait après quelques bonds en remuant la queue; il recevait alors une nouvelle balle, se jetait de nouveau en avant, puis s'arrêtait, et la même scène se renouvelait jusqu'à ce qu'il tombât frappé mortellement après avoir été atteint par dix balles et souvent plus; pendant tout cet intervalle il ne s'était pas approché de moi de plus de cent pas. Quelquefois aussi, après deux ou trois coups de feu, l'animal fuyait, une nouvelle balle l'atteignait; il revenait vers moi, un autre projectile le frappait, et ainsi de suite. De tous les yaks tués ou blessés par nous, deux seulement s'approchèrent jusqu'à quarante pas, et se seraient encore avancés davantage s'ils n'eussent succombé auparavant. Il est à remarquer que plus le buffle s'approche du chasseur en le chargeant, plus il devient timide dans son attaque.

Il m'est arrivé dans une excursion de rencontrer tout à coup trois yaks qui se reposaient tranquillement sans m'apercevoir. Je tire : les trois buffles font un saut, mais, ne comprenant pas le danger, ne se sauvent pas. Un second coup de feu tue net un d'entre eux. Les deux autres restent toujours immobiles et se mettent à remuer la queue. D'un troisième coup je casse la jambe au second, qui ne peut bouger. Je dirige ensuite mon feu sur le troisième, mais je n'en viens pas à bout si facilement. Au premier coup qui l'atteint, il s'arrête court, reçoit une nouvelle balle, se précipite de nouveau, puis fait halte... ; il s'approche ainsi jusqu'à quarante pas, et ce n'est qu'à la septième balle qui le frappe dans la gorge que l'énorme animal s'affaisse sur le sol. J'abats sans peine le yak à la jambe cassée, de sorte que quelques instants m'avaient suffi pour mettre à mort trois de ces formidables buffles. En m'approchant d'eux, je vis que celui qui avait résisté portait les sept boutonnières des balles de la carabine Berdan logées dans sa poitrine. Il faut connaître toute la force d'une de ces balles pour se faire une idée de la vigueur d'un animal qui résiste à de pareilles blessures faites à bonne portée. Le projectile de petit calibre, comme celui de Berdan, peut percer le corps, endommager le cœur ou les poumons sans que pour cela l'animal succombe immédiatement; un vieux yak, ainsi frappé, court encore quelques moments. Il me semble que le meilleur moyen, si l'on se voit charger par un buffle, est de le tirer aux jambes.

(PRÉJWALSKI, *Voyage en Mongolie et au pays des Tangouts.*)

Chasse au Faucon.

La chasse au faucon, ce célèbre divertissement des seigneurs du moyen age, a presque complètement disparu d'Europe. On ne la retrouve plus qu'en Algérie et dans l'Asie occidentale et tempérée. Elle est toujours d'un puissant intérêt.

L'houbara. — Le lendemain, nous commençâmes la chasse à l'oiseau. Un houbara (petite outarde*) fut notre première victime.

Voici comment on chasse à l'oiseau : Le fauconnier, après avoir ôté le chaperon qui aveuglait le faucon, présente celui-ci à son maître, qui le maintient sur sa main gantée au moyen d'un lien en cuir attaché aux pattes. A jeun depuis la veille, l'oiseau voit sa proie avant que le chasseur puisse l'apercevoir; son émotion se témoigne par la fixité de son regard et le mouvement de son cou; le chasseur s'avance jusqu'à ce qu'il voie lui-même l'houbara, donne alors la liberté au faucon, en ouvrant simplement les doigts.

Le vol du faucon, rapide comme la flèche, suit d'abord une direction horizontale; ensuite il s'élève de manière à dominer sa victime (on peut bien dire « victime », car il est très rare qu'il manque son coup). Le choc de sa serre est terrible, l'oiseau tombe avec lui. La mort de l'oiseau n'est cependant pas toujours instantanée : il peut y avoir lutte; mais, jusqu'à ce que la victoire soit complète, le faucon se tient fièrement au-dessus de sa proie. On accourt. Il faut se presser si l'on veut conserver la capture intacte; car le faucon fait rage : il arrache les plumes et il engloutit la chair avec une voracité non seulement dommageable pour la prise, mais nuisible aussi aux facultés chasseresses du vainqueur. Le faucon, en effet, ne chasse bien que lorsqu'il a été privé de nourriture. Tandis qu'il s'acharne sur sa proie et la dévore, ses ailes s'agitent avec violence; et, comme elles sont longues, elles battent le sol, se froissent et se brisent ou s'usent. Aussi le fauconnier s'empresse-t-il de descendre de cheval; il court, s'agenouille et encadre, pour ainsi dire, de ses genoux le faucon, de manière à éviter le contact du sol aux grandes plumes; puis il cherche à dégager la proie en glissant un morceau de viande à sa place, en même temps qu'il tire peu à peu à lui l'oiseau chasseur, au moyen de la petite lanière nouée au-dessus des serres; enfin il le repose sur son poing.

J'ai vu prendre quatre houbaras; un cinquième, plus grand que les autres, à peu près gros comme une oie sauvage, après avoir cédé au premier choc, blessa le faucon et parvint à s'échapper.

Le houbara est très joli. C'est une espèce d'outarde au plumage gris-jaune parsemé de taches brunes. Il a une aigrette sur la tête et un jabot de plumes longues, effilées, blanchâtres, dont les bouts sont noirs; son cou est assez long, son bec ressemble à un clou; ses pattes d'échassiers se terminent par trois doigts.

Le fauconnier porte un fort gant à la Crispin, pour se garantir la main du contact aigu des énormes serres* de l'animal. Un chaperon de couleur éclatante emboîte la tête de l'oiseau; quelquefois il est très orné. On l'assujettit à la base du cou au moyen d'une tunique plissée. Le faucon réservé pour la chasse des gazelles avait un couvre-chef dont les yeux étaient simulés par plusieurs rangs de perles. On pend souvent des amulettes* d'argent ou de nacre à son cou, et l'on attache des grelots à ses pattes. L'oiseau s'habitue à l'homme qui a soin de lui. Le fauconnier ne cesse de lui parler pendant la route. Au moment du combat, il l'encourage. Après la lutte, il le félicite, lui humecte le bec et lisse avec soin les bouts de ses ailes et de sa queue.

Quelquefois le faucon perd le gibier de vue; on essaye alors de le remettre sur la trace en poussant de grands cris. S'il persiste à se poser sur un arbre, sans s'élancer de nouveau, il faut le reprendre; et, pour le décider à descendre vers le fauconnier, on fait tourner et l'on jette en l'air une aile d'aigle attachée à une corde, ou, si ce moyen ne réussit pas, on lui montre un morceau de viande fraîche que l'on agite avec sa main gantée.

Le perchoir pend derrière la selle du fauconnier; c'est une plate-forme fixée à l'extrémité d'une tige de cinq à six décimètres de longueur, se terminant en fer de lance pour être fichée en terre; le faucon mange sur cet isoloir et s'y repose. A la halte du soir, notre hôte, pour nous faire honneur, envoya planter deux faucons à la porte de la hutte en terre qui nous abritait.

Suivant la coutume religieuse des musulmans, on détacha la tête des houbaras presque jusqu'à la colonne vertébrale. Il faut, pour la purification, que l'on entaille le tube digestif et la trachée-artère; c'est une opération obligatoire à l'égard de tous les animaux qu'on a l'intention de manger en chasse; on pend ensuite l'animal à une selle.

Le lièvre et la gazelle. — La chasse du lièvre est plus intéressante que celle du houbara; on le fait lever dans toutes les petites sinuosités d'un sable jaune, que tachent quelques maigres touffes d'une plante ressemblant à de petits buissons de thym.

Le lièvre parti, une couple de lévriers suit sa trace, et on lance le faucon, qui, pendant quelque temps, arase les chiens, gagne sur eux et saisit le pauvre animal en lui enfonçant ses ongles vigoureux dans le cou. Si le lièvre est fort, il entraîne quelquefois son ennemi, mais sa course est ralentie et il est bientôt rejoint par les lévriers et les chasseurs.

Le faucon n'est pas toujours heureux; et il est rare, s'il ne réussit pas du premier coup, qu'il veuille reprendre la piste plusieurs fois de suite; il se décourage; la chasse se poursuit alors avec les lévriers et les chevaux. On peut courir longtemps sans succès, comme cela nous arriva au premier lièvre, qui disparut tout à coup. Le second ne nous échappa point.

En somme, nous n'avions pas à nous plaindre de la matinée. Nous nous établîmes en plein sable pour le déjeuner. Le tapis fut déployé, et les cuisiniers se mirent à l'œuvre. En un clin d'œil, un feu pétillant de petites broussailles sèches se réduisit en braise incandescente, les broches sortirent de leurs fourreaux, et de petits carrés d'agneau, entrelardés de bandes de graisse de même épaisseur, furent enfilés en brochettes largement saupoudrées de sel et de poivre. Les domestiques les retournent à quelques pouces du feu, en les manœuvrant avec dextérité. Le train de derrière du lièvre encore chaud fut aussi embroché; on abandonna la partie antérieure aux chiens, nos compagnons, en leur qualité d'infidèles.

Gazelle forcée.

Le *kebab* (c'est le nom de la viande que l'on cuit de cette manière) est très tendre. Ordinairement on apporte vivant l'agneau pour le tuer sur la place même où on le rôtit. Du riz, préparé la veille et réchauffé sur le terrain, et une cruche d'eau, complétèrent notre repas. Chevaux, chiens, faucons et gens, capricieusement groupés, donnaient de l'intérêt à cette scène. Le ciel était sans nuages, et l'on aurait vainement cherché sur le sol une ombre de la largeur de la main.

Le lendemain, ce fut le tour de la chasse aux gazelles. Nous partîmes avant le lever du soleil. Le faucon avait été soumis à un grand jeûne, et les lévriers étaient tout aussi affamés. Deux hommes d'un camp d'Illyates, où nous étions, guidaient notre petite troupe. Ils étaient toujours les premiers à signaler la présence, au loin, des animaux que nous cherchions ; nos yeux avaient beaucoup de peine à découvrir quoi que ce fût dans la direction qu'ils nous indiquaient ; la bête n'apparaissait à l'horizon que comme une légère tache jaunâtre. L'étendue de la vue et de l'ouïe de ces habitants des grandes solitudes est prodigieuse.

Dès que la présence des gazelles est signalée, on avance avec précaution pour reconnaître leur nombre et la direction qu'elles suivent en paissant. Le terrain détermine le genre de chasse que l'on doit faire.

Si l'on se décide pour la chasse à courre , le faucon ainsi que les chiens approchent le plus qu'ils peuvent, toujours maintenus dans la direction du gibier, et les cavaliers se groupent de manière à couvrir le moins d'étendue possible. Les gazelles, cependant, ne sont pas longtemps à s'apercevoir qu'il se passe quelque chose d'extraordinaire non loin d'elles ; un moment, elles observent l'espace avec leurs grands yeux limpides, elles semblent le sonder avec leur nez si fin et leurs oreilles si mobiles ; puis, comme leur seule défense est dans la célérité, elles prennent une avance qu'il est souvent très difficile de diminuer. C'est le signal : l'oiseau fend l'air, les lévriers arasent le sable, les gazelles bondissent et touchent à peine la terre, les chasseurs s'élancent, se séparent et, selon la force des jarrets de leurs chevaux, galopent avec fureur dans diverses directions, longtemps, très longtemps; le plus souvent, les chiens, qui avaient d'abord pris une certaine avance, ne gagnent plus le terrain, mais ils courent toujours. On lâche un relais de nouveaux lévriers, portés en travers sur les chevaux ou dans des paniers. Le dénoûment favorable dépend de la bonne entente des forces de la terre et de l'air. Au milieu du troupeau des gazelles, le faucon choisit sa victime; les chiens, qu'il précède, se guident sur lui : il gagne, il atteint, sa serre terrible s'appesantit sur la tête de l'animal, dont la vue est obscurcie par le battement réitéré de ses ailes. La gazelle chancelante, retardée, cherche en vain, par des mouvements désordonnés, à se débarrasser du poids qui l'obsède, et à rejeter l'oiseau implacable dont la férocité augmente à mesure que les forces de la victime diminuent.

Cependant les chiens arrivent et attaquent les jambes de derrière, en présence des cavaliers les plus lestes, qui assistent à l'agonie du pauvre animal dont le faucon a déjà mangé les yeux.

Si le faucon ne donne pas jusqu'au bout, et si l'on n'a pas de relais, il faut rappeler les chiens, que les gazelles fatigueraient inutilement.

On explique cette habitude du faucon d'attaquer d'abord les yeux de la gazelle, par la manière dont il est dressé à la chasse : le fauconnier emploie d'ordinaire un animal empaillé dont les orbites sont remplies de viande; l'oiseau, décoiffé s'abat sur la tête du mannequin et trouve sa nourriture aux yeux de cette victime inerte.

(DUHOUSSET, *Les chasses en Perse.*)

Chasse à l'Aigle.

Les populations tartares ne se servent pas seulement du faucon, mais aussi de l'aigle, à qui sa force considérable permet d'attaquer les plus gros gibiers.

Plusieurs cerfs de haute taille débouchèrent bientôt d'un champ de roseaux faisant saillie dans la plaine, à peu près à trois cents mètres de nous. A l'instant, l'aigle noir fut déchaperonné et débarrassé de ses liens ; il s'élança de son socle et prit son essor dans l'espace, s'élevant et volant circulairement au-dessus de nous. Il me faisait l'effet de n'avoir pas aperçu sa proie ; mais je me trompais : il était à ce moment à une hauteur considérable. Pendant une minute il parut immobile, ensuite il battit deux ou trois fois des ailes, puis fondit en ligne droite sur un des cerfs. Je ne pouvais distinguer le mouvement de ses ailes, mais il avançait avec une vitesse effrayante. Il y eut un cri d'allégresse ; les gardiens de l'aigle partirent au grand galop, suivis de beaucoup d'autres. Je fis tourner la tête de mon cheval et le touchai de ma cravache. En quelques minutes, je marchai de front avec l'avant-garde, côte à côte avec l'un des gardiens de l'aigle. Nous étions à deux cents mètres de l'oiseau quand il frappa sa proie. Le cerf fit un bond en avant et tomba. L'aigle lui avait enfoncé une serre dans le cou, l'autre dans le flanc, que fouillait son bec, pour en arracher le foie. Le Kirghis sauta de son cheval, jeta le chaperon* sur la tête de l'aigle, les liens autour des jambes, et lui fit lâcher prise sans difficulté. Le gardien remonta en selle, son assistant replaça l'oiseau sur son socle : il était prêt à fournir une nouvelle course.

Quand on chasse avec l'aigle, on ne prend pas de chiens, car ils périraient certainement. Les Kirghis assurent que leur aigle est de force à attaquer un loup et le tuer. Ils chassent le renard de cette manière et en prennent beaucoup, ainsi que des chèvres sauvages et d'autres animaux de moindre taille.

A quelque distance de là, on aperçut une troupe de petites antilopes en train de paître dans la plaine. L'aigle s'éleva derechef en tournant au-dessus de nos têtes comme auparavant; de même aussi il fondit comme le destin sur sa victime désignée : l'animal était mort avant que nous fussions arrivés jusqu'à lui. L'aigle noir ne part jamais en vain ; à moins que l'animal ne gagne un trou de rocher, comme il arrive parfois aux renards, la mort est son partage certain.

J'ai vu plus tard dans les monts Alataus ces terribles accipitres*, à l'état de liberté, emporter dans leurs serres puissantes de jeunes moufflons, ou suivre, avec la rapidité de la foudre, dans leur chute fatale, des moufflons adultes qu'ils avaient précipités de quelque haute paroi.

(ATKINSON, *Voyage sur les frontières russo-chinoises et dans l'Asie centrale.*)

AMÉRIQUE

La faune américaine n'a pas et ne peut pas avoir l'uniformité de celle de l'Afrique. Et cela se comprend. Jetez les yeux sur une mappemonde : l'Afrique est tout entière une contrée chaude ; la neige n'y apparaît que dans la chaîne de l'Atlas et sur les pics extrêmement élevés du Kilimandjaro. Au contraire, l'Amérique confine du nord aux terres qui n'en sont qu'un prolongement, et vers le sud elle s'étend beaucoup plus loin que l'Afrique, jusqu'à retrouver une zone glaciale. Bien évidemment les mêmes animaux ne peuvent pas habiter entre les tropiques brûlants et au voisinage des cercles polaires.

Il y a donc à distinguer les animaux du nord de l'Amérique, de ces vastes plaines ou *prairies* coupées par de grands lacs, et ceux de l'Amérique centrale et méridionale. Dans les prairies du nord errent les innombrables troupeaux de *bisons;* sur les bords des lacs et des rivières les *castors* construisent leurs cabanes et leurs barrages de boue et de troncs d'arbres; l'énorme *ours gris* poursuit et dévore animaux et hommes. Dans les régions chaudes, des *singes* innombrables en espèces et en individus, mais dont aucun n'approche, comme taille ni comme intelligence, du gorille et du chimpanzé; pas d'animaux comparables par leur taille à l'éléphant ou au rhinocéros; le plus grand parmi les herbivores étant le *tapir*, gros comme un âne, et parmi les carnivores le *jaguar,* gros comme une lionne. Mais l'Amérique possède le plus grand des oiseaux voiliers, le vautour *condor,* et le plus long des serpents, le *boa.*

Fait remarquable : aucun des animaux du Nouveau Monde n'existe dans l'ancien continent.

Les animaux des prairies.

Un vieil Indien, nommé le *Castor noir,* faisait à M. Möllhausen, en 1853, la description suivante des principaux animaux des prairies.

Vous ne trouverez pas beaucoup de buffles dans cette

saison : ils sont remontés vers le nord, parce que le soleil leur chauffe trop le poil ici, et quand ils reviendront en automne pour fuir la neige, vous aurez déjà franchi les montagnes Rocheuses, et vous traverserez un pays où jamais buffle n'a brouté. Peut-être rencontrerez-vous quelques traînards, gris de vieillesse : ils ne vaudront pas un coup d'éperon dans le ventre d'un cheval ; leur chair est dure et coriace, et leur langue tout au plus est mangeable. Mais vous trouverez en abondance des dindons et des cerfs à queue blanche, auprès des ruisseaux et sur la lisière de ces nombreux bouquets de bois qui bordent les rives de tous les affluents de la Canadian-River. A la vérité il faut savoir attirer le cerf à la manière des Delawares. Quand vous passez près d'un bois, imitez, au moyen d'un sifflet, les plaintes du faon; le père qui a déjà quitté ses petits, accourt d'un bond précipité vers l'endroit d'où est parti le cri, et devient facilement la proie du chasseur. Si l'un de vous autres veut chasser le cerf de cette façon, qu'il tienne ses yeux grands ouverts; car la panthère et le jaguar se laissent également tromper par le sifflet, et leur élan est si rapide qu'il est difficile de les viser assez pour leur envoyer avec certitude une balle dans le crâne ou dans le cœur, et quand on ne fait que les blesser, ces animaux sont dangereux pour le chasseur.

Quant aux antilopes, vous en trouverez partout jusqu'à l'océan Pacifique; quelquefois isolées, plus souvent en troupes. Elles sont lestes et craintives, mais dévorées de curiosité, et si l'on sait mettre à profit ce défaut, la chasse à l'antilope est une des moins pénibles. Pendant des journées entières ces animaux infatigables marchent en zigzag sur les flancs de la caravane, ne s'approchant que rarement à la portée du fusil. Mais si vous trouvez un buisson, une touffe d'herbes ou quelques pierres offrant une cachette dans la plaine, plantez dans le sol, à une portée de fusil, un bâton dont l'extrémité laissera flotter un morceau d'étoffe, et attendez; votre patience ne sera pas soumise à une trop longue épreuve. Les antilopes, dont la curiosité sera vivement excitée par cet objet inconnu, s'approcheront, tantôt sautant, tantôt à pas mesurés et fouillant le sol avec leurs pattes de devant. Le chasseur en abat une; aussitôt la troupe s'enfuit avec la rapidité de l'éclair, mais le bruit n'a fait qu'enflammer leur curiosité. Le chasseur est à peine remis en position qu'elles sont là de nouveau; une autre victime tombe, puis une troisième et quelquefois une quatrième, et c'est alors seulement que la troupe abandonne cette place de malheur.

Cherchez aussi l'ours noir dans sa tanière au bord de la Canadian-River; tâchez de le blesser pour qu'il se dresse devant vous prêt à la lutte, et alors vous aurez une chasse attrayante ; vous admirerez sa bravoure, vous rirez de ses postures grotesques; mais allez avec précaution, n'approchez pas trop, car il vous vendrait trop chèrement sa peau et ses côtelettes succulentes. Si l'animal poursuivi rentre dans son trou, vite, faites une torche avec du bois, des herbes ou toute autre matière inflammable, et suivez-le hardiment. Offusqué par la lumière, le quadrupède se dresse; il se cache les yeux avec ses grosses pattes. Approchez la torche, et vous verrez sur sa poitrine un endroit où les poils sont disposés circulairement; c'est là qu'il faut viser, et la bête roulera comme une tente de Pawnees* dont les soutiens sont rompus. On essaye aussi de le chasser dehors en l'enfumant, mais ce procédé ne réussit pas toujours. Souvent l'animal taquiné s'approche de l'ouverture, écarte le feu avec ses griffes et rentre aussi tranquillement qu'il était venu.

Les Goldmountains* du Nouveau-Mexique, que vous longerez, sont encore remplies d'ours gris. Si vous attaquez cet animal, mettez-vous deux contre lui, ou même davantage. L'aspect seul de ces monstrueuses bêtes vous ôte un de vos moyens quand vous n'y êtes pas habitué. On n'a plus la sûreté du coup d'œil; on manque son but, et un coup léger de ses puissantes griffes suffit pour vous enlever à jamais le goût de la chasse. L'ours en fureur perd totalement son air honnête ; ses oreilles disparaissent ; ses petits yeux lancent des flammes. On ne voit plus en lui que des éclairs, des dents et des griffes, et sa vitesse égale celle du cheval.

(MOLLHAUSEN, *Voyage du Mississipi aux côtes de l'océan Pacifique.*)

Plus au nord apparaissent les animaux à fourrure, que poursuit le *trappeur.*

Au Canada, les animaux dont la fourrure est estimée sont le renard argenté, le renard croisé, le pékan, la martre, la loutre, le foutereau et le lynx ; on attache moins de valeur aux pelleteries que donnent le wolverène, le castor, l'hermine et le rat musqué. Le castor était jadis très nombreux et sa peau se vendait cher ; mais on l'a chassé avec tant d'assiduité qu'il est devenu rare ; et la substitution de la soie au castor dans la fabrication des chapeaux a enlevé à peu près toute sa valeur à cette pelleterie.

Excepté celle de la loutre marine qui habite les côtes du Pacifique, il n'y a pas de fourrure qui égale en prix celle du renard argenté. Elle est d'un beau gris ; les poils blancs y dominent, mais ils ont l'extrémité noire et sont mêlés de poils tout à fait noirs. Une paire bien assortie de peaux de renard argenté se vend de deux mille à deux mille cinq cents francs. Les renards croisés, qui tirent leur nom d'une bande noire courant le long du dos avec une croix sur les épaules comme celle de l'âne, présentent toute espèce de variétés entre le renard d'hiver argenté et le renard commun rouge, et la valeur de leurs peaux diffère en proportion de ces variétés.

Après les meilleurs renards-croisés, viennent le pékan, la martre et le foutereau. Ces trois animaux sont des putois*, et peuvent, quant à la taille et à la valeur, rester dans l'ordre où nous les avons nommés. La peau d'un pékan monte de vingt à trente-huit francs; celle d'une martre de dix-neuf à vingt-neuf, et celle d'un foutereau de douze à dix-huit. La loutre, moins commune que les deux dernières espèces, est évaluée à un franc vingt-cinq centimes le pouce, en la mesurant de la tête à l'extrémité de la queue.

L'hermine, excessivement commune dans les forêts du nord-ouest, est d'une grande incommodité pour le trappeur, dont elle détruit les amorces destinées à la martre et au pékan. En général, elle se multiplie à son aise, parce qu'on ne trouve pas qu'elle vaille la peine d'être chassée.

Parfois on découvre aussi l'ours noir dans sa tanière : sa peau vaut cinquante francs. Le lynx, qui est assez commun, se prend dans des pièges de cuir. Une fois attrapé, il se tient tranquille et résigné; le chasseur le tue en le frappant à la tête.

Les autres habitants des forêts sont l'élan, et le petit gibier, comme la perdrix des bois, ou le tétras du saule, la perdrix du pin, le lapin et l'écureuil.

Les plus nombreuses des bêtes à fourrure, parmi les plus estimées du pays, sont certainement la martre et le foutereau. La première, qui donne ce que les fourreurs anglais appellent *sable* ou zibeline, est l'objet de la chasse la plus active de la part des trappeurs.

Au commencement de novembre, quand les animaux ont leurs vêtements d'hiver et qu'on est dans la saison des fourrures, le trappeur fait ses préparatifs de la manière suivante. Il plie sa couverture en double, y met un morceau de pemmican* capable de le nourrir cinq ou six jours, une petite marmite et une timbale d'étain, et, s'il est riche, quelques trappes d'acier, avec un peu de thé et du sel. La couverture est alors nouée aux quatre coins, et portée sur le dos au moyen d'un lien qui passe sur la poitrine. Le trappeur ajoute ensuite à son équipage une hache, un fusil avec ses munitions, un couteau et un sac à feu. Puis, ayant chaussé ses raquettes*, il part seul, s'enfonçant dans l'obscurité des bois et marchant en silence. Le trappeur, pas plus que le chasseur, ne peut jamais adoucir la solitude de sa vie par les sons du sifflet ou du chant. Son œil perçant étudie sur la neige toutes les marques qui peuvent le mettre sur la piste qu'il recherche. S'il découvre les empreintes d'une martre ou d'un pékan, il délie son paquet et se met à l'œuvre pour construire une trappe en bois.

Voici comme il s'y prend. Il coupe un certain nombre de plançons et les taille en piquets d'un mètre de long; il les enfonce en terre de façon à former une palissade qui a la forme d'un demi-ovale transversalement coupé. Cet enclos n'admet que les deux tiers du corps d'un animal, et est trop étroit pour qu'une bête puisse s'y mouvoir et s'y retourner. A travers l'entrée, on pose une courte bûche. Puis on abat un gros arbre, on l'ébranche et on le place de façon à ce qu'il s'appuie sur la bûche de l'entrée dans une direction parallèle. L'amorce est attaché au bout d'un petit bâton. C'est ordinairement un morceau coriace de viande sèche, ou de perdrix ou d'écureuil. Le bâton qui la supporte est projeté horizontalement vers l'intérieur de l'enceinte, sur le bout extérieur du bâton court qui soutient le gros arbre couché à l'entrée. Puis on recouvre le sommet de la trappe avec des écorces et des branches, de façon à ce qu'il n'y ait d'accès à l'amorce qu'à travers l'ouverture laissée entre le tronc soutenu en l'air et la bûche inférieure. Quand l'animal saisit l'amorce, l'arbre tombe sur lui et l'écrase. Un seul jour suffit à un habile trappeur pour construire quarante ou cinquante trappes.

Les trappes d'acier ressemblent à celles où nous prenons les rats ; mais elles n'ont pas de dents et sont à double ressort. On fait des ressorts si forts dans les grandes trappes destinées aux castors, aux renards et aux loups, qu'il faut pour les mettre en place toute la vigueur d'un homme. On les tend dans la neige dont on les recouvre avec soin; on y jette des fragments de viande et on aplanit l'endroit pour qu'aucune trace n'indique qu'on y a touché. La trappe tient à une chaîne qui, à l'autre extrémité, se termine par un anneau dans lequel on passe un gros pieu. Elle n'est pas autrement assujettie. L'animal qui est pris, l'est ordinairement par la jambe, puisque il est en ce moment occupé à fouiller la neige pour avoir les morceaux qu'on y a cachés. Il traîne après lui la trappe ; mais il ne peut pas aller bien loin, car le pieu s'embarrasse dans les arbres ou les troncs tombés à terre. L'animal est donc ordinairement découvert par le trappeur et arrêté à peu de distance de l'endroit où la trappe a été tendue.

Le plus redoutable ennemi du chasseur aux fourrures est le glouton de l'Amérique du Nord, appelé ici généralement wolverène ou carcajou. Ce remarquable animal n'est guère plus gros qu'un renard anglais, son corps est long, ramassé pourtant et robuste, avec des jambes très vigoureuses, mais excessivement courtes. Il a de larges pieds armés de griffes puissantes et dont l'empreinte sur la neige a l'étendue du poing d'un homme. La longueur de son poil soyeux et la forme de sa tête le font ressembler à un barbet brun.

Pendant l'hiver, il se procure ses aliments en mettant à profit les travaux du trappeur. Il leur porte un tort si considérable, que les Indiens l'ont nommé le *kekouaharkess* ou le *méchant*. Rien ne le rebute. Jour et nuit, il cherche la piste d'un homme. Quand il l'a une fois trouvée, il ne l'abandonne plus. S'il arrive à un lac où la trace disparaisse, le wolverène galope sans repos tout autour, jusqu'à ce qu'il ait découvert l'endroit où elle rentre dans la forêt : il se remet à la suivre jusqu'à ce qu'elle le conduise à l'une des trappes de bois. Là il évite la porte, s'ouvre promptement une entrée par derrière et se saisit impunément de l'amorce. La trappe contient-elle une proie, le wolverène l'attire à lui ; puis, avec une malveillance toute gratuite, il la frappe et la cache à quelque distance dans les buissons ou au sommet d'un haut sapin. Parfois il la dévore ; mais c'est que la faim le presse. Il détruit ainsi toute une série de trappes. Quand une fois un wolverène s'est établi sur la piste d'un trappeur, celui-ci n'a plus d'autres chances de succès que de changer son terrain de chasse et de se mettre à bâtir une nouvelle série de trappes. Il peut alors réussir à se procurer plusieurs fourrures avant que son adroit adversaire ait trouvé son nouvel établissement.

Jusque vers la fin de décembre, nous accompagnions continuellement la Ronde dans ses expéditions de trappeur. Nous apprenions ainsi à reconnaître les pistes que les animaux laissaient dans la forêt, à nous mettre au courant de la plupart de leurs habitudes caractéristiques. Cheadle surtout s'était passionné pour cette branche de l'art du chasseur, et il s'y adonnait avec tant de zèle et de succès qu'il fut bientôt en état de faire et de dresser une trappe avec une vitesse et une habileté qui égalaient presque celle de son savant précepteur la Ronde.

Ce genre de vie, en dépit des fatigues et des mécomptes auxquels il expose, a des charmes étranges. Il faut marcher longtemps et laborieusement, avec un lourd paquet sur le dos, gênés par des vêtements épais, à travers la neige et les bois qu'encombrent les broussailles et les grands arbres couchés à terre ; donc la fatigue est grande. Elle n'est modifiée que lorsqu'on se met à faire les trappes ou à établir le bivac* pour le repos de la nuit. Ordinairement, les provisions viennent à manquer, et le trappeur doit se nourrir en grande partie de la viande des animaux qu'il a tués pour se procurer leur fourrure.

Mais la forêt est si belle ! Ces pins, dont plusieurs s'élancent jusqu'à deux cents pieds de haut, cette neige qui les couvre de ses festons et de ses guirlandes, ce profond silence qu'interrompent rarement les cris de l'écureuil ou l'explosion des arbres que le froid fait claquer, vous inspirent un sentiment de curiosité inassouvie mêlée d'admiration. Le grand calme, la solitude absolue et la marche continuelle à travers des bois sans fin, où l'on ne rencontre pas une trace humaine, où l'on voit rarement une créature vivante, laissent d'abord dans l'esprit une impression étrange. Le métis trappeur aime à errer seul dans la forêt ;

mais Cheadle n'y résista que deux jours; il fut oppressé par ce silence et cet isolement, qui lui parurent vraiment intolérables.

La nuit, étendu sur une couche épaisse et embaumée de branches de sapin, ayant à ses pieds un feu brillant qui dévore un entassement de grands arbres, et d'où s'élève une énorme colonne de fumée et de vapeur de neige fondante, le trappeur, roulé dans sa couverture, sommeille en paix.

Tout autre est la faune de l'Amérique du Sud. Voici pour les régions chaudes et boisées.

Le puma, petit lion sans crinière, le jaguar, le cougouar et le chat-tigre poursuivent dans ces solitudes le cerf, le chevreuil, la loutre ; le lagoti, le cabiai, les agoutis, les pacas, sont pour eux des proies faciles et abondantes. Le tamanoir et le tamandua dardent leur langue gluante sur les nids de fourmis et de termites dont ils font leur nourriture; l'aï se cramponne aux arbres, dont il parcourt lentement les branches. De nombreuses tribus de singes prennent leurs ébats dans les futaies : ce sont des atèles à queue prenante, des arguates et de alouates hurleurs, les chiropodes et des belzébuth à longue barbe, plusieurs variétés de sapajous et de macaques, des titis, et enfin le midas léoninus, miniature d'un lion nouveau-né.

Parmi la gent ailée, des vautours, des aigles, des faucons, des hiboux, représentent la force et le carnage, tandis que les colibris et les oiseaux-mouches, parés de pierreries, semblent, comme les fleurs dont ils sucent le miel, ne vivre que d'air et de rosée. La nuit voit sortir de leur retraite les vampires* qui sucent le sang. Le héron, les spatules au large bec, les canards au plumage métallique, animent les bords des rivières et les plages inondées. Dans les fourrés, des perroquets et des troupes de perruches rivalisent de bruit avec les cigales assourdissantes.

en haut, toujours par couples, volent à tire-d'aile des aras bleus, verts et rouges, qui lancent par intervalles leur cri rauque ; le toucan au bec difforme vole lourdement dans les grands arbres. Dans les parties découvertes, des passereaux noirs, bruns, bleu de ciel, pourpre, gazouillent en cherchant des graines et en poursuivant les insectes ; le cardinal répète son cri strident, qui le fait appeler par les Indiens *titiribi;* la veuve se suspend aux herbes des savanes ; le cacique attache son nid de racines tressées à la pointe d'une feuille de palmier ; le turpia, virtuose joyeux, n'a de rival que le cucarachero, hôte familier de toutes les demeures.

Au bord des torrents, se réunissent par volées, sur le sable, des papillons aussi étonnants par leur taille que par l'éclat incomparable de leurs ailes : le callidryade jaune d'or, l'hyménite aux ailes nues comme celles de la libellule ; l'érébus strix, le plus grand des papillons nocturnes, revêtu de la livrée du chat-huant ; le morpho ménélas, au manteau verdâtre, glacé de bleu.

Dans la nombreuse famille des guêpes, des polistes et et des prolybies suspendent aux branches leurs nids formés d'alvéoles minces comme du papier de soie et revêtus à l'extérieur d'une couche résistante de carton. Beaucoup d'insectes remarquables par leur forme, leur taille, leurs couleurs, attirent çà et là les regards.

Des lézards gris, bleus et verts, des salamandres, des geckos hideux, courent sur le sable des plages, sur les troncs et dans les broussailles. La famille des serpents rampe, guette, chasse, dans les marais, sur les arbres, parmi les rochers : le devin gigantesque, le tara equis, aussi redoutable par sa force que par son venin ; la mapana, dont la morsure est promptement mortelle pour les plus grands animaux ; le corail blanc et rouge, aussi dangereux que séduisant d'aspect ; la podridora (serpent gangrène), dont la victime, au bout de quelques heures, tombe en pourriture ; la patoquilla, qui s'aplatit à volonté sous la verge qui la frappe.

Dans des bois d'*Espeletia* au feuillage argenté, de mélastomacées couvertes de fleurs changeantes comme celles de l'hortensia, de cacaoyers aux longs fruits, errent des troupeaux de pécaris, poursuivis par le jaguar des terres froides. On y trouve en abondance le chevreuil et le cerf américain, le tatou à la robuste cuirasse, deux espèces d'ours, un grand nombre de marsupiaux et de rongeurs. Le chasseur n'a que l'embarras du choix entre le hocco, le pauxi, les parraquas et les pénélopes.

(SAFFRAY, *Voyage à la Nouvelle-Grenade.*)

Et voici maintenant pour les grandes prairies ou *savanes* des régions plus tempérées.

Toujours cette terre plate et cette ligne nue se renouvelant sans cesse; à la pensée de vivre dans ce milieu désolé, le cœur se serre; quelle solitude! Pourquoi les plaindre cependant, ceux qui, n'ayant laissé qu'une marâtre dans la vieille terre d'Europe, ont trouvé dans la plaine une nourrice féconde, l'espace immense et la liberté? Et d'ailleurs, toute contrée n'a-t-elle pas sa poésie, son genre d'attraits, et les moins belles ne sont-elles pas souvent les plus aimées? Le Groenlandais se meurt loin de ses campagnes glacées; le Touareg* adore son désert, et le Gaucho sa pampa*. Puis, en regardant mieux, nous verrons le désert se peupler. A droite, à gauche, ici près, ce sont des troupeaux qui paissent; voilà des chevaux, des bœufs et des moutons; et là-bas, ces points noirs qu'on aperçoit à peine, encore des chevaux, des moutons et des bœufs. C'est le grand réservoir où pendant des siècles viendra puiser l'Europe.

Ici, sur les larges flaques d'eau qui luisent au soleil comme de grands miroirs, des échassiers graves et solennels se tiennent immobiles sur leurs longues pattes; sont-ce de cigognes, des grues ou des flamants? Nous allons trop vite, ils ont déjà disparu. Plus loin, nous rencontrons des colonies d'un genre nouveau. Chiens de prai-

Vue de la pampa.

rie dans l'Amérique du Nord, ils portent ici le nom de viscachas; c'est un petit animal de l'espèce des marmottes, qui se réunit par familles nombreuses, creusant des terriers dans lesquels il vit de compagnie avec un hibou et quelquefois un serpent; les trois font bon ménage. A notre approche, la viscacha, plantée sur son train de derrière, nous jette un regard, et disparaît; mais le hibou tient bon, et de son œil hésitant nous voit passer sans crainte.

Une volée de perdrix se lève sur la gauche; puis c'est un groupe d'autruches qui fuient comme le vent. Trois chevreuils prudents se tiennent à distance, partent, s'arrêtent et s'éloignent en bondissant, tandis que des guanacos curieux, qu'intéresse la vue de la machine, allongent le cou, et, leurs grandes oreilles dressées, semblent éperdus d'étonnement.

Ce désert est la terre promise du chasseur; c'est la patrie du gaucho; il s'y dirige sans boussole avec l'instinct de l'aigle regagnant son aire; la pampa lui appartient, il y règne en maître.

Gardeur ou propriétaire de bestiaux, qu'il s'élance avec ses *bolas** à la poursuite de l'autruche ou du chevreuil, qu'il sacrifie des moutons ou qu'il égorge un bœuf, qu'armé de sa carabine il attende traîtreusement un ennemi, ou que, son immense poignard à la main, il vide quelque querelle, le gaucho se rit de la police des villes, de la poursuite des alcades et des alguazils : la pampa c'est son domaine.

(CHARNAY, *A travers la Pampa et la Cordillère.*)

Singes.

Les forêts des régions chaudes de l'Amérique sont peuplées de singes. Les plus grands présentent ce caractère curieux d'avoir une queue *prenante*, c'est-à-dire qui s'enroule autour des branches et leur permet de se soutenir en l'air, avec les quatre pattes libres.

Certains d'entre eux doivent à une disposition particulière de leur larynx la faculté de faire entendre des sons extraordinairement forts, d'où leur nom de singes *hurleurs*.

Qu'elles sont belles, ces nuits! Combien le repos de la nature est différent ici de celui que nous lui connaissons en Europe! Au lieu des ténèbres, du froid et du silence qui rappelle la mort, un ciel plein de clartés, des brises tièdes, et partout des parfums, des chants, des cris, des bruissements qui annoncent la vie.

La cigale continue son cri aigu de chanterelle*; le *Cucarachero* (roitelet) module des gammes chromatiques*; la loutre, le cabiai jettent par intervalles, dans les roseaux, un cri de ralliement ou d'appel; le tigre fait retentir la forêt de son rauquement* sinistre; le paresseux recommence de minute en minute sa plainte semblable au vagissement* d'un enfant; le crocodile, étendu sur les plages, fait claquer bruyamment ses mâchoires, et l'on entend dans les fourrés des troupes de singes hurleurs, dont les voix rauques semblent un roulement lointain de tonnerre.

Ce sont de singuliers personnages que ces singes hurleurs. Ils appartiennent à la famille des *Alouates*. La nature a voulu en faire des musiciens, et leur a conformé la glotte* en manière de tambour osseux très développé, qui les fait s'exprimer en voix de basse-taille* ronflante. Ces messieurs sont hauts d'environ trois pieds, couverts de poils d'un brun roux et ornés d'une longue queue prenante. Leur figure est d'un bleu noirâtre; ils portent gravement une longue barbe,et leur angle facial* est de trente degrés, ce qui n'est pas mal pour des singes. Ils sont très sociables et se réunissent le plus souvent en troupes nombreuses; mais ils sont loin d'avoir la pétulante gaîté des espèces plus petites. Il est malheureusement vrai que plus le singe se rapproche de l'homme, plus il est triste. Si jamais ils arrivent, par des perfectionnements que nous ne leur souhaitons pas, à perdre tout à fait leurs signes distinctifs, la race s'éteindra dans le spleen*.

Les hurleurs de la Magdalena sont de l'espèce appelée *Simia Belzebuth*. Quelquefois le patriarche de la troupe entonne un grognement un peu rhythmé que répètent en chœur les assistants, ce qui fait penser involontairement aux répons des litanies. Souvent aussi, surtout dans les moments d'expansion, toute la troupe fait entendre à qui mieux mieux son grognement prolongé, semblable à un trille de caisse roulante.

(L. SAFFRAY, *Voyage à la Nouvelle-Grenade.*)

Comme partout, ce sont de grands déprédateurs que les singes, et les planteurs les détestent avec raison.

De tous côtés les singes hurleurs faisaient retentir leurs cris ; de temps à autre, on entendait l'appel plus doux des *caritas* blancs. Ces petits simiens* adorent le miel, et tout autant les larves d'abeilles, mais n'ont pas encore trouvé de procédé pour se mettre à l'abri des piqûres. Ils se contentent de hérisser leur poil et de manger à même sans grand souci des dards des hyménoptères* acharnés à défendre leur bien; parfois, d'une main leste, ils en écrasent une douzaine. Ils reviennent de cette chasse enflés comme des outres.

Ces singes s'attaquent aussi aux iguanes, ou plutôt à leur queue. Sans faire le moindre bruit, et se dissimulant derrière de grosses branches, le carita s'approche doucement du saurien*. A peine celui-ci l'aperçoit-il, qu'il grimpe au haut de l'arbre; arrivé au faîte, il n'a d'autre ressource que de se laisser tomber dans l'eau ou sur les lianes : mais, avant le saut périlleux, mon singe l'a déjà rejoint, et, se fixant solidement à une branche par sa queue prenante, il saisit de ses quatre mains l'objet de sa gourmande convoitise; l'iguane et son agresseur, l'un portant l'autre, ne tardent pas à dégringoler ; le saurien se débat, sa queue se rompt, et le voleur escalade joyeusement son arbre en croquant ce tronçon encore frétillant.

Pour piller les champs de canne ou de maïs, ils se

réunissent par bandes : non contents de s'emplir le ventre et de se bourrer les abajoues*, ils se chargent encore d'une demi-douzaine de cabochons*, qu'ils emportent sur les épaules en marchant debout. Ils placent des sentinelles en vedette, et malheur à elles si les singes ont été surpris : elles sont assommées sans miséricorde.

Tout malins que sont les caritas, ils ne savent pas éventer un piège bien peu compliqué pourtant : ces voleurs effrontés ne manquent point de visiter les *ranchos** et de faire main basse sur tout ce qu'ils y trouvent ; ils ne touchent d'abord qu'à ce qui est déposé dans les *totumas ;* plus hardis, ils mettent ensuite la patte dans les calebasses. Dès qu'il en ont pris l'habitude, on perce dans un de ces ustensiles un trou juste assez grand pour que la main du singe puisse y entrer vide, et on place au fond un jeune épi de maïs ou quelque fruit non pulpeux ; on quitte la pièce et le carita d'accourir : il guettait du haut de sa branche ; introduisant sa patte dans l'ouverture, il saisit l'objet qui le tente, mais son poing fermé est trop gros pour sortir ; le larron n'a pas l'idée de lâcher sa proie, et comme la calebasse est fixée au mur, notre *mono* reste prisonnier jusqu'à ce que le maître de la case ait besoin de son rôti.

(ARMAND RECLUS, *Exploration aux isthmes de Panama et de Darien.*)

Jaguar.

Il n'y a dans l'Amérique centrale et méridionale que deux bêtes féroces qui soient redoutables pour l'homme : ce sont le caïman et le jaguar. Encore ce dernier attaque-t-il rarement, et n'est-il dangereux d'ordinaire qu'à la défense : bien différent en cela du tigre asiatique, dont on lui donne quelquefois le nom. Il en diffère du reste par sa belle robe mouchetée et non rayée comme celle du terrible carnassier si redouté des Indiens.

Le jaguar habite toutes les contrées chaudes de l'Amérique. Il est très commun dans notre possession de la Guyane.

L'île de Cayenne était autrefois infestée d'une énorme quantité de ces grands chats mouchetés auxquels les colons européens de toute l'Amérique, en dépit de la science, s'obstinent à conserver la qualification de tigres; le nom de Montagne-Tigre, donné à un des sommets de l'île, s'accorde avec les récits des écrivains pour certifier le fait. En 1666, c'était un véritable fléau. Les pseudo-tigres* traversaient à la nage l'étroit cours d'eau qui sépare l'île de la grande terre et venaient enlever les bestiaux jusque dans les étables. Il est probable qu'ils s'attaquaient également aux négrillons isolés qu'ils rencontraient sur leur route.

Les déprédations de ces pirates de savane* devinrent telles, que M. de la Barre fut obligé d'établir une prime assez forte par tête de jaguar. L'appât du gain, joint au besoin de la défense personnelle, engagea les colons à faire à ces bêtes fauves une guerre d'extermination. On finit par les éloigner des habitations, ou du moins à inspirer à ces maraudeurs endiablés un plus grand respect pour la propriété.

Si les jaguars ne sont pas aussi redoutables qu'à l'origine de la colonie, les propriétaires des plantations comme ceux des ménageries savent encore ce qu'il en coûte pour les nourrir. Lors de la création du pénitencier* de la *Comté*, on fit en France la demande de quarante chiens des Pyrénées pour défendre les troupeaux contre les tigres. Les chiens furent ponctuellement envoyés à la Guyane et il en reste encore quelques-uns chez les bouchers. Quant aux bœufs que ces molosses devaient garder, quant aux savanes dont ces bœufs devaient paître l'herbe verdoyante, tout cela resta à l'état de projet.

Des jaguars ont été assez osés pour pénétrer jusque dans le cœur de la ville de Cayenne, et l'un d'eux s'est fait tuer dans un poulailler qu'il dévalisait. Ce fut le soldat en faction à la porte de la prison qui exécuta le voleur. Le fait est historique et enregistré dans les archives du corps de garde. Le sergent le mentionna au rapport

Jaguar.

avec cette noble simplicité qui distingue ces morceaux de littérature militaire : « Rien de nouveau pendant la nuit : le fusilier Pacot a tué un tigre qui mangeait une poule. Cartouches consommées : une. »

Il fallait bien justifier les munitions employées et prouver que le fusilier Pacot ne jetait pas sa poudre aux moineaux.

Sans atteindre la taille des tigres de l'Inde, sans avoir la férocité de la panthère d'Afrique, le jaguar n'est pas un adversaire à mépriser quand il veut combattre ; mais il se décide rarement à ce parti extrême. Il prend volontiers la fuite et se laisse souvent mener comme un lièvre par des roquets qui lui aboient aux talons. Quelquefois aussi la bête de meute fait brusquement tête aux chiens et alors : gare dessous, comme disent les marins.

Le jaguar craint l'homme et ne l'attaque qu'à son corps défendant. Il faut pour cela qu'il soit blessé, furieux ou affamé. Or les bois sont tellement giboyeux, que cette dernière condition se présente rarement. Le garde-manger de la bête est ordinairement bien garni et elle peut faire ses quatre repas.

Il arrive cependant quelquefois que le carnassier, par occasion, a goûté de la chair humaine. C'est un grand malheur ; car il y trouve, à ce qu'il paraît, une saveur si délicate, que désormais son estomac méprise tout autre gibier à plume ou à poil. Il est alors indispensable de débarrasser le pays d'un semblable gourmet, qui considère l'homme comme une friandise de haut goût.

Les Américains du Sud appellent ce jaguar *cebado*. Le fameux Facundo Quiroga, surnommé lui-même le tigre des pampas *, qui fut gouverneur de province et faillit devenir président de la république Argentine, Quiroga raconte comme principal épisode de sa vie aventureuse deux heures passées à la cime d'un caroubier * balancé par le vent, avec la perspective d'un cebado qui l'attendait gueule béante, accroupi au pied de l'arbre.

« C'est le seul moment de ma vie où je me souvienne

d'avoir eu peur, » disait le terrible gaucho à ses officiers.

Beaucoup de gens et des plus braves auraient éprouvé la même sensation.

Disons bien vite, afin de rassurer les Européens qui voudraient se livrer aux plaisirs de la chasse dans les bois et dans les savanes de la Guyane, que le tigre cebado est une rareté dans l'espèce, et qu'en tout cas on peut se soustraire à ce péril en chassant de compagnie avec un nègre.

En effet, il est prouvé qu'entre deux hommes de couleur différente, dès qu'il s'agit de manger quelqu'un, la bête féroce choisit toujours le nègre. Est-elle plus habituée à le voir et partant plus familière avec lui? La chair du nègre, qui dégage des senteurs toutes spéciales, est-elle également douée d'éléments plus savoureux? C'est une question culinaire que les tigres n'ont pas révélée aux physiologistes.

(FR. BOUYER, *Voyage dans la Guyane française.*)

Voici un épisode qui montre qu'on peut venir assez facilement à bout du jaguar.

Durant notre voyage sur l'Atacoari, nous fûmes témoins, non pas d'un fait, — il s'était produit loin de nous, — mais des suites d'un fait, dans lequel un ethnologue* partisan et conservateur des vieilles doctrines eût vu l'irrécusable preuve de l'existence de ces femmes guerrières de la rivière Nhamondas, sur lesquelles voyageurs et savants ont tant disserté, depuis Orellana, qui le premier les vit à l'œuvre et les qualifia d'*Amazones**, jusqu'à La Condamine, qui ne les vit pas, c'est vrai, mais qui, sur la foi d'un sergent-major d'ordonnance brésilien, lequel tenait la chose de son aïeul défunt, crut de son devoir d'académicien de certifier en public l'existence de ces femmes chevaleresques.

Un indien Ticuna et sa compagne, partis en canot de chez eux, étaient allés s'approvisionner de racines dans une plantation qu'ils possédaient sur la rive gauche de l'Atacoari. Comme ils accostaient la berge, un tigre, tapi dans les roseaux, s'élança sur le Ticuna, placé à l'avant du canot; soit que la bête eût mal calculé son élan ou que le sol vaseux se fût dérobé sous elle, au lieu de tomber sur les épaules de l'indigène comme elle en avait l'intention, elle ne fit que lui labourer le crâne avec sa patte droite; il est vrai que les cinq crochets dont cette patte était armée, scalpèrent* littéralement l'individu, qui alla rouler sanglant au fond du canot, tandis que le félin, la tête hors de l'eau, la gueule béante et les yeux enflammés, s'accrochait au bordage de l'embarcation et s'efforçait de l'enjamber. Peut-être y fût-il parvenu, si la femme du Ticuna n'eût saisi la lance de son mari et ne l'eût plongée à deux mains dans la gorge du tigre, qu'elle embrocha comme un poulet; l'animal retomba à l'eau, se débattit quelques minutes, puis le pal et l'asphyxie eurent raison de lui.

Débarrassée de son ennemi, la Ticuna, au lieu de tomber à genoux comme une simple femme et de crier à son dieu Tupana : « Merci, mon Dieu! » reprit sa place à l'arrière du canot, rama virilement vers sa demeure et y ramena son mari évanoui, qu'elle coucha dans un hamac.

Il y avait deux heures que ce fait héroïque s'était accompli quand nous arrivâmes chez la Ticuna, poussés par le besoin de déjeuner. Le virago, tout en nous donnant des bananes et des racines, raconta la chose à nos gens, sans gestes, sans émoi et comme s'il se fût agi d'un incident vulgaire. Pendant que je faisais au crayon le portrait de cette Amazone, mon hôte, qui se disait plus fort en chirurgie que bien des chirurgiens, prit un mouchoir de cotonnade, l'imbiba de tafia*, le saupoudra de sel et en coiffa de nuit le Ticuna, couché dans son hamac et brûlant de fièvre. J'ignore ce qui s'ensuivit.

(Paul Marcoy, *Voyage de l'océan Pacifique à l'océan Atlantique.*)

Une descendante des Amazones.

L'attaque dont nous venons de parler a eu lieu sur le bord de l'eau. Le jaguar, en effet, bien que n'étant autre chose qu'un chat gigantesque, n'a pas, tant s'en faut, l'horreur de l'eau, proverbiale chez ses petits cousins d'Europe. Il chasse volontiers sur le bord de l'eau; il voyage même à la nage.

Polycarpe s'était dégourdi; la gourmandise avait produit plus d'effet que mes paroles. Il avait trouvé un grand nombre d'œufs d'une espèce de tortue que les Indiens nomment *tracaja*. Les œufs de cette tortue, contrairement à ceux des grosses que je connaissais, ont une coque dure. J'ai cherché vainement plus tard dans le sable les amas d'œufs que ces tortues y cachent. Les Indiens étaient plus heureux; ils les reconnaissaient à certaines traces imperceptibles, car je crois me souvenir que les tortues en se retirant effacent d'abord celles qu'elles ont faites; les vents et les pluies font le reste.

Je voyais à quelque distance des volées de grands oiseaux appelés ciganas; mais nous étions séparés d'eux par une petite anse. Nous avons dû nous embarquer de nouveau, et je pus abattre un de ces oiseaux, qui déjà depuis longtemps à bord du vapeur étaient le but de mon ambition. Je l'apportai triomphalement au canot.

J'étais occupé à recharger mon fusil (j'avais déposé en lieu sûr mon révolver, dont l'effet avait été produit, ne me souciant pas de l'avoir continuellement sur moi; car n'ayant qu'un pantalon, le frottement ne m'en était pas agréable) quand j'aperçus un caïman qui se glissait doucement entre les roseaux. Cette vue n'avait rien de bien rassurant, et tout en reculant je regardais s'il n'avait pas de camarade à terre. Une fois éloigné raisonnablement, je me disposais à lui envoyer une balle dans les yeux, lorsqu'un des Indiens, occupé de son côté à viser des tortues avec ses longues flèches armées d'un fer dentelé, me fit signe de regarder dans le fleuve. Je fus longtemps à distinguer l'objet désigné; enfin, à une assez grande distance, je vis un point noir, quelque chose ressemblant à une tête, se diriger de notre côté, en paraissant venir d'une île éloignée de nous de plus d'une lieue. Au premier moment, j'eus la pensée que c'était quelque naturel habitant l'île voisine qui venait visiter ses compatriotes. Cependant la distance qu'il avait à franchir à la nage dans une si grande étendue d'eau et l'impossibilité de nous avoir aperçus de si loin, me firent repousser cette première supposition. Cependant, si ce n'était pas un homme, qu'était-ce donc? C'était un jaguar qui nageait droit vers nous. Sa belle tête était, en peu de temps, devenue visible. Il nous avait vus à son tour, mais il ne lui était plus possible de retourner en arrière pour regagner le bord opposé.

Ne pouvant compter sur Polycarpe, occupé d'ailleurs fort loin à ses œufs de tortue, bien moins sur le garde et son fusil inoffensif, je profitai de la balle que j'avais glissée dans le mien pour le caïman, et j'attendis. Le cœur me battait bien fort; cette tête que je voyais alors distinctement, il fallait la toucher. J'invoquai le souvenir du brave Jules Gérard, mon ancienne connaissance. Au moment où j'ajustai, l'animal se tourna brusquement et se dirigea d'un autre côté. Il avait compris. Je me mis à courir pour me trouver directement en face de lui et attendre le moment où il poserait le pied à terre. Je voulais le tirer à bout portant, pour plus de certitude; mais pour exécuter cette manœuvre je fus arrêté tout net par des épines, des lianes toutes remplies de piquants. J'avais les pieds nus; il me fut impossible de gravir un petit monticule qui me séparait du lieu où le jaguar allait prendre terre.... Et il allait disparaître derrière!... En désespoir de cause, je tirai à la hâte et le touchai sans doute, car il porta subitement une de ses pattes à sa tête en se grattant l'oreille gauche, comme l'aurait fait un chat. Je le perdis de vue un instant, et quand il reparut de l'autre côté du monticule, je le vis s'enfoncer dans le plus épais du bois.

(BIARD, *Voyage au Brésil.*)

Ours gris.

Dans les prairies de l'Amérique du Nord, l'*ours gris* est pour le moins aussi redoutable à l'homme que le jaguar de l'Amérique du Sud. C'est une bête formidable, et qui ne se contente pas de sauter habilement sur sa proie, mais la suit patiemment et la *force* à la course. Les chasseurs ou *trappeurs* européens et les *Peaux Rouges* indigènes en ont une peur horrible : et ce sont des gens braves s'il en est!

Campé une nuit sur le bord d'un cours d'eau que je reconnus plus tard pour un affluent du Rio-Verde, je fus réveillé par des rugissements d'ours, mais d'un diapason qui n'avait rien de rassurant. A la pointe du jour, je rechargeai mes armes et y mis des lingots de fer trempé à la place des balles de plomb; je ne sais ce qu'il y avait dans l'air, mais j'éprouvais une espèce de pressentiment qui n'était pas de bon augure, un serrement de cœur qui voulait dire : Prends garde à toi ! Je suivis ce conseil, et, à neuf heures environ, je continuai mon voyage; la rivière longeant la direction de ma route, je la côtoyai jusqu'au milieu du jour et j'allais m'enfoncer dans la forêt, quand mon attention fut réveillée par des cris lointains ; j'approchai mon oreille de terre à la façon des Indiens, et j'entendis distinctement des cris confus. D'un bond, je me jetai dans un buisson de cerisiers et de saules qui bordaient la rivière, et tapi comme un renard qui a senti le chasseur, ma carabine en main, j'attendis. Au bout de quelques minutes, j'aperçus une bande d'Indiens de tout sexe et de tout âge accourant vers la rive opposée, et sautant à l'eau comme des grenouilles. Je crus à une attaque et me mis sur la défensive; mais je reconnus bientôt mon erreur, car les pauvres Indiens paraissaient trop effrayés pour qu'il me fût possible de croire que c'était à moi qu'ils en voulaient. Hommes et femmes nageaient à l'envi ; seulement, comme ces dernières portaient presque toutes sur leur dos un ou deux enfants ficelés dans des écorces de bouleau, elles nageaient bien moins vite que les hommes, qui, une fois arrivés sur le rivage, prirent la fuite. Trois seulement y restèrent, encourageant de la voix et du geste les pauvres squaws* à se presser; je m'attendais à voir apparaître de l'autre côté de la rive un parti d'Indiens ennemis, et je me disposais à battre en retraite de mon côté, quand j'entendis retentir le cri formidable qui m'avait tenu éveillé pendant la nuit, à une distance très rapprochée. Au même moment, je vis rouler du haut du talus une masse d'un gris sale, qui, s'étant relevée pour se jeter à l'eau, devint bientôt un ours gris, effroyable bête, la terreur des cœurs timorés, et le roi des animaux de ces régions ; il nageait avec une telle vigueur qu'il fut bientôt très près de la dernière des squaws, pauvre jeune mère traînant à la remorque deux petits jumeaux, qui criaient quand ils n'avaient pas la bouche remplie d'eau. Les Indiens, de leur côté, lançaient des flèches empoisonnées; mais la distance qui les séparait étant encore trop grande, l'ours n'en fut pas atteint.

Devant cette scène déchirante, je ne pus rester spectateur calme et égoïste; je sortis de ma cachette, et après avoir appelé et forcé les Indiens, fort disposés d'abord à la fuite en me voyant, à continuer ferme le jeu de leurs arcs, je plaçai ma bonne carabine dans la fourche d'un saule pour avoir plus de précision dans mon tir, et j'ajustai à cent vingt mètres; ma balle atteignit l'horrible tête du monstre et je le vis la tremper dans l'eau de la rivière, qui devint rouge de sang. Sa course se ralentit visiblement. Ayant ensuite saisi un Indien qui me paraissait le mari de l'infortunée squaw, je le poussai à l'eau pour le contraindre à aller porter secours à cette malheureuse, qui, paralysée par la peur et arrêtée par son fardeau, avait beaucoup de peine à nager. Je fus cependant obligé de le menacer de mon révolver pour l'y forcer. J'épaulai ma carabine, et une autre balle de fer arriva encore dans la tête du *grizly bear**, et l'arrêta assez à temps pour permettre à l'Indienne de gagner la rive. En y mettant les pieds elle tomba presque asphyxiée. Je fis signe aux trois Indiens, père, frère et mari de cette infortunée, de la porter dans la forêt et de la mettre en sûreté. Enhardi par mon premier succès, je voulus faire plus intime connaissance avec un gibier si terrible; je coulai vivement deux lingots dans ma carabine, et l'ayant jetée en bandoulière*, je m'élançai sur un des saules qui bordaient la rive. J'y étais à peine installé et n'avais pas encore eu le temps de me fixer à une de ses branches au moyen de ma ceinture, dans la crainte que mes pieds ne vinssent à glisser, que le monstre, dressé le long du tronc du saule, la gueule fumante, me couvrait déjà de son haleine fétide. A cette époque j'ignorais encore que les *grizly bear* ne montent pas sur les arbres; aussi, dans ma crainte et dans le but de l'arrêter, je déchargeai à un mètre de distance, successivement, mes deux coups de feu dans son énorme gueule béante. Une de mes balles lui traversa la mâchoire, en sortant par le cou; l'autre s'enfonça dans son large poitrail; il poussa un rugissement terrible, et en faisant un violent effort pour m'atteindre, il retomba sur le dos au pied du saule. Cependant il se redressa presque aussitôt. Le temps me manquait pour recharger ma carabine; je voulus me servir de mon révolver; mais, dans la vivacité de mes mouvements, il s'était pris de telle façon dans ma ceinture avec des branches de saule, que je ne pus immédiatement l'en retirer. Je ne perdis cependant pas la tête et, ayant saisi ma hache, j'en assenai un violent coup sur la tête de l'assaillant. Un de ses yeux fut atteint et son sang vint m'inonder. Il tomba à terre et y resta environ trois secondes, se tordant dans les convulsions de la rage. Pendant ce temps, je parvins à dégager mon révolver, et me voyant maître de la place, puisqu'il devenait évident que l'ennemi ne monterait pas à l'assaut, je pris tout mon temps pour viser et lui crever l'autre œil. Dès lors, je pus

Ours gris.

facilement venir à bout de la terrible bête. Privée de la vue, elle tournait constamment autour de mon tronc de saule en déchirant l'écorce de ses puissantes dents et de ses griffes. Enfin, un dernier coup de carabine mit fin à son agonie, qui s'était prolongée durant plus de vingt minutes, pendant lesquelles il avait mis à découvert les racines de mon saule. Il en avait arraché de si énormes morceaux, que l'arbre en avait éprouvé de violentes secousses.

L'ours gris est, par sa force, le roi ou le tyran des animaux des montagnes Rocheuses et des grandes prairies américaines; il n'est pas rare d'en rencontrer pesant cinq cents kilos. Ils ne montent pas sur les arbres comme ceux des autres espèces et ne sont pas aussi intelligents. Leurs longs poils sont d'un gris rougeâtre, et leurs oreilles pointues, leurs yeux féroces tirent sur le brun rouge; leurs pattes dépassent onze pouces de long et chaque griffe, recourbée en croissant, en a six. Je coupai à ma victime ces formidables défenses et lui cassai les dents à coups de hache, afin de m'en faire un trophée comme les Indiens. Je lui ouvris le ventre pour suivre, en vrai chasseur, le trajet de mes balles dans son corps : le cœur et les poumons avaient été traversés trois fois.

J'étais ainsi occupé quand mes Indiens et leurs squaws arrivèrent et se mirent à danser une ronde échevelée autour de nous, en chantant une chanson dont je crus reconnaître le caractère gastronomique dans certains mots indiens qu'ils prononçaient souvent. Je les laissai faire, et m'étant assis sur les flancs rebondis de mon ours, je me joignis au chœur. Voyant ma bonne volonté, ils vinrent me prendre par la main et m'entraînèrent dans leur ronde; je cédai de bonne grâce, et ils en parurent enchantés.

(DE WOGAN, *Voyage et aventures en Californie.*)

Bison.

Le plus gros animal de toute l'Amérique, sorte de bœuf bossu et portant une grosse crinière, qu'on ne trouve que dans les *prairies* de l'Amérique du Nord, où il vit en troupeaux.

Malgré les observations du Castor Noir, on voulut surprendre un troupeau de bisons. Leur donner la chasse et les forcer avec nos mulets était impossible ; il s'agissait de s'approcher, en se dissimulant derrière les ondulations du terrain, et d'arriver ainsi à portée de fusil. Mais, des douze ou seize chasseurs qui s'étaient mis en campagne, chacun voulait arriver le premier. On ne fit pas attention au reste ; on ne tint pas compte de l'odorat si fin des ruminants de la prairie, de sorte qu'au moment d'arriver à la bonne place, la compagnie eut la surprise de voir le troupeau en pleine fuite, à la distance de deux kilomètres. Les chasseurs, un peu refroidis, n'eurent plus qu'à regagner la caravane qui disparaissait à l'horizon, mais cette aventure mit sur le tapis la question des bisons et de leur chasse.

D'innombrables troupeaux de bisons animent les vastes prairies à l'ouest du Missouri, étendant leurs courses depuis le Canada jusqu'aux rives du golfe du Mexique. On suppose que chaque année, au printemps, la plupart de ces animaux émigrent vers le nord, pour rentrer, à l'automne, sous des zones plus chaudes. On rencontre, il est vrai, des individus isolés qui, l'hiver, cherchent leur nourriture sous la neige auprès des sources du Yellowstone, et même, plus au septentrion, d'autres qui tondent le gazon du Texas desséché par les ardeurs du soleil ; mais ce sont là des exceptions. Ce sont pour la plupart, comme le disait le Castor Noir, des bêtes appesanties par l'âge, trop paresseuses et trop lourdes pour suivre leurs jeunes compagnons.

Aux mois d'août et de septembre, les bisons, qui se sont régalés de gazon frais, se rassemblent en grands troupeaux; la plaine est couverte de leurs masses noires jusqu'aux dernières limites de l'horizon; pour en faire le dénombrement, il faudrait évaluer en milles carrés la surface qu'ils occupent. On dirait une armée barbare, désordonnée; la poussière vole en tourbillons sous les pas de ces milliers d'animaux; un bruit sourd agite l'air, pareil au roulement lointain du tonnerre. A cette époque, le chasseur peut parcourir la savane pendant des semaines, voire même des mois entiers, sans apercevoir une seule trace fraîche de bison; et si le hasard ne lui fait pas rencontrer un de ces troupeaux qui, soit dit en passant, lui barre le chemin pendant plusieurs jours, il croit que la prairie est morte; il accélère sa marche, afin de revoir plus vite des êtres civilisés et de savoir la solitude bien loin derrière lui. Mais au bout de quelques semaines le spectacle change; l'armée se débande; il se forme des troupes plus petites, qui vont porter la vie dans ces déserts, hier encore mornes et désolés. On voit alors des bisons qui paissent tranquillement, chacun de son côté, balayant la terre de leurs longues barbes; plus loin, des groupes couchés dans le gazon et ruminant à leur aise, jouant entre eux et exécutant les tours les plus grotesques avec une agilité merveilleuse; ou bien d'autres, suivant en rangs serrés des sentiers connus qui, à travers fleuves et montagnes, doivent les conduire à leurs campements favoris, dans les marais où ils comptent retrouver les bourbiers qu'ils ont creusés précédemment; à défaut de quoi ils en creuseront d'autres, car ces animaux prennent des bains de boue, et voici comment ils procèdent. Le chef de la bande cherche un endroit convenable, et quand il a trouvé ce qu'il désire, il se met à fouiller le sol de ses cornes grosses et courtes. S'aidant de ces mêmes cornes et de ses pieds, il lance dehors la terre et les herbes, et creuse ainsi une espèce d'entonnoir, où l'eau ne tarde pas à s'amasser. L'animal, tourmenté par les moustiques, fati-

gué par la chaleur, se laisse tomber dans ce trou, où il s'enfonce peu à peu, qu'il creuse toujours, et où il se vautre avec délices. Quand il s'en est donné à cœur-joie et qu'il sort de son bain, ce n'est plus une forme animale; sa longue barbe, sa crinière touffue forment une masse ruisselante et bourbeuse : ses yeux seuls indiquent encore que c'est ce bison au port majestueux et non un morceau de terre qui marche. Après lui, un autre se plonge dans le bassin, puis un troisième, et ainsi de suite jusqu'à ce que tous en aient pris leur part. Leur dos est comme enveloppé d'une croûte sale et épaisse qui ne disparaît que peu à peu, lorsqu'il pleut ou quand l'animal se roule sur le gazon.

Autrefois, quand les buffalos servaient, pour ainsi dire, d'animaux domestiques aux Indiens, on ne remarquait dans leurs innombrables troupeaux aucune diminution sensible; loin de là, ils prospéraient et se multipliaient au milieu des vertes savanes. Mais les blancs se montrèrent dans le pays; les peaux soyeuses attirèrent leurs regards; la chair grasse du bison flatta leur goût et ils pensèrent au profit à tirer de ce nouveau commerce. De leur côté, les habitants de la prairie furent captivés par le clinquant et les liqueurs fortes des Européens, et la guerre d'extermination commença. Des milliers de bisons furent abattus pour leur langue, plus souvent pour leur peau, mais pendant les premières années on ne pouvait encore juger de la diminution. L'Indien, être insouciant, vit au jour le jour, sans s'inquiéter de l'avenir; livré à ses caprices, il n'a pas besoin d'excitation : il chassera le bison tant que le dernier de ces quadrupèdes ne qui aura pas livré sa peau. Le moment n'est pas éloigné où ces riches troupeaux ne seront plus qu'un souvenir. Trois cent mille Indiens se verront privés de leurs moyens d'existence, et, chassés par la faim, deviendront, avec des milliers de loups, le fléau de cette civilisation qui les enveloppe de toutes parts et qui sera forcée de les extirper.

Les ennemis qui menacent le bison sont nombreux; mais le plus dangereux est encore l'Indien, qui a imaginé bien des moyens et des procédés pour amener cet animal en sa puissance. La chasse au buffalo est pour l'Indien une chasse nécessaire, en ce qu'il se procure par là sa nourriture; mais c'est aussi pour lui la suprême jouissance. Monté sur un de ces chevaux agiles et patients pris dans la savane à l'état sauvage, il se plaît à promener la mort au milieu d'un troupeau. Dès qu'il en a découvert un, il se débarrasse, lui et sa bête, de tous les objets qui pourraient les gêner dans leur course; les vêtements et la selle sont jetés de côté; il ne conserve qu'une grosse courroie de 19 mètres de long, attachée sous le menton du cheval et qui, jetée par-dessus le cou de la bête, traîne à terre dans toute sa longueur; c'est une bride, mais avant tout un *en-cas* dont le cavalier se sert, dans les chutes ou après tout autre accident, pour rattraper sa monture.

Le chasseur tient dans sa main gauche son arc et autant de flèches qu'il peut en porter; dans sa droite, un fouet dont il frappe sans pitié son cheval. Celui-ci, dressé depuis longtemps, va se placer tout contre le but désigné, afin de fournir à son cavalier l'occasion de percer le bison à coup sûr. Mais aussitôt que la corde a sifflé, que la flèche a pénétré dans la laine frisée, le cheval fait instinctivement un bond pour échapper aux cornes de son ennemi furieux, et se dirige vers une autre victime. Ainsi se poursuit à travers la savane, avec la rapidité de l'éclair, cette chasse à courre, jusqu'à ce que l'épuisement du cheval avertisse le chasseur qu'il faut cesser cet exercice. Cependant les animaux blessés agonisent à l'écart. Les femmes du chasseur ont suivi ses traces; elles achèvent les victimes et emportent les meilleurs morceaux dans leurs wigwams, où la chair est coupée en tranches minces et séchée au soleil, tandis que la peau est tannée d'après un procédé très simple. Inutile de dire que le reste est laissé en pâture aux loups, qui suivent toujours les troupeaux en nombre considérable.

Le bison a une longue crinière qui lui voile les yeux

et l'empêche de bien voir et de distinguer les objets, ce qui permet à l'Indien de le chasser aussi à pied. A cet effet, l'homme se recouvre d'une peau de loup, et s'avance vers son but, à quatre pattes, tenant ses armes devant lui. Si le vent ne le trahit pas en le dépouillant de son vêtement emprunté, il arrive facilement près du bison, qu'il abat sans que ce bruit trouble le moins du monde le reste de la bande. En effet, les coups de feu n'effrayent pas ces animaux, dont l'excellent odorat sent, en revanche, de fort loin la présence de l'homme, et un chasseur bien blotti et abrité contre le vent peut faire un ample butin au milieu d'un troupeau qui paît. C'est à peine si les voisins du blessé, en entendant son râle, lèvent un moment leur tête velue, qui retombe presque aussitôt sur la terre pour continuer à tondre le gazon.

On poursuit le buffalo en toute saison, même quand la prairie est couverte de neige et que la chasse à cheval est impossible. Les animaux se traînent alors péniblement. L'Indien attache à ses pieds agiles de longs patins, et court percer avec sa lance le bison, qui s'enfonce dans une neige épaisse. C'est ainsi que la guerre d'extermination se poursuit sans trêve ni merci contre l'animal qui fait l'ornement des savanes. Nul ménagement, nulle pensée de prévoyance; bientôt aura disparu le dernier bison, et avec lui le dernier Peau-Rouge, et avec le dernier Peau-Rouge toute la poésie de ce grand continent de l'Amérique du Nord.

(MÖLLHAUSEN, *Voyage du Mississipi aux côtes de l'océan Pacifique.*)

Tapir, Fourmilier, Paresseux.

Ce sont là les animaux les plus curieux et les plus caractéristiques de l'Amérique centrale et méridionale.

Chasse au tapir.

Si nous passons à la chasse en forêt, le fauve le plus noble et le plus traqué, c'est le tapir. Ce pachyderme*, véritable diminutif de l'éléphant, peuple en nombre infini, sans y vivre toutefois par troupes, les rivages fortement boisés de tous les affluents de l'Amazone et de la Plata. Il évite les plaines marécageuses et les plateaux stériles, pour choisir les défilés couverts d'une luxuriante végétation et gîter dans les fourrés impénétrables, tantôt au bord d'un torrent qui mugit, tantôt près des cataractes écumeuses des grandes rivières.

Dès que le jour paraît, il s'en va gravement, par des sentiers profondément encaissés, se baigner dans le fleuve, et plus d'une fois, à un détour de la rive, nous surprîmes notre pachyderme tranquillement dans l'eau jusqu'au cou. Il nage et plonge avec une prestesse étonnante; aussi quand les chiens le poursuivent, finit-il toujours par prendre le chemin de la rivière. Il n'en court pas moins à sa perte : le chasseur est là, qui le guette dans son léger canot et qui a vite fait, soit de lui tirer un coup de fusil, soit de le rattraper à la course, et de lui plonger dans le corps un long coutelas. Autant que possible, avant de lui porter le coup mortel, on le harponne pour l'empêcher de couler* : ce qu'il fait tout de suite une fois mort.

La femelle du tapir, lorsqu'elle a un petit, ne prend point la fuite devant l'aboiement des chiens. Elle reste courageusement à son gîte, et cherche à protéger de son corps le petit animal, qui se fourre entre ses jambes en poussant des cris aigus. Malheur alors à l'imprudent molosse* qui ose s'avancer hors du cercle de la meute vers la furieuse mère! Le groin du tapir, levé en l'air, met à découvert une mâchoire effrayante, et, d'un coup de ses pattes de devant, l'animal fait craquer les os de son adversaire. Il succombe néanmoins, victime de sa tendresse maternelle, sous les coups de feu répétés des chasseurs.

Si l'on emmène alors le petit, et qu'on ait soin de le

nourrir soit avec des courges, soit avec l'herbe des clairières et les jeunes pousses des bambous, il s'apprivoise très aisément, et, au bout de quelques jours, il ne songe plus à se sauver dans la forêt. A Curitiba, capitale de la province de Parana, on a vu pendant plusieurs années un tapir privé et sans maître courir, comme un chien, par les rues; du matin au soir, les petits nègres étaient après lui.

Toutes les grosses bêtes de l'Amérique du Sud semblent, du reste, apprivoisables; il n'y a guère d'habitation, le long du cours de l'Amazone, où l'on ne trouve toute une ménagerie de divers animaux du pays, principalement des oiseaux. Il y a même une espèce de serpent de taille gigantesque, le *giboia*, que l'on tient à demeure dans plus d'une hutte à titre de *jerimbabo* ou animal domestique, pour détruire les rats, les souris et autres vermines qui foisonnent un peu partout, sans compter des araignées énormes, d'affreuses blattes, qu'on nomme *baratas*, des tarentules, des scorpions et des cloportes venimeux.

Quant aux tapirs, je parle de ceux qui sont adultes, il est assez rare que le jaguar, sinon le chasseur, en attrape, Ce pachyderme trapu et heureusement bâti doit à son cuir épais d'un doigt une force de pesanteur qui culbute et balaye tout au passage, lorsque la bête s'élance comme un ouragan au travers des halliers, si bien que notre jaguar, perdant l'étrier, s'en va rouler dans le prochain fourré d'épines ou de lianes avant même que ses longues dents aient eu le temps d'entamer comme il faut la peau du tapir.

Sur le Parana, à l'embouchure de l'Ivahy, au cœur d'interminables forêts vierges où, hormis nous, nul Européen n'avait pénétré depuis deux cents ans, nos chasseurs tuèrent un vieux tapir qui portait sur son large dos des empreintes profondes de griffes de jaguar; de plus, il lui manquait un œil. Pauvre patriarche des forêts, qui n'avait échappé à la dent d'un félin que pour tomber immolé sous les balles de nos métis!

La chair du tapir a un goût qui se rapproche de celui de la viande de bœuf. La protubérance graisseuse et ornée de longs piquants qui est sur la nuque de cet animal est une véritable friandise, qui aurait fait honneur à la table d'un Lucullus*. Son groin et ses pieds, légèrement cuits à la gelée, sont aussi des morceaux de premier choix.

(KELLER-LEUZINGER, *Voyage d'exploration sur l'Ouragan et la Madéna.*)

Il y a plusieurs espèces de fourmiliers. Le plus grand, le tamanoir, a près de six pieds de long, et ses pattes sont munies de griffes extrêmement redoutables.

Le 3 février, dans la soirée, sortant pour me promener avec le curé, j'aperçus au loin dans la plaine le petit pâtre qui était monté à cheval pour ramener les vaches au corral*; il galopait vers nous en chassant devant lui à coups de fouet un tamanoir, qu'il avait trouvé un quart d'heure auparavant fouillant une fourmilière.

Lorsque nous aperçûmes l'animal, il était déjà fatigué et galopait lourdement, presque à la manière d'une vache. Je courus vers lui, et, l'ayant atteint, je le saisis par la queue, espérant l'arrêter. Je n'y aurais pas réussi sans doute, mais je dus bientôt cesser mes efforts, en entendant le petit pâtre me crier d'une voix effrayée que j'allais me faire tuer.

Quoique je ne visse pas bien en quoi pouvait consister le danger, comme déjà je m'étais attiré plus d'une fâcheuse aventure pour n'avoir pas voulu croire à l'expérience des gens du pays, je cédai cette fois au premier avertissement, et je reconnus, au moment même, que l'obstination m'eût coûté cher. A peine avais-je lâché prise, que l'animal, s'arrêtant brusquement, se leva sur ses pieds de derrière, comme l'eût pu faire un ours, et, se tournant vers moi par un mouvement rapide semblable à celui d'un faucheur, traça dans l'air, avec son bras étendu, un cercle dans lequel il s'en fallut de bien peu que je ne fusse compris : je vis passer à deux pouces de ma ceinture un ongle tranchant qui me parut alors long d'un demi-pied, et qui, si j'eusse fait un pas de plus, m'aurait infailliblement ouvert le ventre d'un flanc à l'autre. Un grondement de colère qui accompagnait cette démonstration, déjà par elle-même assez significative, me fit comprendre qu'il y aurait de la témérité à recommencer un engagement avec un ennemi dont les mains étaient beaucoup mieux armées que les miennes; je continuai donc la chasse en simple spectateur. Le petit pâtre, qui maniait son cheval avec beaucoup d'adresse, parvint à conduire le tamanoir jusqu'au centre du village. Arrivé là, le pauvre animal, qui ne pouvait presque plus courir, se réfugia sous le portique de l'église. On apporta bientôt, des maisons voisines, plusieurs lazos[1], au moyen desquels on s'en rendit maître et on l'amena, lié par la tête et les deux pattes de devant, au milieu de la place du village. Au bout de quelques instants, il parut avoir renoncé à toute résistance, et je profitai de ce moment pour en faire un dessin. Tant que je restais à une certaine distance, il se tenait complètement immobile; s'il m'arrivait au contraire de m'approcher pour mieux voir quelque détail, il se mettait aussitôt en mesure de se défendre, non plus, comme la première fois, en se levant debout et cherchant à me frapper, mais en se plaçant sur le dos et ouvrant ses bras pour me saisir.

Cette attitude de défense, la meilleure peut-être que pût prendre l'animal, cerné de toutes parts comme il

1. *Lazo* ou *laço*, longue corde en cuir roulée, terminée par un nœud coulant et très souple. Les gens de la campagne sont exercés dès l'enfance à s'en servir, et ne sortent jamais à cheval sans avoir un de ces lazos attaché à l'arçon de leur selle. Ils le lancent avec une telle habileté, qu'au milieu d'une course au galop ils enlacent presque à coup sûr un cheval ou une vache qui fuit. La vache doit être enlacée par les cornes sans qu'une des oreilles soit prise. J'ai vu souvent enlacer ainsi des génisses qui n'avaient pas 8 centimètres de cornes.

l'était en ce moment, n'est pas celle qu'il choisit quand il n'est menacé que d'un seul côté; alors, au lieu de se renverser, il se contente de s'asseoir, et, faisant face à son ennemi, il le menace de ses terribles ongles.

On prétend, dit d'Azara, que, lorsque le jaguar voit le tamanoir ainsi *sur ses gardes*, il n'ose pas l'attaquer, et que, lorsqu'il s'y hasarde, celui-ci le saisit et ne le lâche qu'après lui avoir fait perdre la vie en lui enfonçant ses griffes dans le corps : de sorte qu'il arrive parfois que l'un et l'autre demeurent sur l'arène.... Il est certain, ajoute notre auteur, que c'est de cette manière que se défend le tamanoir. Mais il n'est pas croyable qu'elle lui suffise contre le jaguar, qui peut le tuer d'un coup de dent, et qui est beaucoup trop agile pour se laisser saisir par un être aussi lourd. »

(RAULIN, *Souvenirs d'un naturaliste.*)

Les paresseux, dont il existe deux espèces, l'unau et l'aï, sont des animaux extrêmement lourds, qui demeurent tout le jour quasi immobiles. La nuit, ils reprennent un peu plus d'agilité.

Au delà des palmiers, dans un espace vide entre le fleuve et la forêt, croissaient deux ou trois cécropias. Le tronc de l'un de ces arbres recélait un essaim d'abeilles. L'idée d'enfumer ces insectes pour s'approprier leur miel et leur cire est venue à mes Tapuyas. Comme ils allaient reconnaître les lieux, un de ces animaux que les Indiens nomment *aï*, les Portugais *preguiça* et les savants *bradypes*, a fait entendre un cri doux et prolongé, qui tenait du miaulement du chat et de la plainte humaine. A cette manifestation d'effroi de l'animal, les Tapuyas ont répondu par des exclamations de joie.

Le paresseux était assis près d'un cécropia, qu'il se disposait à escalader ; de son bras gauche, il entourait le tronc de l'arbre; son bras droit pendait le long de son corps. La rencontre était neuve pour moi, et la lenteur des mouvements de l'animal me garantissant jusqu'à certain point contre ses intentions malveillantes, je m'en suis approché pour le voir de près ; de son côté, le paresseux a penché la tête en arrière et s'est mis aussi à m'examiner. Cette bonne grosse tête était percée d'yeux ronds, veinés comme des agates et limpides comme ceux des enfants; l'expression de leur regard m'a surpris et presque ému, tant il s'y peignait de douceur, de mélancolie et de résignation ; la couleur du pelage aux crins longs et rudes était blanche à la base, grise au centre, noire à l'extrémité. Chaque fois que les Tapuyas faisaient mine de porter la main sur la bête, elle se balançait d'un air langoureux et, du bras droit, qu'elle avait libre, frappait sa poitrine comme une vieille femme qui dit son *mea culpa;* ce geste bizarre du paresseux est sa manière accoutumée de se mettre en défense. Qu'un des hommes se fût jeté étourdiment sur lui, et les trois ongles-grappins dont l'extrémité de chaque membre est armée dans l'espèce, s'implantaient dans le corps de l'imprudent pour n'en plus sortir.

Un nœud coulant et une volée de coups de bâton eurent raison du pauvre tardigrade*, dont le cadavre fut rejeté dans la pirogue. De retour à bord, nos hommes, à qui la capture avait fait oublier le miel d'abeilles dont ils comptaient se régaler, le suspendirent aux haubans*, l'écorchèrent et le détaillèrent comme une cuisinière eût fait d'un lapin ; l'aï n'avait que la peau sur les os. A la grosseur énorme des muscles de ses quatre membres, je compris de quel secours ils devaient être à l'animal pour gravir lentement le tronc des arbres ou se suspendre à leurs plus hautes branches.

Avec le râble de la bête, quelques oignons, force piments et ce qui restait des haricots rouges de Santarem, un des Tapuyas prépara un ragoût d'une mine équivoque, mais dont le fumet ne laissait pas de chatouiller l'odorat. J'en mangeai peu, ayant toujours présent à l'idée le regard presque humain que m'avait jeté l'aï avant de mourir;

mais le pilote et l'équipage, moins scrupuleux que moi, firent marmite nette.

(PAUL MARCOY, *Voyage de l'océan Pacifique à l'océan Atlantique.*)

Lamantin.

Dans le golfe du Mexique et dans les grands fleuves de l'Amérique où il remonte assez haut, vit un mammifère aquatique et herbivore, le *lamantin*, qui, comme la baleine, n'a pas de pattes postérieures. On le prend en quantité jusque dans le haut Amazone.

Les pirogues, au lieu de prendre le large, obliquèrent à gauche, et s'allèrent poster près du bord. Là les rameurs rentrèrent doucement leurs rames et engagèrent les femmes à garder le silence, tandis que les pêcheurs, debout à l'avant des canots, promenaient sur le lac un regard circulaire.

Après quelques minutes d'attente, un léger bruit se fit entendre à notre droite. Tous les yeux se tournèrent de ce côté. Le mufle noirâtre d'un lamantin pointait au-dessus des herbes noyées. L'animal souffla bruyamment pour expulser de ses poumons un air vicié, aspira coup sur coup quelques bouffées d'air atmosphérique; puis, ayant satisfait de la sorte aux exigences de sa nature d'amphibie, se mit à nager vers le milieu du lac.

Comme il en approchait, cinq individus de son espèce se montrèrent presque en même temps au-dessus de l'eau, que l'extrémité de leur mufle dépassait seule. Sans la crainte d'effaroucher les nouveaux venus, nos gens eussent battu des mains, car la pêche promettait d'être magnifique. En apercevant le premier lamantin, les cinq autres étaient venus à sa rencontre, et, mus par la même pensée, si tant est que les lamantins aient une pensée, manœuvraient de façon à le prendre au milieu d'un cercle. Parvenus à quelques pas de l'animal, ils ne prirent que le temps de souffler et de renifler et fondirent sur lui tête baissée; mais celui-ci esquiva le choc en plongeant, et les cétacés se heurtèrent avec furie.

Leur rencontre fit jaillir une trombe d'eau. Le lac se troubla, la vase du fond remonta à la surface, labourée qu'elle était par les évolutions rapides et les coups de queue pareils à des coups de battoir que les amphibies s'administraient à qui mieux mieux. Au milieu de cette onde fangeuse qui se creusait, s'enflait, bouillonnait comme si des feux souterrains l'eussent échauffée, des

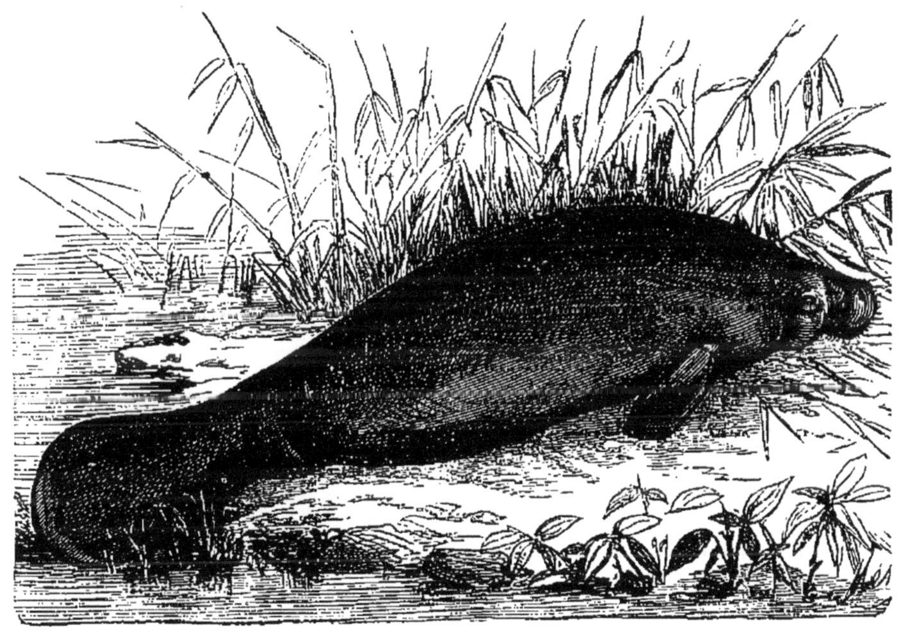

Lamantin.

hures reniflantes, des ailerons charnus, de larges queues spatulées passaient et repassaient avec de tels bonds et de si étranges culbutes, que je demandai tout bas au Père Antonio à quelle gymnastique insensée pouvaient se livrer les lamantins de Mabuiso.

Ce que dans mon ignorance des mœurs de ces cétacés j'avais pris pour un exercice de gymnastique, était le combat à outrance de lamantins mâles. La lutte de ces animaux dura quelques minutes, puis le calme s'étant rétabli, deux d'entre eux émergèrent simultanément à peu de distance du champ de bataille et, nageant de conserve*, gagnèrent le milieu du lac, où nous les perdîmes de vue.

Comme je déplorais ce contre-temps, les deux fuyards, par égard pour la science dont j'étais le très humble représentant, daignèrent reparaître au milieu des herbes noyées.

Quand, à des indices qui trompent rarement leur œil exercé, les pêcheurs de ces contrées ont constaté dans les eaux d'un lac la présence d'un lamantin femelle, ils barrent l'entrée du canal qui y aboutit, afin de retenir captifs les mâles qui s'y sont introduits à sa suite. Les pauvres animaux tombent alors sous le harpon. Parfois la femelle qui a servi à les prendre au piège est comprise dans le massacre; mais le plus souvent les pêcheurs, qui la reconnaissent à sa taille et à ses allures, la laissent sortir du lac et rentrer dans les eaux de l'Ucayali, afin qu'à l'occasion elle leur serve encore d'appeau pour attirer les mâles dans une embuscade.

Rien de plus simple et de moins dispendieux que la façon de pêcher le lamantin dans les lacs de cette Amérique. Guidé par le souffle de l'animal, qui émerge toutes les dix minutes pour expulser de ses poumons l'acide carbonique et le remplacer par une provision d'oxygène et d'azote, le pêcheur dirige doucement sa barque vers le cétacé et s'en approche à portée de harpon. Ce harpon est un clou de six pouces, aiguisé sur la pierre et emmanché d'un bâton auquel est attachée une corde de quelques brasses*. Il suffit au pêcheur de planter cet engin dans une partie quelconque du corps de l'animal pour étourdir ce dernier et s'en rendre maître. Cette masse informe et puissante, qu'on croirait susceptible de résister au choc d'un bélier, cède au moindre effort et succombe à la première blessure.

Des trois lamantins mâles que nous pêchâmes dans le lac de Mabuiso, le premier fut atteint dans les plis du col, le second au milieu du corps, le troisième entre les vertèbres caudales. Le coup de grâce fut donné à chacun d'eux, et leurs cadavres, attachés par les ailerons, furent remorqués jusqu'à l'Ucayali, puis traînés à renfort de bras sur une plage qui nous avait paru offrir les commodités désirables pour une cuisine en plein air. Là les cétacés, placés le ventre en l'air, furent incisés de la gorge à l'anus par les maîtres bouchers, qui commencèrent à les dépouiller de leur cuir. Une armure de lard, épaisse de trois pouces, recouvrait la chair de ces amphibies, chair si rose, si ferme et si appétissante qu'on était tenté de la manger crue. Jamais viande et couenne de porc ne me parurent plus dignes que celles de ces lamantins de figurer dans le poème de *la Gastronomie* ou sur la carte d'un restaurateur en renom.

(Paul Marcoy, *Voyage de l'océan Pacifique à l'océan Atlantique à travers l'Amérique du Sud.*)

Sans jamais venir à terre, le lamantin s'approche souvent du bord, où il trouve une nourriture plus abondante. Mal lui en prend parfois.

Comme nous allions doubler ce promontoire, un clapotement de l'eau et un craquement des branchages attirèrent en même temps l'attention de nos gens. D'un commun accord ils cessèrent de ramer et de pagayer, et, s'accrochant aux branches d'un saule, arrêtèrent l'élan de l'embarcation. Ce qu'ils voyaient derrière ce rideau de verdure et qu'il me fut donné de voir comme eux, eût ravi d'aise notre sculpteur Barye et les *animaliers* de son école.

A vingt pas de nous, sur la berge d'en face, élevée de deux à trois pieds, un jaguar de la grande espèce, — *yahuaraté*, — au pelage fauve et magnifiquement ocellé, était fièrement campé sur ses quatre pattes, les orilles droites, le corps immobile et dans une atttiude de chien d'arrêt devant l'oiseau, qui mettait en relief ses formes robustes et gracieuses; les yeux de la bête, pareils à deux disques d'or clair, suivaient avec une implacable fixité tous les mouvements d'un pauvre lamantin occupé à broyer sous ses dents à couronne plate des tiges de faux maïs et de plantain d'eau qui croissaient en ce lieu.

A un moment donné et comme le cétacé élevait au-dessus de l'eau sa tête difforme, le jaguar se laissa choir sur lui et, enfonçant dans les plis du col les ongles de sa patte gauche, lui tamponna le mufle avec ceux de sa droite et le retint sous l'eau pour l'empêcher de respirer. Le lamantin, se sentant étouffer, fit un bond terrible pour se débarrasser de son adversaire; mais il avait affaire à forte partie, et le jaguar, plongeant et émergeant tour à tour, selon que les soubresauts désespérés de sa victime l'entraînaient sous l'eau ou le ramenaient à la surface, le jaguar ne le lâcha pas. Cette lutte inégale dura quelques minutes, puis les mouvements du lamantin se ralentirent, et bientôt il ne bougea plus. Il était mort. Alors le jaguar sortit de l'eau à reculons, s'assit sur son derrière, et, arcbouté* sur une patte, parvint avec les crochets de l'autre à haler* sur la berge l'énorme cétacé, dont le mufle et le col étaient sillonnés de blessures. Notre attention était si grande, — je dis notre, car mes gens avouaient n'avoir jamais assisté à un combat pareil, — que le jaguar, qui venait de pousser un rauquement particulier, comme pour appeler une femelle ou des petits, allait disparaître avec sa capture, si à ce moment un des rameurs n'eût rompu le charme en bandant son arc et en envoyant au félin une flèche qui passa près de lui et s'alla planter dans un tronc voisin. Surpris par cette agression, l'animal fit un bond de côté et darda sur le rideau de saules qui nous cachait, ses yeux ronds dont le jaune était devenu rouge. Une seconde flèche qui ne le toucha pas plus que la première, les cris des rameurs et la qualification de *sua-sua* — double voleur — que lui donnait à pleins poumons le vieux Julio, le décidèrent enfin à s'éloigner. Avant de disparaître, il tourna une dernière fois la tête de notre côté et regarda le lamantin gisant sur la berge, comme s'il eût regretté d'aban-

Combat d'un jaguar et d'un lamantin.

donner à des intrus* une proie si vaillamment conquise.

Le corps du cétacé fut coupé par quartiers et boucané* sur les lieux au moyen d'un gril de branchages. Pendant que mes hommes se livraient à cette besogne, je m'enfonçai dans le fourré, au risque d'y rencontrer le jaguar pêcheur et d'avoir personnellement à lui rendre compte du dol* commis par mes gens à son préjudice. Mais la bête avait disparu, et je n'aperçus d'autres êtres vivants que de grands sphinx* au manteau gris frangé de bleu qui voletaient d'un arbre à l'autre avec cette allure indécise propre aux chauves-souris et aux papillons crépusculaires*.

(Paul Marcoy, *Voyage de l'océan Pacifique à l'océan Atlantique à travers l'Amérique du Sud.*)

Lama.

Les animaux domestiques américains sont ceux que les Européens y ont apportés. Beaucoup, du reste, sont repassés à l'état sauvage, et l'on trouve, vivant en liberté, les descendants des chiens, des chevaux, des cochons primitivement domestiques.

Cependant sur ces bandes sauvages le droit de propriété existe dans les régions relativement civilisées. Mais ce n'est pas chose facile que de rentrer dans son bien.

Le seul animal domestique indigène est le *lama*, sorte de petit chameau sans bosse, qui habite les régions élevées de la Cordillère des Andes. On s'en sert encore dans les hauts lieux, parce qu'il n'y est pas essoufflé et malade comme les chevaux. Il est utilisé comme bête de somme et comme producteur de laine; de plus, on le mange.

L'espèce n'est pas encore tout entière, tant s'en faut, réduite en domesticité*. Les lamas sauvages ou *alpagas* sont encore nombreux et sont recherchés pour leur laine; une espèce voisine, la *vigogne*, fournit une laine beaucoup plus fine.

Plus de deux cents individus des deux sexes avaient été mis en réquisition* pour entourer avec des piquets reliés par des fils de laine et des chiffons l'enceinte où les guanaques devaient être poussés. Ces préparatifs terminés, les mêmes individus s'étaient éparpillés et, embrassant un cercle de trois ou quatre lieues de monts et de plaines, avaient opéré peu à peu leur rapprochement, chassant devant eux les animaux enfermés dans ce cercle. Afin que nous n'eussions pas à attendre longtemps l'entrée dans l'enceinte des rabatteurs et du gibier, on devait nous

Lama.

prévenir du moment précis où les guanaques se présenteraient devant le corral dont l'ouverture avait été pratiquée au couchant.

La chose eut lieu comme on en était convenu. Vers midi, avertis par un Indien, qu'on nous avait dépêché, nous quittâmes San José et prîmes la direction du nord-ouest. Après trois quarts d'heure de marche, nous aperçûmes, sur un plateau, l'enceinte entourée de piquets, où les animaux pourchassés devaient trouver la mort. Bon nombre de curieux étaient venus à pied et à cheval des villages voisins pour assister à l'hallali* et au massacre des guanaques.

Un quart d'heure s'était à peine écoulé depuis notre arrivée, que les rabatteurs, hommes, femmes, enfants, gravissaient le plateau en poussant des clameurs insensées et en agitant les banderoles, les fourches et les épieux dont ils s'étaient munis. Ceux d'entre eux dont les mains étaient vides, faisaient avec leurs bras des signaux de télégraphe, dans le but d'effrayer les guanaques et de les pousser vers l'entrée du corral.

Une centaine de ces animaux ne tardèrent pas à se précipiter dans l'enceinte, dont ils firent deux fois le tour au galop. Cette carrière fournie, ils s'arrêtèrent haletants, le cou tendu, les oreilles dressées et parurent se consulter. Le résultat de la consultation fut que le troupeau vint se masser au centre du corral, pendant que de vieux mâles, marchant à pas comptés, cherchaient à retrouver l'issue par laquelle ils étaient entrés; mais des enfants blottis dans des trous, sur lesquels on avait étendu des ponchos*, dont la couleur roussâtre se confondait avec celle du sol, ces enfants s'étaient relevés après le passage des guanaques et barraient l'entrée de l'enceinte. Quand les vedettes revinrent annoncer au gros de la troupe que tout espoir de fuir leur était ravi, le désordre et la confusion se mirent dans les rangs. C'étaient des soubresauts et des gambades dont on ne saurait se faire une idée, des cris et des gémissements à n'en plus finir. Vingt fois les guanaques désespérés tentèrent de franchir la ligne des piquets reliés par un fil de laine, et autant de fois ils rebroussèrent chemin. La vue des chiffons attachés à ce fil, et que le vent faisait mouvoir, leur causait une insurmontable terreur.

Pendant ce temps les rabatteurs, après avoir envahi le

Chasse aux guanaques.

plateau, s'étaient introduits dans l'enceinte et formaient un cercle, qui se resserra par degrés autour des guanaques. Alors commença le massacre de ces animaux, dont les bâtons, les fourches et les épieux eurent bientôt raison. Des gracieuses bêtes qui bondissaient la veille de rocher en rocher, il ne resta plus qu'un tas de cadavres, que les chasseurs, auxquels s'étaient mêlés les assistants, se mirent en devoir de dépecer pour en avoir la chair.

(Paul Marcoy, *Voyage dans la région du Titicaca.*)

Condor.

Le plus grand des vautours et le plus grand des oiseaux voiliers est le *condor*, qu'on voit voler parfois à 6 ou 7000^m au-dessus du niveau de la mer, et à 3 ou 4000^m au-dessus du sol. De cette hauteur où on ne les peut voir, ils distinguent tout dans la plaine, et fondent sur leur proie avec une rapidité foudroyante. Ce sont des animaux redoutables pour l'homme lui-même lorsqu'il est affaibli ou blessé.

Nous nous endormîmes comme la nuit précédente, étendus sur le sable et pressés l'un contre l'autre. Je fus réveillé tout à coup de mon sommeil par les hennissements sourds et les mouvements saccadés de mon compagnon; je me levai avec anxiété : allait-il mourir et devais-je rester seul, sans son secours, épuisé, au milieu du désert?... Si mon cheval succombait, moi-même j'étais irrévocablement destiné à périr!...

Ce n'était pas l'agonie, comme je le craignais, mais c'était la terreur qui agitait mon compagnon. Tout autour de nous, à environ deux cents pas, des condors dont les yeux brillaient comme des charbons ardents formaient un cercle menaçant. Par un instinct étrange, ces animaux semblent deviner la mort prochaine de leurs futures victimes, et ils viennent attendre avec patience le moment où ils pourront commencer leur repas. Quand un mulet ou un cheval doit bientôt tomber, ils apparaissent, venant de distances considérables ; on ne les apercevait pas un instant auparavant, et ils sont là, tout à coup, par troupes. Je connaissais depuis longtemps ce trait de leurs mœurs, et je ne pus m'empêcher d'y voir un affreux présage. Toutefois, prenant mon revolver dans la main droite et mon couteau dans la main gauche, je marchai sur ceux des condors qui occupaient la partie du cercle que traversait notre piste. Ils étaient là, immobiles, debout, et je pus observer leur taille énorme, qui est celle d'un enfant d'une douzaine d'années. Quand je fus à une petite distance, je leur décochai deux balles; ils s'élevèrent alors tous de leur vol lourd, et après avoir décrit quelques cercles à des hauteurs vertigineuses, ils s'abattirent de nouveau, mais plus loin, et en augmentant le diamètre de la circonférence dont mon cheval et moi nous étions le centre attractif.

Pendant tout le reste de cette nuit, je restai debout, le révolver à la main, et carressant mon cheval pour calmer sa frayeur. Dès que l'aurore parut, je me remis en selle et repris ma route; les condors, pendant nos préparatifs de départ, s'étaient dispersés et avaient disparu.

(A. Bresson, *Le désert d'Atacama et Caracoles.*)

La gloutonnerie extraordinaire des condors fait qu'ils donnent dans les pièges les plus grossiers.

Le curé avait donné l'ordre à ses gens de tout préparer pour une chasse au condor dans la Cordillère neigeuse. Quand ce fut prêt, nous partîmes à dos de mules et, sous la conduite de quatre Indiens, nous nous rendîmes à l'endroit indiqué. C'était une façon d'étroite gorge formée par le rapprochement de deux coulées* basaltiques*, entre lesquelles apparaissait une des apophyses* de la chaîne que la neige recouvrait de la base au faîte. A l'endroit le plus resserré de cette gorge, qu'on avait rétréci encore en y roulant des pierres, quelques pieux placés en travers figuraient une claie, sur laquelle un mouton éventré à dessein était attaché. L'espace existant entre le sol et la claie offrait une cavité pleine d'ombre dans laquelle deux hommes étaient blottis : c'étaient les chasseurs. Pour que nous pussions à tous les détails de la chasse assister sans être aperçus des condors, les Indiens avaient construit avec des perches et des ponchos, sur lesquels ils avaient éparpillé de la neige, une manière d'ajoupa* où nous pûmes trouver place, ainsi que nos mules, dont la bouche fut comprimée avec une courroie, dans la crainte qu'il ne leur prît fantaisie de hennir. Un silence profond avait été recommandé. Une demi-heure environ s'écoula en observations mutuelles ; puis un battement d'ailes puissantes se fit entendre et nous vîmes une masse noire flotter dans l'air à une trentaine de mètres d'élévation. C'était un vautour de la plus grande espèce, dite *cuntur real*. Après avoir plané quelques minutes au-dessus du mouton, il s'abattit sur lui et essaya de l'emporter dans ses robustes serres. Mais la bête était solidement attachée, et après quelques efforts infructueux, l'oiseau se vit contraint de la manger sur place.

Pendant qu'il était en train de se repaître de cette chair dont il avalait goulûment des lambeaux, les chasseurs passaient adroitement leur main à travers les interstices de la claie et entouraient d'un nœud coulant les jambes de l'oiseau. Soit que l'opération eût été faite avec assez d'adresse pour que le condor ne se fût aperçu de rien, ou que chez lui la gloutonnerie fût plus forte que la frayeur, il continua son repas d'un air de sécurité parfaite.

Bientôt d'autres oiseaux de son espèce, attirés par le spectacle de la curée, vinrent se poser à côté de lui pour lui disputer les restes du mouton. Les coups d'ailes, les cris rauques et les trépignements de ces condors ne cessèrent que lorsque trois d'entre eux eurent été attachés par les jambes. Les chasseurs sortirent alors de leur cachette. A leur vue, les condors restés libres s'envolèrent plein d'épouvante. Quant aux captifs, furieux de ne pouvoir suivre leurs compagnons, ils tournèrent leur colère contre les Indiens, les menaçant de l'aile et du bec à la fois. Mais quelques coups de bâton les couchèrent sur le carreau. Les ailes du plus grand d'entre eux que nous mesurâmes avaient seize pieds d'envergure*. Quatre des plus grandes rémiges* de ce patriarche emplumé me furent offertes par les chasseurs, honneur que je reconnus par un don généreux de quatre réaux, soit un réal par plume.

(Paul Marcoy, *Le Titicaca.*)

Oiseaux.

Innombrables sont les espèces d'oiseaux qui peuplent forêts, marais, savanes, cours d'eau, dans les régions chaudes de l'Amérique. Je prends dans le journal d'un jeune naturaliste français, mort dans un voyage en Floride, deux récits intéressants.

Voici une pêche exécutée par des pélicans en troupe.

En ce moment mon attention fut attirée par les cris discordants d'oiseaux aquatiques, qui paraissaient réunis en grand nombre sur un point peu éloigné de moi.

Je traversai un bois touffu, pour découvrir ce que signifiait ce vacarme insolite, et je me glissai derrière un épais buisson. Là, tenant ma chienne par son collier, et retenant presque ma respiration, je fus bien payé de ma peine par un spectacle vraiment curieux et que je pus contempler tout à loisir.

Une cinquantaine de pélicans blancs s'étaient posés en file au milieu de la crique, plongés jusqu'à mi-corps dans l'eau. Ils se tenaient droits, le cou en l'air et au port d'armes, attendant le signal que le chef de la bande ne tarda pas à leur donner, en poussant deux cris formidables avec une voix caverneuse : *hoeu korr! hoeu korr!* Aussitôt la troupe s'ébranla, en battant l'eau avec ses ailes déployées et en plongeant le cou étendu en avant. Les deux extrémités de la file avançant plus vite que le centre, les pélicans formaient un vaste croissant qui occupait toute la surface de l'anse*, et comme la distance d'un oiseau à l'autre était mesurée et équivalait exactement à leur envergure, rien ne pouvait franchir ce cercle de becs menaçants et d'ailes puissantes. Les pélicans traquaient le poisson, en formant avec leurs cent ailes réunies un véritable filet aussi continu et serré qu'un tramail* ou une seine*. Leur cercle se rétrécissait peu à peu ; le poisson manquant d'eau commençait à sauter en l'air et à nager précipitamment, laissant une traînée boueuse sur son passage. Alors cinq ou six pélicans, les plus gros, les plus forts de la bande, firent l'office de pêcheurs; immobiles au bout de l'anse, les pattes dans l'eau, ils saisirent les poissons au passage, et les engloutirent méthodiquement dans l'énorme poche qui pend sous leur œsophage*; pendant ce temps leurs associés, qui continuaient à rabattre leurs ailes, paraissaient occupés exclusivement de ne pas laisser échapper la proie.

Ce n'etait pas tout. Attirée par cette pêche merveilleuse, toute la gent emplumée du voisinage s'était donné rendez-vous sur les bords de la crique, emplissant l'air de ses cris discordants. C'étaient les parasites qui cherchaient à vivre aux dépens de ces braves et intelligents pêcheurs. Rassemblés par centaines sur les tas de conferves et de coquilles amoncelées sur la rive, les corbeaux se disputaient des lambeaux de poissons volés; les nuées de mouettes et d'hirondelles de mer voletaient au-dessus de l'eau, saisissant au passage quelque menu frétin ; deux ou trois grèbes plus hardis s'introduisirent dans le cercle en plongeant et pêchèrent à loisir à la barbe des pélicans, évitant avec adresse les coups de bec formidables qui leur étaient adressés ; quelques cormorans perchés sur de vieux troncs d'arbres immergés, appuyés gauchement sur leurs queues pointues, se laissaient tomber comme des flèches sur les plus gros poissons, qu'ils saisissaient et rapportaient à leur poste, les jetant en l'air par la queue, et ne manquant jamais de les rattraper par la tête et de les avaler d'une

bouchée. A ceux-ci, les pélicans ne disaient rien; c'étaient des voleurs redoutables par leur taille et par leur force. Venait enfin la tourbe des honteux, les aigrettes, les crabiers, les petits hérons, qui, perchés sur les arbres d'alentour, assistaient, l'estomac vide, à cette curée appétissante; ils allongaient leurs cous comme des ressorts; ils roulaient des yeux effarés, et dansaient avec des contorsions de dépit sur les branches mortes, en poussant des cris de ventriloque*.

Ce qui me parut plus merveilleux, ce fut le partage équitable de la proie.

Quand la pêche fut terminée, les pélicans se rangèrent en cercle sur le sable, et chacun d'eux, vidant consciencieusement sa poche, en étala le contenu devant lui, en ayant soin d'écraser la tête des poissons qui se débattaient encore.

Alors, à un cri du chef, chaque oiseau prit un poisson et l'avala; nouveau cri, nouveau partage, et ainsi de suite. Quand ils furent bien repus, les pélicans lustrèrent avec soin leur plumage mouillé et recourbèrent leur cou sur leur dos. Puis, ce devoir de propreté accompli, ils se mirent paisiblement à faire la sieste.

J'aurais dû en faire autant, mais la passion du collectionneur s'était éveillée en moi, et en voyant tant d'oiseaux rares réunis, il me fut impossible de lui résister : je tirai sur un crabier bleu perché au-dessus de ma tête.

Au retentissement du coup de fusil, tout ce rassemblement d'oiseaux se dispersa. Les pélicans prirent leur essor en bon ordre, suivis par les cormorans et les corbeaux; les mouettes et les sternes gagnèrent à tire-d'aile le milieu de la crique*; les hérons, plus courageux ou stupides, restèrent perchés avec un air d'insouciance parfaite sur les hauts arbres de la forêt.

(POUSSIELGUE, *Quatre mois en Floride.*)

L'histoire suivante vous montre en action ce qu'on a appelé la *lutte pour l'existence*, ce qu'on pourrait appeler la justice distributive de la nature.

Je fus alors témoin d'un drame en plusieurs actes.

Il y avait en face de nous, séparée par un marécage profond, une antique et immense souche de cyprès, habitée à tous les étages par des locataires de races différentes, et qui paraissaient peu faits pour vivre en bons rapports de voisinage.

Sur un îlot formé par une racine de cet arbre, au milieu des eaux croupissantes, se trouvait une habitation creusée dans une gale du cyprès, et qui contenait deux chambres, une grande et une petite, ouvertes de deux côtés opposés. Or une cicindèle* verte à taches d'ivoire était venue se poser en volant sur la racine, et dévorait avec des frémissements voluptueux une larve qu'elle avait enlevée dans le marais. Mais voici qu'une tête hideuse, conique et pointue apparut à l'entrée de la plus petite des chambres; puis un corps livide, gluant, tout verruqueux*, se glissa par l'étroite ouverture, et un gros crapaud s'avança la gueule ouverte vers la cicindèle, qui continuait son repas.

Ce crapaud venait de saisir l'imprudent insecte, quand une vipère d'eau, un trigonocéphale, qui était aux aguets à l'entrée de la plus grande chambre où il demeurait, se lança d'un seul bond sur le crapaud, enfonça ses crochets venimeux dans ses reins, et, se retirant à l'orifice de son repaire, attendit, levé sur lui-même, l'effet de sa morsure empoisonnée. Le crapaud lâcha sa proie, essaya en vain de sauter, de se retourner en poussant des cris sourds; bientôt son corps trembla, et il se renversa les pattes en l'air dans les dernières convulsions de l'agonie. Alors le serpent rampa vers le cadavre, distendit sa gueule lentement, comme il convient à un gourmet qui va faire un bon dîner, saisit le crapaud par la tête, et commença à l'avaler avec effort. Il était au plus fort de cette pénible déglutition, lorsque soudain une cigogne s'abattit sur lui; le reptile, la gueule pleine, ne pouvant plus faire usage de ses terribles crochets, fut vaincu et tué par l'oiseau, malgré ses soubresauts, les enlacements de son corps et ses coups de queue. Qui fut bien embarrassé? Ce fut la cigogne victorieuse. Le serpent était trop lourd pour qu'elle pût l'emporter au sommet de quelque cyprès; d'un autre côté, il ne fallait pas songer à dévorer en paix une proie aussi volumineuse dans cet endroit découvert, où des nuées de mouettes et de corbeaux allaient venir lui disputer sa pâture.

La cigogne réfléchit quelques instants, puis, prenant un parti décisif, elle se mit à traîner péniblement le cadavre du reptile, en voletant au-dessus du marais, jusqu'à l'orifice d'une anfractuosité du grand cyprès, où elle le laissa tomber; ensuite, se perchant sur un des piliers de l'arbre, elle commença son repas en jetant des regards soupçonneux autour d'elle.

Or un couple de pélicans, la tête cachée dans les plumes soyeuses de leurs ailes, dormait près de là sur un autre pilier; l'odeur de la cuisine les réveilla; la pêche avait été mauvaise sans doute; leurs poches à provisions étaient vides, et, après un combat entre leur conscience et leur appétit (le pélican est un oiseau honnête), combat où l'appétit fut le plus fort, comme de juste, ils saisirent traîtreusement la queue du serpent dont la cigogne tenait la tête.

Il y eut grande contestation, querelle, injures échangées. Pendant quelques instants on n'entendit que battements d'ailes, craquements de becs et cris de colère. Dans leur rage, les deux partis avaient lâché le serpent, objet de la contestation; celui-ci gisait inerte à l'entrée de cette noire caverne; je le vis s'enfoncer dans le trou, où il disparut bientôt. Pélicans et cigogne s'en aperçurent, mais il était trop tard. Le trou était trop étroit pour ces grands oiseaux, qui s'efforcèrent en vain de reprendre leur proie. Comme ils se regardaient confus et hébétés à l'entrée de la caverne, deux yeux jaunes et phosphorescents brillèrent comme des charbons dans l'ombre, et un éclat de rire strident se fit entendre : c'était la chouettte qui se moquait d'eux en dînant à leurs dépens. Cette leçon valait bien un serpent sans doute. (POUSSIELGUE, *Quatre mois en Floride.*)

Pigeons voyageurs.

Certaines espèces d'oiseaux apparaissent avec une abondance dont rien de ce que nous observons dans nos pays ne peut nous donner une idée. Dans l'Amérique du Nord, les pigeons voyageurs se déplacent, à un certain moment de l'année, en troupes prodigieusement nombreuses.

Par un jour d'automne, je partis de Henderson où j'habitais, sur les bords de l'Ohio, me dirigeant vers Louisville. En traversant les landes qu'on trouve à quelques milles au delà de Hardensbourg, je remarquai des pigeons qui volaient du nord-est vers le sud-ouest, en si grand nombre, que je n'avais jamais rien vu de pareil. Voulant compter les troupes qui pourraient passer à portée de mes regards dans l'espace d'une heure, je descendis de cheval, m'assis sur une éminence, et commençai à faire avec mon crayon un point à chaque troupe que j'apercevais. Mais bientôt je reconnus qu'une pareille entreprise était impraticable, car les oiseaux se pressaient en innombrables multitudes. Je me levai, comptai les points qui étaient sur mon album ; il y en avait 163 de marqués en vingt et une minutes ! Je continuai ma route, et plus j'avançais, plus je rencontrais de pigeons. L'air en était littéralement rempli ; la lumière du jour, en plein midi, s'en trouvait obscurcie comme par une éclipse ; la fiente tombait semblable aux flocons d'une neige fondante, et le bourdonnement continu des ailes m'étourdissait et me donnait envie de dormir.

Je m'arrêtai, pour dîner, à l'hôtel de Young, au confluent de la rivière Salée avec l'Ohio ; et de là je pus voir à loisir d'immenses légions passant toujours sur un front qui s'étendait bien au delà de l'Ohio, dans l'ouest, et des forêts de hêtres qu'on découvre directement à l'est. Pas un seul oiseau ne se posa, car on ne voyait ni un gland ni une noix dans le voisinage. Aussi volaient-ils si haut, qu'on essayait vainement de les atteindre, même avec la plus forte carabine ; et les coups qu'on tirait après eux ne les effrayaient pas le moins du monde.

Je renonce à vous décrire l'admirable spectacle qu'offraient leurs évolutions aériennes lorsque, par hasard, un faucon venait à fondre sur l'arrière-garde de l'une de leurs troupes; tous à la fois, comme un torrent et avec un bruit de tonnerre, se pressaient l'un sur l'autre vers le centre ; et ces masses solides dardaient en avant en lignes brisées ou gracieusement onduleuses, descendaient et rasaient la terre avec une inconcevable rapidité, montaient perpendiculairement de manière à former une immense colonne ; puis, à perte de vue, tournoyaient, en tordant leurs lignes sans fin qui représentaient la marche sinueuse d'un gigantesque serpent.

Avant le coucher du soleil, j'atteignis Louisville, éloignée de Hardensbourg de cinquante-cinq milles* ; les pigeons passaient toujours en même nombre, et continuèrent ainsi pendant trois jours sans cesser. Tout le monde avait pris les armes ; les bords de l'Ohio étaient couverts d'hommes et de jeunes garçons fusillant sans relâche les pauvres voyageurs, qui volaient plus bas en passant la rivière. Des multitudes furent détruites ; pendant une semaine et plus, toute la population ne se nourrit que de pigeons, et pendant ce temps l'atmosphère resta profondément imprégnée de l'odeur particulière à cette espèce.

Il est extrêmement intéressant de voir chaque troupe répéter de point en point les mêmes évolutions qu'une première troupe a déjà tracées dans les airs. Ainsi, qu'un faucon vienne à donner quelque part sur l'une d'elles, les angles, les courbes et les ondulations que décriront ces oiseaux dans leurs efforts pour échapper aux serres redoutables du ravisseur, seront reproduits exactement par ceux de la troupe suivante. Et si, témoin d'une de ces grandes scènes de tumulte et de trouble, frappé de la rapidité et de l'élégance de leurs mouvements, un amateur est curieux de les voir se reproduire encore, ses désirs seront bientôt satisfaits : qu'il reste seulement en place jusqu'à ce qu'une autre troupe arrive.

Il n'est peut-être pas hors de propos de donner ici un aperçu du nombre de pigeons contenus dans l'une de ces puissantes agglomérations, et de la quantité de nourriture journellement consommée par les oiseaux qui la composent. Prenons une colonne d'un mille de large, ce qui est bien au-dessous de la réalité, et concevons-la passant au-dessus de nous, sans interruption, pendant trois heures, à raison également d'un mille par minute; nous aurons ainsi un parallélogramme de cent quatre-vingts milles de long sur un de large.

Supposons deux pigeons par mètre carré, le tout donnera un billion cent quinze millions cent cinquante-six mille pigeons par bande. Chaque pigeon consommant journellement une bonne demi-pinte* de nourriture, la quantité nécessaire pour subvenir à cette immense multitude devra être de huit millions sept cent douze mille boisseaux* par jour.

Aussitôt que s'annonce quelque part une abondance convenable, les pigeons se préparent à descendre, et volent d'abord en larges cercles, en passant en revue la contrée au-dessous d'eux. C'est pendant ces évolutions que leurs masses profondes offrent des aspects d'une admirable beauté et déploient, selon qu'ils changent de direction, tantôt un tapis du plus riche azur, tantôt une couche brillante d'un pourpre foncé. Alors ils passent plus bas par-dessus les bois, et par instants se perdent parmi le feuillage, pour reparaître le moment d'après et se renlever au-dessus de la cime des arbres. Enfin les voilà posés; mais aussitôt, comme saisis d'une terreur panique*, ils reprennent leur vol, avec un battement d'ailes semblable au roulement lointain du tonnerre; et ils parcourent en tous sens la forêt, comme pour s'assurer qu'il n'y a nulle part de danger. La faim cependant les ramène bientôt sur la terre, où on les voit retournant très adroitement les feuilles sèches qui cachent les graines et les fruits tombés des arbres. Sans cesse les derniers rangs s'enlèvent et passent par-dessus le gros du corps, pour aller se reposer en avant; et ainsi de suite, d'un mouvement si rapide et si continu, que toute la troupe semble être en même temps sur ses ailes. La quantité de terrain qu'ils balayent est immense et la place rendue si nette, que le glaneur qui voudrait venir après eux perdrait complètement sa peine. Ils mangent quelquefois avec une telle avidité, qu'en s'efforçant d'avaler un gros gland ou une noisette, ils restent là longtemps, en tirant le cou et haletant, comme sur le point d'étouffer.

C'est lorsqu'ils remplissent ainsi les bois qu'on en tue des quantités prodigieuses, et sans que leur nombre paraisse diminuer. Vers le milieu du jour, quand leur repas est fini, ils s'établissent sur les arbres pour reposer et digérer. Par terre, ils marchent aisément, aussi bien que sur les branches, et se plaisent à étaler leur belle queue, en imprimant à leur cou un mouvement en arrière et en avant des plus gracieux. Quand le soleil commence à disparaître, ils regagnent en masse leur juchoir, quelquefois à des centaines de milles, ainsi que me l'ont affirmé plusieurs personnes qui avait exactement noté le moment de leur arrivée et celui de leur départ.

Et nous aussi, cher lecteur, suivons-les jusqu'aux lieux qu'ils ont choisis pour leur nocturne rendez-vous. J'en sais un, notamment, digne de tout votre intérêt : c'est sur les bords de la rivière Verte et, comme toujours, dans cette partie de la forêt où il y a le moins de taillis et les plus hautes futaies. Je l'ai parcouru sur un espace d'environ cinquante milles, et j'ai trouvé qu'il n'avait pas moins de trois milles de large.

La première fois que je le visitai, les pigeons y avaient fait élection de domicile depuis une quinzaine, et il pouvait être deux heures avant le soleil couchant lorsque j'y arrivai. On n'en apercevait encore que très peu; mais déjà un grand nombre de personnes, avec chevaux, charrettes, fusils et munitions, s'étaient installées sur la lisière de la forêt. Deux fermiers du voisinage de Russelsville, distante de plus de cent milles, avaient amené près de trois cents porcs, pour les engraisser de la chair des pigeons qui allaient être massacrés; çà et là on s'occupait à plumer et saler ceux qu'on avait précédemment tués et qui étaient véritablement par monceaux. La fiente, sur plusieurs pouces de profondeur, couvrait la terre. Je remarquai quantité d'arbres de deux pieds de diamètre rompus assez près du sol; et les branches des plus grands et des plus gros avaient été brisées comme si l'ouragan eût dévasté la forêt. En un mot, tout me prouvait que le nombre des oiseaux qui fréquentaient cette partie des bois devait être immense, au delà de toute conception.

A mesure qu'approchait le moment où les pigeons devaient arriver, leurs ennemis, sur le qui-vive, se préparaient à les recevoir. Les uns s'étaient munis de marmites de fer remplies de soufre; d'autres, de torches et de pommes de pin; plusieurs de gaules, et le reste, de fusils. Cependant le soleil était descendu sous l'horizon, et rien encore ne paraissait! Chacun se tenait prêt, et le regard dirigé vers le clair firmament qu'on apercevait par échappées à travers le feuillage des grands arbres....

Soudain un cri général a retenti : « Les voici! » Le bruit qu'ils faisaient, bien qu'éloigné, me rappelait celui d'un forte brise de mer parmi les cordages d'un vaisseau dont les voiles sont ferlées*. Quand ils passèrent au-dessus de ma tête, je sentis un courant d'air qui m'étonna. Déjà des milliers étaient abattus par les hommes armés de perches; mais il continuait d'en arriver sans relâche. On alluma les feux, et alors ce fut un spectacle fantastique, merveilleux et plein d'une magnifique épouvante. Les oiseaux se précipitaient par masses et se posaient où ils pouvaient, les uns sur les autres, en tas gros comme des barriques; puis les branches, cédant sous le poids, craquaient et tombaient, entraînant par terre et écrasant les troupes serrées qui surchargeaient chaque partie des arbres. C'était une scène de tumulte et de confusion. En vain aurais-je essayé de parler, ou même d'appeler les personnes les plus rapprochées de moi. C'est à grand peine si l'on entendait les coups de fusil; et je ne m'apercevais qu'on avait tiré, qu'en voyant recharger les armes.

Personne n'osait s'aventurer au milieu du champ de carnage. On avait renfermé les porcs, et l'on remettait au lendemain pour ramasser morts et blessés; mais les pigeons venaient toujours, et il était plus de minuit, que je ne remarquais encore aucune diminution dans le nombre des arrivants. Le vacarme continua toute la nuit. J'étais curieux de savoir à quelle distance il parvenait, et j'envoyai un homme habitué à parcourir les forêts. Au bout de deux heures il revint et me dit qu'il l'avait distinctement entendu à trois milles de là. Enfin aux approches du jour le bruit s'apaisa un peu; et longtemps avant qu'on ne pût distinguer les objets, les pigeons commencèrent à se remettre en mouvement dans une direction tout opposée à celle par où ils étaient venus le soir. Au lever du soleil, tous ceux qui étaient capables de s'envoler avaient disparu. C'était maintenant le tour des loups, dont les hurlements frappaient nos oreilles : renards, lynx, couguars, ours, ratons, opossums et fouines, bondissant, courant, rampant, se pressant à la curée, tandis que des aigles et des faucons de différentes espèces se précipitaient du haut des airs pour les supplanter, ou du moins prendre leur part d'un aussi riche butin.

Alors, eux aussi, les auteurs de cette sanglante boucherie,

commencèrent à faire leur entrée au milieu des morts, des mourants et des blessés. Les pigeons furent entassés par monceaux; chacun prit ce qu'il voulut; puis on lâcha les cochons pour se rassasier du reste.

(AUDUBON, *Scènes de la nature aux États-Unis.*)

Caïman.

Les crocodiles américains s'appellent *caïmans* ou *alligators*. Ils sont fort peu différents de leurs frères d'Afrique et d'Asie, et en ont à la fois la grande taille et les mœurs agressives.

Nous mouillâmes vers l'aube à l'île des Alligators, entourée de vasières, où bientôt un nombre fort respectable de caïmans vinrent se prélasser au soleil. Autant que possible ce saurien ne reste à l'eau que le temps de s'y procurer son dîner. Il aime passionnément la chaleur ; sa jouissance suprême est de s'allonger paresseusement sur une plage ferme et consistante ; cette grève sableuse étant, à plusieurs kilomètres en amont et en aval, la seule qui réponde à ces exigences, les seigneurs caïmans s'y donnent rendez-vous de très loin. Ici, les forts et puissants dévorent volontiers les petits, et nul individu de moins de quatre mètres n'oserait se présenter à cette assemblée de gros mangeurs. Les vénérables patriarches ont toute la place nécessaire à leur sieste.

En ce lieu d'élection, la rivière, resserrée par l'île, forme un coude très brusque ; l'eau est profonde, les berges immergées de la rive droite sont à pic, et criblées de cuevas superposées comme les niches mortuaires d'un cimetière espagnol.

La cueva est un trou très étroit que l'animal se creuse et où il n'entre qu'à reculons. Il s'y cache tout entier, c'est là qu'il guette patiemment sa proie. On trouve surtout ces excavations dans les « charcos », gours* profonds où tournoient les remous*; partout ailleurs il n'y a pas de caïmans : on peut nager et plonger sans crainte. Puis, si défendus qu'ils soient par leur cuirasse à l'épreuve de la balle, malgré leurs mâchoires formidables, la vigueur de leurs membres et la force de leur queue dont un coup briserait l'embarcation la plus solide, ces sauriens sont si lâches, qu'ils ne s'attaquent jamais à l'homme. Les pêcheurs de manatis (lamantins), à la Loma de Cristal, dans les lagunes de Cacarica, m'ont conté ce qui suit : s'étant aperçus que d'énormes alligators profitaient de leur sommeil pour leur enlever des lanières de chair en train de boucaner, ils se mirent en garde et chassèrent les maraudeurs à grands coups de bâton.

On dit ici qu'ils se laissent manger la queue par le tigre sans remuer ni pied ni patte, et qu'au seul cri du maître félin c'est à qui plongera le plus vite pour gagner sa cueva. Les deux Verbrugghe, mes braves amis, pour qui l'Amérique, si grande qu'elle soit, n'a plus guère de secrets, m'apprennent que ce dire se retrouve partout.

On assure que les alligators ont une longévité extraordinaire et qu'ils ne cessent jamais de grandir : arrivés à un certain âge, ils se couvrent de mousse verdâtre, de verrues et d'excroissances; ils ressemblent alors à s'y méprendre à quelque vieille souche envasée. Moins agiles, ils ne peuvent plus happer facilement le poisson au passage et, pressés par la faim, ils deviennent dangereux pour le bétail et même pour l'homme. Un certain Juan de Pinogana, frère d'un de nos macheteros*, naviguant dans une pirogue, vit tout à coup un de ces alligators se précipiter sur lui, son énorme gueule entr'ouverte. Instinctivement, il épaula son fusil et tira ; il se retrouva barbotant dans l'eau, sa pirogue brisée; par bonheur le coup était parti, et le monstre, blessé ou surpris, l'avait laissé gagner la rive à la nage. Sur le Bayano, près de Jésus-Maria, plantation de cannes à sucre du docteur Cratochvill, un caïman de neuf mètres de long et de deux pour le moins de

Chasse aux alligators.

tour, obligeait les habitants du village à se tenir constamment en garde; malgré toutes les précautions, il en dévora deux. Quand un homme s'aventurait seul dans une pirogue, l'alligator rôdait tout autour, puis posait la patte sur le plat-bord pour la faire chavirer; si une canoa était au mouillage, on le voyait tout près, levant au-dessus de l'eau ses épaules et sa gueule énorme pour flairer la chair fraîche. Une balle bien dirigée délivra le pays de ce terrible commensal.

Quand un de ces vieux scélérats devient dangereux, on s'en débarrasse au moyen d'un solide hameçon amorcé d'un canard, le péché mignon de l'alligator. Le bout de la corde est amarré à un arbre de la rive; dès que le monstre a mordu, on hale sur la corde, et on le tire à terre si fatigué qu'on l'achève à loisir à coups de hache, comme une brebis.

Autre recette. A l'une des extrémités d'un gros fil de fer on fixe un morceau de bois léger; à l'autre, un croc bien enveloppé des tripes d'un animal quelconque; on jette le tout à l'eau. Le caïman, ayant avalé l'appât, se fatigue longtemps à traîner l'incommode bouée qui s'embarrasse dans les herbes et le force de tirer sur le croc, et celui-ci lui déchire les entrailles.

Il est assez difficile de le tuer sur le coup : la balle doit frapper dans la tête, près de l'œil, ou atteindre quelque organe vital à travers la peau du ventre, beaucoup plus molle qu'ailleurs. On se contente, en général, de tirer à chevrotines : l'alligator a « mauvaise chair », et ses moindres blessures guérissent difficilement; il suffit qu'un plomb ait pénétré le dessous du ventre ou du cou pour que la mort arrive au bout de quelques jours.

Les caïmans dorment la bouche ouverte, la mâchoire supérieure presque verticale. Le moindre bruit les réveille; alors, si quoi que ce soit les inquiète, ils se traînent péniblement vers l'eau en rampant en zigzag; mais s'ils fuient ou s'ils poursuivent quelque proie à terre, ils détalent à grande vitesse, sans éprouver, bien qu'on en ait dit, la moindre difficulté à tourner à droite ou à gauche. Ils sont alors terribles et je ne pense pas qu'un homme leur échappe facilement à la course. Dans l'eau, ils nagent de fort vive allure, sans faire usage de leurs pattes, qui restent collées au corps ; leur queue seule est en mouvement.

Dans les « cienagas », marais où les eaux sont peu profondes, on se divertit souvent à noyer des caïmans. On en choisit un dont la taille ne dépasse pas trois ou quatre mètres, et à force de le tarabuster avec une gaffe*, on le décide à décamper : il se cache alors sous les herbes aquatiques ou sous le tapis mouvant des feuilles de nénuphar ; on le harcèle de retraite en retraite sans jamais lui laisser le temps de remonter pour respirer à la surface des eaux. L'animal est bientôt à bout. Mais cet amusement a ses dangers. Parfois les « tapons » ou amas d'herbes dissimulent quelque colosse, qui, au lieu de s'enfuir quand il se sent piqué par la gaffe, détache un coup de queue et peut briser l'embarcation. Les rôles sont alors changés : le chasseur, chassé à son tour, est presque infailliblement perdu. M. de Lacharme, qui adorait ce « badinage », a manqué plusieurs fois d'en être victime. Il avait beau jeu pour ces distractions dans la cienaga de Betenci, vaste lagune* traversée par le rio Sinu et prodigieusement peuplée de caïmans : à la saison sèche, me disait-il, lorsque les eaux sont basses et que les bandes de poissons ont émigré vers le cours inférieur du fleuve, pour un malheureux petit fretin qui s'égare dans le voisinage de leur retraite, plus d'une soixantaine de monstres s'élancent la gueule béante à sa poursuite. Ce sont des batailles terribles ; des enchevêtrements de museaux à crocs formidables, de grandes queues qui battent l'eau et la font rejaillir en écume.

(A. Reclus, *Exploration aux isthmes de Panama et de Darien.*)

Malgré la force et la férocité du caïman, les indigènes et les nègres osent parfois l'attaquer au couteau.

Une des choses les plus remarquables sur la Magdelena, c'est l'abondance des caïmans. On pourrait en faire une exploitation fructueuse pour leur cuir, l'ivoire de leurs dents, et leur corps même, converti en une sorte de guano*.

Quand le soleil au zénith embrase l'atmosphère, quand les habitants de la forêt cherchent, silencieux, les fourrés, pour y trouver une ombre plus fraîche, alors qu'on n'entend aucun chant, aucun bruit, seul le caïman monstrueux, étendu sur le sable ardent des plages, ouvrant sa gueule énorme, s'amuse à y engloutir des milliers de moucherons, et produit, par le choc de ses dents formidables, un bruit sec et strident. C'est l'heure où le nègre, de ce pas nonchalant qu'il n'abandonne jamais, descend vers le fleuve et se plonge dans l'onde tiède, impuissante à rafraîchir ses membres. Le caïman l'a vu. Lentement, lourdement, il meut sa masse difforme, et rampant sur le sable qu'il laboure, gagne son élément favori, dans l'espoir d'une proie. Si le nègre n'est pas armé, il évite sa poursuite ; car ces deux êtres, tout à l'heure si nonchalants, viennent d'acquérir une agilité surprenante, l'un en retrouvant l'élément conforme à sa nature, l'autre en obéissant à l'instinct de la conservation. Mais si le noir a gardé à dessein son couteau affilé, il attend son adversaire. Celui-ci fond sur lui en ligne droite. Le noir plonge, fait une brusque volte, et reparaît à la surface au point d'où est parti son ennemi. Ce sont les préludes de la joute, Par cette manœuvre plusieurs fois répétée, il étonne le monstre, le fatigue, étudie ses mouvements et se prépare à l'attaque. Mais quelle blessure pourra-t-il faire à ce corps écailleux, sur lequel s'aplatissent ou glissent les balles de la carabine ? L'homme sait qu'il y a un point faible dans le blindage* de son ennemi, et qu'en frappant

au-dessous de l'épaule, il peut porter un coup mortel. Il s'efforce d'étourdir son jouteur par des mouvements rapides, des évolutions imprévues, puis tout à coup il demeure presque immobile, comme lassé de la lutte, et laisse son adversaire reprendre courage. Quand il voit que, dans sa poursuite ardente, l'animal, déjà tout près, ouvre ses mâchoires avides, il se laisse tomber à pic de quelques pieds, et remontant soudain, quand l'amphibie, emporté par son élan, passe au-dessus de sa tête, il le frappe d'un bras assuré. Le coup a bien porté. L'eau rougit autour des deux lutteurs. Mais le combat n'en devient que plus acharné, plus terrible; car l'animal blessé, furieux de douleur, s'acharne contre son antagoniste, le serre de près, le suit dans ses détours, plonge et se relève sur sa trace, et, se sentant mourir, veut au moins se venger. Cependant ses forces s'épuisent. Il se raidit par intervalles, le vainqueur profite d'un de ces instants pour lui porter un nouveau coup, et bientôt le courant entraîne le cadavre immonde, tandis que le nègre insouciant retourne s'asseoir à l'ombre de ses bananiers.

Quand un caïman est ce que l'on appelle ici *cebado*, c'est-à-dire habitué à guetter aux abords d'une hutte, le propriétaire emploie, pour s'en débarrasser, un moyen qui exige beaucoup de sang-froid et d'énergie. Il prend un morceau de bois dur, long d'environ trente centimètres, sur huit ou neuf d'épaisseur, le taille en pointe aux extrémités, laissant autour de la partie affilée un rebord de de quelques centimètres coupé carrément. Lorsqu'il aperçoit l'animal à son poste, il se glisse doucement au-devant de lui, saisit le tronçon pointu de la main droite, s'appuie sur les genoux et sur la main gauche, et tend son bras droit au monstre comme un appât. Celui-ci ouvre la gueule, la referme avec force et, se sentant enferré, se jette à la hâte dans le fleuve. L'homme se laisse entraîner sans lâcher prise, et l'animal gorgé d'eau, n'osant remonter à la surface, meurt bientôt asphyxié.

Il y a une autre manière intéressante de chasser le

caïman. Plusieurs noirs se mettent en embuscade, munis de fortes cordes à nœud coulant. Quand ils voient un caïman bien endormi, l'un d'eux se glisse près du monstre et lui chatouille doucement la gorge. L'animal, sans ouvrir les yeux, lève et secoue un peu la tête et reprend son somme. Mais le nègre a profité de ce mouvement pour passer le nœud coulant, ses compagnons tirent de toutes leurs forces, le caïman est hâlé à terre et tué à coups de lance.

(SAFFRAY, *Voyage à la Nouvelle-Grenade.*)

Boa.

Les serpents sont nombreux en Amérique, surtout dans les contrées chaudes. Les plus célèbres sont le *serpent à sonnettes,* à la morsure foudroyante, et le *boa* ou *devin,* qui n'est à craindre que par sa force, car, comme tous les serpents de grande taille, il n'est pas venimeux.

Le serpent *boa* est propre aux contrées chaudes du Nouveau Monde. Il est fort redouté des animaux sauvages ou domestiques et de l'homme lui-même.

La case du nègre Zagala a la prétention d'être un rendez-vous de chasse. Quand on y apporte tout, on peut s'y procurer le reste. Si on se munit d'un hamac, d'une moustiquaire*, de provisions liquides et solides, c'est une hôtellerie où rien ne manque. J'avais été heureusement prévenu et nous pûmes satisfaire notre faim et notre soif. Puis j'allumai un cigare, le brigadier bourra sa pipe et nous devisâmes familièrement.

« Par quel hasard êtes-vous venu à la Guyane? dis-je à mon compagnon.

— Mon capitaine, j'ai la passion de la chasse, j'ai permuté dans la gendarmerie coloniale pour pouvoir chasser; car en France cette distraction nous est interdite. Puis, voyez-vous, j'aurais été un mauvais gendarme pour les braconniers.

— Vous voulez dire un bon gendarme.

— Bon ou mauvais gendarme, j'aurais eu trop de sympathie pour les délits de chasse. Donc, pour ne pas manquer au devoir, je suis passé aux colonies. Ici du moins je puis tirer un pauvre coup de fusil et n'ai pas de procès-verbal à dresser contre les délinquants.

— C'est à la guerre que vous avez été blessé?

— Non, c'est à la chasse. Ici même, il y a un an, j'ai failli être dévoré par un serpent....

— Par un serpent!

— Je suis solidement bâti, n'est-ce pas? Je ne crains pas un homme, j'ai fait mes preuves. Si j'avais trouvé le Rougou, je l'aurais arrêté, aussi vrai que j'avale ce verre de vin; eh bien! quand je pense au danger que j'ai couru, j'ai une sueur froide.

— C'était un boa, alors?

— A ce qu'il paraît. Ils appellent ça ici des couleuvres. Voici la chose. Sur la droite de la savane où nous avons chassé, il y a des pri-pris remplis de canards; mais dans le jour ces diables d'oiseaux se tiennent au milieu; pas moyen d'y arriver, on s'y noierait dans la vase. Ce n'est qu'au petit jour qu'ils se tiennent au bord. J'avais une envie terrible de tuer un canard; j'arrivai de grand matin près du pri-pri, j'attendais que les premières lueurs du jour me montrassent les oiseaux que j'entendais tout autour de moi. Tout à coup je me sentis saisir brusquement à l'épaule.... Je tournai la tête, et je vis, à deux pouces de mon visage, la gueule d'un énorme serpent. Un mouvement de côté me dégagea de la bête, qui m'arracha un morceau de ma chemise de laine.

— Vous dûtes avoir une fière peur?

— Je n'avais pas le temps d'avoir peur, il fallait agir. La couleuvre, après m'avoir manqué un premier coup, me ressauta dessus. Cette fois, elle me prit à la cuisse. Ses dents m'entrèrent dans la chair et me causèrent une affreuse douleur; je sentais ma cuisse serrée comme dans un étau. Je ne perdis cependant pas courage; avec la crosse de mon fusil, je frappai tellement la tête de la

Une surprise.

couleuvre qu'elle lâcha encore prise. Elle prit alors du champ pour m'attaquer de nouveau et m'enlacer dans ses anneaux Heureusement je ne lui en laissai pas le temps: d'une main, vu le peu de distance qui nous séparait, je lui lâchai mes deux coups de fusil; elle tomba mortellement frappée. Quant à moi, je fis quelques pas et sortis du pri-pri. J'ignorais si mon ennemi était mort. Je cherchai à fuir, mais les forces me trahirent, je tombai évanoui. Combien de temps restai-je ainsi? je l'ignore; mais quand je revins à moi, le soleil était déjà bien haut à l'horizon. Ma blessure me faisait affreusement souffrir. Je rassemblai tout mon courage, et moitié marchant, moitié rampant, j'arrivai le soir chez Zagala. De là on me porta à l'hôpital. J'y restai six semaines, j'eus la fièvre, le délire, tout le tremblement, on faillit me couper la jambe: finalement je guéris, mais je suis resté un peu boiteux.

— Et la couleuvre?

— Quand je sortis de l'hôpital, je retournai au pri-pri; mais les fourmis et les urubus avaient déchiqueté le corps, il ne restait que l'épine dorsale. Elle avait vingt-quatre pieds de longueur.

— Quelle couleuvre! Ne m'en contez-vous point, brigadier? Ne l'auriez-vous pas mesurée approximativement?

— Le passeur de la pointe m'a assuré qu'il y en avait de trente et de quarante pieds.

— Et vous n'avez pas renoncé à la chasse?

— A la chasse aux canards: oui, et encore.... La chasse, voyez-vous, quand on a cette passion, on n'en guérit pas, c'est dans le sang. Qui a bu, boira.

— Brigadier, lui dis-je du fond du cœur, brigadier, vous avez raison. »

(BOUYER, *Voyage dans la Guyane française.*)

Jaguar et Boa.

En arrivant près d'une éclaircie, nous entendîmes dans

les hautes herbes et les roseaux un bruissement accompagné de craquements et de bruits rauques. L'Indien dégaina silencieusement son machete ; je pris mon couteau, sans savoir pourquoi, et nous avançâmes. Un spectacle terrible s'offrit à nos yeux. Nous nous arrêtâmes soudain.

Celui que nous avions guetté vainement, le jaguar était là ; mais il n'était pas seul : il avait rencontré sur son passage un serpent, un devin de grande taille. La faim sans doute les pressait tous deux ; au lieu de se fuir, ils s'étaient attaqués, et nous arrivions au plus fort du combat. Les griffes du jaguar avaient fait au serpent de nombreuses blessures où l'on voyait pendre des lambeaux de chair. Mais le monstre avait réussi à se rouler autour de son adversaire, qui se cabrait sous l'étreinte et, cherchant en vain à se dégager, laissait échapper un râle plein de colère. Le devin, suivant tous les mouvements du jaguar, ouvrait à la hauteur de la tête de sa proie une gueule énorme, garnie de dents recourbées, et faisait entendre un sifflement funèbre. Les os du jaguar craquèrent, sa poitrine s'affaissa. Le serpent multiplia ses anneaux autour du cadavre, le pétrit, l'allongea avant de l'engloutir. Avec un peu d'audace, nous aurions pu troubler, peut-être punir le vainqueur ; mais j'avoue que je n'en eus pas le courage.

(SAFFRAY, *Voyage à la Nouvelle-Grenade.*)

Tortue.

Les tortues de terre, d'eau douce et de mer sont recherchées pour leur viande et leurs écailles. On fait en outre, sur les plages où elles viennent pondre, une grande consommation de leurs œufs.

Entre le 15 août et le 1er septembre, époque de la ponte des tortues dans l'Ucayali, — ne pas confondre avec les affluents de ce tronc de l'Amazone, où cette même ponte a lieu trois semaines ou un mois après. —

la neige en cessant de tomber sur le sommet des Andes à ralenti le cours du fleuve, baissé son niveau et mis a nu ses vastes plages de sable. L'étiage des eaux donne aux Conibos le signal de la pêche. A un jour fixé, ils s'embarquent avec leurs familles, munis des ustensiles qui leur sont nécessaires, et voguent en aval ou en amont de la rivière, selon que le caprice les pousse ou que l'instinct les guide. Ces voyages sont de dix, vingt ou quarante lieues.

Quand les pêcheurs ont découvert sur une plage ces lignes incohérentes, sillon onguiculé* que trace en marchant la tortue, ils s'arrêtent, édifient à deux cents pas de l'eau des ajoupas provisoires et, cachés sous ces abris, ils attendent patiemment l'arrivée des amphibies. L'instinct de ces pêcheurs est tel, que leur installation sur cette plage ne précède guère que d'un jour ou deux l'apparition des tortues.

Certaine nuit obscure, entre minuit et deux heures, un immense mascaret* fait tout à coup bouillonner la rivière; des milliers de tortues sortent pesamment de l'eau et se répandent sur les plages.

Nos Conibos, accroupis ou agenouillés sous leurs abris de feuilles et gardant un profond silence, attendent le moment d'agir. Les tortues, qui se sont divisées par escouades au sortir de l'eau, creusent rapidement, avec leurs pieds de devant, une tranchée souvent longue de deux cents mètres, et toujours large de quatre pieds sur deux de profondeur. L'ardeur qu'elles mettent à cette besogne est telle, que le sable vole autour d'elles et les enveloppe comme un brouillard.

Quand la capacité de la fosse leur paraît suffisante, chacune d'elles, remontant sur le bord, tourne brusquement sa partie postérieure vers la cavité, et laisse choir au fond une provision d'œufs à coquille molle, de quarante au moins, de soixante-dix au plus; les pieds de derrière renouvelant alors la besogne de ceux de devant ont bientôt comblé l'excavation. Dans cette mêlée de pattes mouvantes, plus d'une tortue, bousculée par ses compagnes, roule dans le fossé et y est enterrée vivante. Un quart d'heure a suffi à cette œuvre immense.

Les tortues prisonnières.

A peine la tranchée est-elle comblée, que les tortues reprennent en désordre le chemin de la rivière : c'est le moment qu'épiaient nos Conibos.

Au cri poussé par l'un d'eux, toute la troupe se relève et s'élance à la poursuite des amphibies, non pour leur couper la retraite, ils seraient renversés et foulés aux pieds par le puissant escadron, mais pour voltiger sur ses flancs, se saisir des traînards et les retourner sur le dos; avant que le corps d'armée ait disparu, mille prisonniers sont restés souvent aux mains des *vireurs*.

Aux premières clartés du jour, le massacre commence. Sous la hache de l'indigène, la carapace et le plastron de l'amphibie volent en éclats; ses intestins fumants sont arrachés et remis aux femmes, qui en détachent une graisse jaune et fine, supérieure en délicatesse à la graisse d'oie. Les cadavres éventrés sont abandonnés ensuite aux percnoptères, aux vautours-harpies et aux aigles pêcheurs, accourus de tous côtés à la vue du carnage.

Avant de procéder à cette boucherie, les Conibos ont fait choix de deux ou trois cents tortues, qui sont destinées à leur subsistance et à leur trafic avec les Missions.

Pour empêcher ces animaux de se débattre et de trouver avec les pattes un point d'appui qui les ramènerait à leur posture accoutumée, ils incisent ses quatre membranes pédiculaires et les attachent par paires. La tortue, mise hors d'état de se mouvoir, rentre la tête dans sa carapace et ne donne plus signe de vie. Pour éviter que le soleil ne calcine ces corps inertes, les pêcheurs les précipitent pêle-mêle dans une fosse qu'ils ont creusée et les recouvrent de roseaux verts.

Hommes et femmes procèdent ensuite à la fabrication de la graisse, qu'ils font fondre et qu'ils écument à l'aide de spatules en bois. De jaune et d'opaque qu'elle était au sortir de l'animal, cette graisse devient incolore et ne se fige plus. Les Conibos en emplissent des jarres, dont ils tamponnent l'ouverture avec des feuilles de balisier.

Le résidu, rillettes et rillons restés au fond de la chaudière, est rejeté à l'eau, où les poissons et les caïmans se le disputent avec acharnement.

Cette opération terminée, nos indigènes n'ont garde d'oublier ou d'abandonner le produit de la ponte des tortues, qui est, avec la graisse et la chair de ces animaux, un des articles de leur commerce avec les Missions. Ces œufs sont retirés à pleines mannes de la fosse dans laquelle les chéloniens* les avaient déposés, et jetés dans une petite pirogue préalablement lavée et raclée et qui servira de pressoir. A l'aide de flèches à cinq pointes, hommes et femmes crèvent ces œufs, dont le jaune huileux est recueilli par eux avec de larges valves de moules faisant l'office de cuillers. Sur le détritus des coquilles on jette plus tard quelques potées d'eau, comme sur un marc de pommes ou de raisin, on remue violemment le tout, et le jaune qui s'en détache et surnage sur le liquide, est de nouveau recueilli avec soin. Reste alors à faire bouillir cette huile, à l'écumer, à y jeter quelques grains de sel et à le verser dans des jarres.

Cette graisse et cette huile, que préparent les Conibos, sont échangées par eux avec les missionnaires, qui s'en servent pour leur cuisine, contre des verroteries, des couteaux, des hameçons et des dards à tortue, vieux clous de rebut passés au feu et remis à neuf par les néophytes* forgerons de Sarayacu. Un de ces clous, convenablement affilé et que l'indigène adapte à sa flèche, lui sert à harponner les tortues à l'époque où, flottant par bancs épais, elles passent d'une rivière à l'autre. Pendant de longues heures, le pêcheur, debout sur la rive, épie le passage des chéloniens.

A peine un banc de tortues est-il en vue, qu'il bande son arc, y place une flèche et attend. Au moment où la masse flottante passe devant lui, il la vise horizontalement, puis, relevant brusquement son arc et sa flèche, il fait décrire à celle-ci une trajectoire dont la ligne descendante a pour point d'intersection la carapace d'une tortue. Parfois plusieurs individus se jettent dans une pirogue, poursuivent le banc de tortues, l'assaillent de leurs flèches aux courbes paraboliques, et n'abandonnent la partie que lorsque leur embarcation est chargée de butin à couler bas. A en juger par les cris, les hourras et les éclats de rire qui accompagnent cette pêche, on doit croire qu'elle est pour le Conibo un amusement plutôt qu'une corvée.

(Paul Marcoy, *De l'océan Pacifique à l'océan Atlantique*).

AUSTRALIE

Les mammifères d'Australie diffèrent complètement, sauf le chien sauvage, de ceux qui habitent toutes les autres régions du globe. Seule la sarigue américaine, sur laquelle Florian a écrit une si jolie fable, a les plus grands rapports avec eux. Comme la plupart de ces animaux ont sous le ventre une poche (en latin *marsupium*) dans laquelle ils portent leurs petits assez longtemps après la naissance, on les appelle *marsupiaux*.

Il y en a d'herbivores et de carnassiers. Les plus connus parmi les premiers sont les *kangurous*, dont la plus grande espèce atteint six pieds de hauteur.

Les marsupiaux carnivores sont de trop petite taille pour être redoutables à l'homme.

Kangurou.

Un de nos amusements favoris, un de ceux que je veux essayer de vous décrire, était la chasse au kangurou.

Cet animal est très commun chez nous, beaucoup trop, car nous estimons qu'il n'y en a pas moins de mille à quinze cents sur nos terrains, et ils nous mangent autant d'herbe que cent à cent cinquante têtes de bétail.

Les kangurous se tenant ordinairement par petites troupes de dix à quinze individus dans les vallées où l'herbe est la meilleure, cette chasse dérangeait notre bétail, et nous ne nous accordions ce plaisir que pour en faire honneur à des amis. Rien n'est charmant comme les kangurous broutant assis sur leurs longues pattes de derrière, s'appuyant sur leurs petites mains et se relevant à chaque instant pour savourer leurs herbes et écouter, les oreilles tendues en avant, s'ils n'ont pas quelque sujet de fuir. A pied, il est impossible de les approcher; mais on le peut plus facilement à cheval, parce qu'ils sont accoutumés à voir les chevaux dans les pâturages.

Trois de nos amis étaient venus de Melbourne pour se joindre à nous. Nous partîmes pour cette chasse un peu après le milieu du jour. Guillaume de P.... marchait en avant, suivi de grands lévriers d'origine anglaise ou écossaise. Puis venaient nos quatre jeunes ladies, impatientes de suivre la chasse, et nous tous après elles.

Le premier troupeau que nous rencontrâmes se mit à fuir à environ trois cents pas de nous : c'était trop loin pour espérer de l'atteindre; cependant Guillaume lâcha les chiens et nous nous élançâmes au galop derrière eux.

Comme tous les autres animaux, c'est en liberté qu'il faut voir le kangurou : ceux que vous pouvez avoir vus au Jardin des Plantes ne vous donneront nullement l'idée des kangurous qui peuplent le bush* australien, pas plus que le chamois qui est en cage à côté de l'auberge du Giesbach ne représente ses amis du Faulhorn. Le kangurou saute sur ses pattes de derrière seulement, le corps droit et un peu penché en avant, ses bras pendants sur sa poitrine. Il se met en mouvement par petits bonds réguliers, les augmentant à mesure qu'il se sent poursuivi. A toute vitesse, il franchit bien douze à quinze pieds de chaque bond. Quand il vient de sauter et qu'il est en l'air, sa longue queue et ses longues jambes pendantes se touchent. Elles se séparent de nouveau pour le recevoir au moment où il va retomber à terre, ce qui produit à chacun de ses bonds un double mouvement de pendule très original et très gracieux. Les kangurous s'enfuient toujours les uns derrière les autres, en colonne par un, comme on dirait à l'école du cavalier. Les plus vieux étant les plus lourds, sont ordinairement les derniers; avec eux se trouvent quelquefois de jeunes étourdis qui n'ont pas obéi assez promptement au signal du départ donné par leurs mères.

Nous perdîmes de vue le troupeau et, quand les chiens furent revenus, nous nous remîmes en ordre et gardâmes le silence, afin de pouvoir nous approcher davantage de la première troupe que nous découvririons.

Bientôt, à l'entrée d'une longue et étroite vallée, bor-

Kangurou et son petit.

dée de collines assez rapides, nous aperçûmes un nouveau troupeau. Tout nous promettait cette fois une belle chasse, car, les chiens ayant tout avantage sur les kangurous à la montée, nous étions sûrs que ceux-ci fuiraient droit devant eux dans la plaine. Arrivés à cent cinquante pas du troupeau, nous excitâmes les chiens et nous nous élançâmes après eux.

Notre gracieux gibier semblait d'abord s'éloigner et devoir nous échapper; mais nous galopions toujours, et peu à peu nous gagnions du terrain. Déjà nous convoitions un vieux kangurou, le dernier de la bande, lorsque tout à coup miss F..., la plus légère et la mieux montée, par conséquent la première des poursuivants, cria grâce et pitié pour lui. C'était une femelle qui, commençant à se fatiguer, venait de jeter un de ses petits de sa poche, et celui-ci sautait péniblement après sa mère. Heureusement, Lloyd et Guillaume, qui étaient auprès de miss F..., enfonçant leurs éperons dans les flancs de leurs chevaux, arrivèrent en même temps que les chiens : Guillaume les contint de la voix en les écartant avec son fouet, et bientôt nous atteignîmes tous la pauvre petite bête, qui ne pouvait courir bien loin.

Nos amazones voulaient lui faire grâce entière et la laisser là pour que sa mère pût la retrouver, mais il n'y eut pas moyen de nous faire entendre raison. Acland la prit dans ses bras et remonta à cheval, déclarant qu'il l'emporterait à Melbourne, et que ce serait une charmante acquisition pour le jardin de Fairlie-House.

D'autres fois nous fûmes plus heureux, et nous forçâmes plusieurs gros kangurous qui livrèrent bataille à nos chiens. Le kangurou au départ est plus vite que les chiens; mais, si vous ne le perdez pas de vue pendant le premier mille, il commence bientôt à se fatiguer, et vous êtes certain de l'atteindre à la fin du second. Lorsqu'il est forcé, il s'arrête, s'assied et attend les chiens. Ceux-ci ne l'attaquent que par derrière, car il pourrait les éventrer d'un coup d'une de ses longues pattes, formées de trois doigts seulement, celui du milieu plus long que les autres et armé d'une sorte de corne formidable. Mais, comme ces pattes qui lui servent de défense sont en même temps celles sur lesquelles il est assis, le kangurou n'est pas bien agile et ne peut faire face à un ennemi adroit comme le chien, qui le saisit à la nuque et l'étrangle.

Nos visiteuses n'aimaient plus cette chasse depuis l'incident de la première course; elles ne la suivaient plus que de loin, et l'animal était toujours mort lorsqu'elles arrivaient.

(De Castella, *Souvenirs d'un squatter français en Australie.*)

La chasse au kangurou peut quelquefois présenter de réels dangers, non seulement pour les chiens, mais pour l'homme.

C'est dans le trajet de Port Elliot à Adélaïde, trajet que je fis non par la grande route, mais à petites journées, à travers champs et avec force zigzags, comme un homme venu de loin pour étudier le pays, que je tuai pour la première fois un kangurou rouge, tout à la fois le plus grand spécimen de son espèce et le plus grand animal de l'Australie; il est aussi le plus rare.

Quand les chiens approchent d'une bande de ces animaux, le *vieil homme*, comme l'appellent les *Bushmen*, c'est-à-dire le plus vieux mâle, s'arrête, s'appuyant contre un tronc d'arbre s'il s'en trouve dans le voisinage, et, se tenant dressé sur ses jambes de derrière, il attend tranquillement l'attaque. Il est peu de vieux chiens qui osent se lancer franchement sur lui, car les kangurous se servent si habilement de leurs pieds de derrière, qu'un chien qui attaque sans précaution vient s'y embrocher comme sur un épieu, et se trouve rejeté au loin, le ventre ouvert et les entrailles pendantes. Ces kangurous sont si vigoureux que, s'il se trouve une mare dans le voisinage, ils saisissent les plus gros dogues entre leurs pattes antérieures, et bondissent à l'eau, où ils piétinent le chien jusqu'à ce qu'il soit noyé.

Dans l'occasion dont il s'agit, j'étais en chasse avec une laisse de chiens superbes, dans le *Bush* qui couvre les falaises de la presqu'île d'York, entre les golfes Spencer et Saint-Vincent. Mes chiens firent lever un kangurou rouge, le plus grand que j'aie jamais vu. Pendant trois kilomètres environ, nous eûmes une chasse splendide; ayant alors fait face aux chiens, mon vieux kangurou en éventra un, puis se dirigea en droiture vers la grève; il y avait bonne brise nord; Fango, un énorme griffon au poil rude, pressait le kangurou qui filait toujours vers la mer; j'étais bien loin de penser au parti qu'il allait prendre.

A mon profond étonnement, mon *vieil homme*, de la falaise, peu élevée à l'endroit où il se trouvait, sauta sur la plage, traversa résolûment le ressac* qui battait violemment la côte; Fango le suivit, se jeta à l'eau. Aussitôt en dehors du ressac, le kangurou ayant la tête et les épaules hors de l'eau se retourna, et attendit, calme et tranquille, mon chien qui nageait courageusement pour l'atteindre. Il savait bien ce qu'il faisait, le vieux rusé; il avait l'œil sur Fango, et avant que celui-ci eût pu lui sauter à la gorge, il le saisit avec ses pattes antérieures, le tenant très soigneusement sous l'eau. Ceci se passa en moins de temps que je n'en mets à l'écrire. L'air grave et tranquille du *vieil homme* passe tout ce qu'on peut imaginer; je ne puis mieux comparer son occupation qu'à celle d'une blanchisseuse plongeant et replongeant dans l'eau son linge qui remonte toujours à la surface.

Mais cela ne pouvait durer, mon chien allait se noyer; j'entrai sans hésiter dans le ressac, tenant un fusil élevé le plus possible au-dessus de ma tête pour le garantir de l'eau : je ne pouvais, du reste, tirer que de très près, n'ayant que du plomb dans mes canons. Je m'avançai tant que je pus; j'avais de l'eau jusque sous les bras, quand je me décidai à tirer; j'ajustai soigneusement, mais sans autre résultat que de changer la scène. Le kangurou abandonna mon chien et vint à moi, bondissant et éclaboussant. « Attention! pensai-je, si je ne te tue pas, tu me noieras. » Je gardai mon fusil à l'épaule, l'attendant très sérieusement, je vous assure, et quand il fut assez près, si près qu'il touchait mon canon, j'appuyai le doigt sur la gâchette : il tomba raide mort. Fango, remis de son bain un peu forcé, m'aida à amener *vieil homme* sur la plage, et ce ne fut pas sans peine.

(*Le Tour du Monde*, 1860.)

Casoar.

Le plus grand et le plus curieux des oiseaux australiens est le *casoar*, ou *émou*, qui est presque aussi gros que l'autruche africaine, mais est monté sur des pattes plus courtes et plus robustes.

Partout où il y a de l'herbe et de l'eau, on entend, au lever et au coucher du soleil, le cri guttural de l'émou, qui rappelle le bruit du tambour. Dans les parties vierges du continent, il aime à paître sur les vastes plaines ou les collines basaltiques*; mais dans les lieux fréquentés par les troupeaux de bœufs ou de moutons, les individus en petit nombre qui ont survécu à cette aurore de la civilisation, cherchant les abris des taillis ou des forêts, prennent leur nourriture dans les ravins et les vallées étroites, donnant toujours la préférence à la végétation luxuriante des terrains où ont campé les moutons.

Comme le chameau, l'émou peut avaler une grande quantité de liquide, et, par une température moyenne, vivre plusieurs jours sans renouveler sa provision. Même par les fortes chaleurs de l'été, j'en ai rencontré dans les lieux éloignés de l'eau à des distances de 15 et 20 milles. Quand il veut boire, il s'arrête sur la rive pendant quelque temps, et regarde avec le plus grand soin s'il n'y a pas d'ennemis; tout à coup il se précipite vers l'eau, en prend une bonne provision, remonte avec promptitude, et s'il ne voit aucun danger, il se retire tranquillement.

Je vais signaler quelques traits caractéristiques des mœurs de cet oiseau. J'eus un jour un merveilleux exemple de son courage maternel. Dans les plaines du bas Galburn, j'aperçus un vieil oiseau entouré d'nne demi-douzaine de petits qui avaient à peine atteint la moitié de leur croissance; j'eus le désir de m'emparer de l'un d'eux. Je les avais approchés à peine d'un mille sans qu'ils m'eussent aperçu; mais dès qu'ils me virent, ils prirent la fuite en très bon ordre, le vieux formant l'arrière-garde.

J'avais avec moi un grand lévrier pour la chasse au kangurou; il devança un peu mon cheval pour s'élancer sur un des jeunes. A ce moment, la mère se retourne vers le chien comme il saisissait un petit, et lui fait lâcher prise. Le chien revient à la charge et s'empare encore du petit; le vieil émou saute sur son dos, le jette à terre et le frappe de ses pattes. Sur ces entrefaites j'arrive, et je mets en fuite les émous. Quand une troisième fois le chien eut pris un des petits, le vieil émou se ruait de nouveau vers lui; ma présence l'arrêta. Bel et puissant animal, reconnu comme un rude jouteur, mon lévrier avait été complètement battu par le vieil émou.

Voici un exemple du singulier effet produit sur l'émou par une subite alarme. Un jour je parcourais à cheval les plaines de Morton dans le Himmera, accompagné de trois jeunes chiens de kangurous, qui m'avaient déjà fait tuer beaucoup de dingos, chiens sauvages d'Aus tralie, mais qui n'avaient jamais chassé l'émou. Tout à coup ils me quittent, s'élancent dans un petit fourré d'acacias, et commencent à aboyer, signe certain qu'ils avaient devant eux un ennemi qu'ils n'osaient pas attaquer. Je pique mon cheval et me trouve en présence d'un gros émou évidemment très effrayé. Son corps et son long cou formaient une ligne presque verticale, et ses plumes étaient hérissées à angle droit A cet aspect si extraordinaire, mon cheval effrayé recula. L'émou s'enfuit dans la plaine, mais tellement désorienté par l'aboiement des chiens, qu'il ne put trouver sa route. Pendant un temps considérable, il tourna en rond au milieu de la meute, aussi épouvantée que lui, sans qu'il me fût possible de faire avancer mon jeune cheval à une distance moindre de cinquante yards. A le fin, un de mes chiens sauta au cou de l'émou et le terrassa.

Une autre fois, je traversais les mêmes plaines avee un nègre qui devait me montrer le lac Marlbci; j'avais déjà eu l'occasion de me convaincre que l'émou, comme le lièvre, voit très imparfaitement les objets qu'il a devant lui et que souvent il prend un cavalier monté pour un autre émou.

Comme nous avancions doucement, nous en aperçûmes trois à une si grande distance, que c'était à peine si nous pouvions les distinguer. Tout à coup l'un d'eux se dirige vers nous à toute vitesse. Je m'imagine tout de suite qu'il s'est trompé, et nous prend pour d'autres émous. Pour ne pas le désabuser, nous tournons nos chevaux la tête en avant et demeurons immobiles; dès que sa marche rapide l'a assez rapproché de nous, le nègre me dit : C'est une vieille femelle. Quand elle fut à quinze pas de nous, elle s'arrêta court, tourna sa tête de côté, vit son erreur, et s'enfuit, poursuivie par les chiens.

Pendant le premier mille, elle sembla les gagner de vitesse, mais avant le deuxième les chiens s'en étaient rendus maîtres.

Quand j'arrivai, je trouvai celui de mes chiens qui était le plus rapide, blessé à la tête et par tout le corps, laissant voir à nu sa trachée-artère. Il avait dû recevoir cette blessure au moment où il avait sauté au cou de l'émou pour l'abattre. Le nègre, nous ayant rejoints, fut dans le ravissement de la perspective du riche festin qu'il avait devant lui. Il dépeça les deux cuisses de l'oiseau, ainsi que l'estomac, qui renfermait de l'oseille et deux morceaux de minerai de fer de la grosseur et de la forme des œufs de poule.

(RAMEL, *Société d'acclimatation*, 1862.)

NOUVELLE-ZÉLANDE ET AUCKLAND

La Nouvelle-Zélande ne possède, comme les autres îles de l'Océanie, sauf l'Australie et les grandes îles de la Sonde, que des chauves-souris et quelques autres mammifères.

On y trouve un oiseau fort curieux, qui n'a pas d'ailes et qui ressemble à un tout petit casoar. Les *Maoris* (indigènes de ces îles) l'appellent *kiwi* et les naturalistes *aptéryx* (sans ailes).

Mais il y a quelques siècles à peine existait encore dans l'île un énorme oiseau, le *dinornis*, beaucoup plus gros que l'autruche, et qui ne pouvait être comparé qu'à l'*épyornis* de Madagascar, détruit vers le même temps.

Aptéryx et Moa.

Les espèces vivantes de ces forêts sont en petit nombre : les plus remarquables appartiennent à la classe des oiseaux, et, parmi ceux-ci, à des espèces tout à fait inconnues ailleurs.

Quand, en 1812, la première dépouille d'un kiwi zélandais fut apportée en Angleterre, on ne savait comment classer cet étrange animal. Représentez-vous un oiseau à peine plus grand qu'une poule, sans ailes et sans queue, avec quatre orteils au pied, un long bec de bécasse, et le corps couvert de longues plumes blanches, fines comme des cheveux. Des exemplaires du nouvel oiseau arrivèrent successivement en Europe et furent payés de deux à trois cents francs : on supposait que l'espèce était presque détruite. Récemment néanmoins, on a prouvé que c'est seulement dans le voisinage de la demeure des hommes qu'elle a entièrement disparu, mais qu'elle se trouve encore aujourd'hui en grand nombre dans les forêts des contrées montagneuses inaccessibles, quoiqu'elle s'éteigne rapidement devant les envahissements de l'homme. Les différentes variétés de cet oiseau ont complètement disparu des lieux occupés par l'homme. Dieffenbach raconte que, pendant un séjour de dix-huit mois dans la Nouvelle-Zélande, il ne put se procurer qu'un seul de ces oiseaux, malgré les récompenses qu'il promettait partout aux indigènes. A ma connaissance, jusqu'à présent, on n'a réussi à introduire vivant en Europe qu'un seul aptéryx : c'est une femelle, qui depuis 1852 se trouve dans le jardin zoologique de Londres. On la nourrit de mouton et de vers.

Ce sont des oiseaux nocturnes qui, le jour, se cachent dans des trous, de préférence au milieu des racines des grands arbres des forêts, et ne sortent que la nuit pour chercher leur nourriture, composée d'insectes, de larves, de vers et de différentes semences. Ils vivent par couples ; la femelle ne pond qu'un œuf, qui, d'après le dire des indigènes, est alternativement couvé par le père et la mère. Le mâle est plus grand et a le bec plus long. Ces oiseaux peuvent courir avec une extrême rapidité ; une femelle que j'avais eue quelques jours dans ma chambre, sautait facilement sur des objets élevés de deux à trois pieds.

Les chats et les chiens sont, après l'homme, les ennemis les plus dangereux de ces oiseaux. Les indigènes savent, en imitant son cri pendant la nuit, l'attirer vers eux, puis, lui montrant tout à coup de la lumière, ils l'éblouissent à tel point qu'ils peuvent ou le prendre avec la main, ou le frapper à l'aide d'un bâton. Les chiens sont employés à la chasse du kiwi ; et l'on comprend ainsi comment cet oiseau ne se trouve plus depuis longtemps dans les contrées habitées.

Le kiwi n'est cependant que le dernier et faible représentant des aptéryx qui peuplaient autrefois la Nouvelle-Zélande. Les indigènes désignent par l'appellation de *moa* une espèce d'oiseau que nous ne connaissons que par des débris de squelettes, une espèce de véritables oiseaux géants. Les missionnaires avaient recueilli depuis longtemps de la bouche des indigènes des récits et des traditions sur ces gigantesques moas, contre lesquels les ancêtres des Maoris modernes ont dû combattre à leur arrivée dans l'île. Les naturels montrent encore, sur les rives du Rotorua, l'endroit où leurs pères ont tué le dernier moa, et, pour confirmer la vérité de leurs récits, ils présentent comme les restes de ces oiseaux monstrueux de grands squelettes qu'ils ont trouvés dispersés dans les alluvions du fleuve, sur les côtes de la mer, dans les marais.

Ces ossements appartiennent à quatre espèces rapprochées, mais différentes de taille. Quatre mètres étaient la hauteur moyenne des plus grands moas. Comme tous les oiseaux du genre Autruche, ils étaient incapables de voler, et, à l'opposé de toute la gent emplumée, avaient les fémurs* et les tibias* remplis de moelle au lieu d'air. Un de leurs œufs, trouvé dernièrement dans un tombeau de chef, mesurait neuf pouces de diamètre, vingt-sept de circonférence et douze en longueur.

Il n'est pas étonnant que cette espèce soit détruite. Les faits historiques prouvent surabondamment que l'homme a fait entièrement disparaître de la surface de la terre des familles d'animaux, et que ce sont précisément les plus grands qui succombent les premiers. Si l'on excepte les animaux domestiques, qui, par leur dépendance absolue envers l'homme, sauvent leur existence, on peut même dire que tous les grands animaux seront anéantis ou détruits.

Reportons-nous par la pensée au temps où la Nouvelle-Zélande n'avait encore été foulée par aucun pied humain. Les oiseaux géants étaient alors les seuls grands habitants de cette île, car on ne connaît d'autre mammifère indigène qu'une petite souris. Les innombrables moas de la Nouvelle-Zélande offrirent aux premiers immigrants la nourriture nécessaire pour se développer et former une nation qui comptait des centaines de milliers d'hommes, ressource indispensable dans une contrée qui ne fournissait d'autre aliment végétal que des racines de fougères.

Dinornis.

Les traditions des indigènes viennent aussi confirmer cette hypothèse. Ngahue, d'après la légende, découvreur de la Nouvelle-Zélande, décrit le pays comme habité par des oiseaux monstrueux. On conserve des poésies dans lesquelles le père apprend à son fils comment il doit combattre le moa et le mettre à mort. On y trouve décrits les repas qui avaient lieu après une chasse fructueuse. On a trouvé des collines tout entières pleines des squelettes de ces animaux, qui provenaient des débris de leurs festins. On mangeait la chair et les œufs, les plumes servaient à orner les armes, les crânes tenaient lieu de boîtes dans lesquelles on conservait les poudres colorantes; avec les os on fabriquait des hameçons, et les œufs gigantesques étaient placés dans les tombeaux comme viatique pour le long voyage que les morts commençaient dans les enfers.

Ces grands oiseaux ont été ainsi dans les temps primitifs le principal gibier des indigènes, et tout porte à croire qu'ils furent complètement anéantis dans l'espace de quelques siècles.

(DE HOCHSTETTER, *Voyage à la Nouvelle-Zélande.*)

Phoque.

Sur toutes les côtes du sud de ces grandes îles arrivent abondamment pendant l'hiver austral les cétacés et les phoques.

J'emprunte au récit de naufragés sur les Auckland quelques épisodes intéressants sur la vie du grand phoque ou lion de mer.

Mes compagnons venaient de s'endormir, et j'essayais d'en faire autant, quand des bruits étranges attirèrent mon attention. C'était un vacarme d'herbes froissées, d'haleines ronflantes, de toux rauques qui s'élevait de tous côtés, et que dominait par moments un rugissement plus sonore. Nous étions entourés de lions de mer, qui, après avoir nagé tout le jour dans les eaux de la baie, venaient se réfugier pour la nuit dans les herbages du fourré.

Tout à coup le tapage augmenta, au point que mes camarades, réveillés en sursaut, se levèrent et s'élancèrent hors de la tente, Alick armé de la hache, les autres de gros bâtons. Je les suivis.

Il faisait encore assez clair. Nous aperçûmes deux lions de mer qui se battaient avec acharnement.

Ils étaient énormes; ils avaient bien deux mètres de tour à l'endroit des épaules. Dressés l'un contre l'autre, la crinière hérissée, les yeux ardents, les naseaux gonflés, les babines relevées, ces monstres ouvraient leur gueule, surmontée de longues moustaches raides, et montraient de formidables canines. A chaque instant, ils se jetaient l'un sur l'autre et se mordaient, s'enlevant de longs lambeaux de chair ou se faisant des entailles, d'où le sang coulait à flots.

Pour mettre fin à la bataille, dont le bruit nous eût empêchés de dormir, George et Harry eurent l'idée d'aller chercher des tisons enflammés et de les jeter au milieu des combattants. Effrayés, les deux phoques se séparèrent et s'enfuirent dans le fourré.

La nuit se passa paisiblement, sans autre incommodité que la dureté et l'humidité de notre couche, d'où nous nous levâmes le lendemain matin plus fatigués, plus courbaturés que la veille. Tout autour de la tente, nous vîmes les traces des lions de mer; quelques-unes étaient encore chaudes, mais les amphibies avaient disparu, ils étaient retournés à la mer.

Cependant un léger bruit dans les herbes nous dénonça la présence d'un retardataire. Désireux de goûter à la chair de ces animaux, — qui allaient avant peu devenir notre unique nourriture, — mes camarades se mirent à sa poursuite. Ils perdirent plusieurs fois sa piste; tandis qu'ils s'embarrassaient dans les broussailles ou escaladaient les troncs d'arbres, l'animal glissait dessous et gagnait du terrain. Ce manège dura longtemps. Enfin des cris de victoire retentirent, et bientôt après je vis revenir les chasseurs, portant chacun sur leur dos une partie de la bête. Leurs habits étaient déchirés, tout mouillés; ils avaient dû, pour éviter le fourré, tantôt grimper sur les rochers, tout chargés qu'ils étaient, tantôt marcher dans la mer, au pied des falaises à pic.

Malgré leur fatigue, Musgrave, George et Alick voulurent profiter de la marée basse pour aller à bord du navire chercher les objets que nous n'avions pu prendre et qui étaient restés sur le pont. Pendant leur absence, nous nous occupâmes, Harry et moi, de faire sécher au grand air nos provisions et les planches qui nous servaient de lits, de mettre de l'ordre dans la tente, puis de faire cuire un des morceaux de phoque : nous le suspendîmes avec une corde à une branche d'arbre devant un grand feu, et je faisais tourner le rôti en le touchant de temps en temps avec une gaulette.

Vers midi, quand nos camarades revinrent, il était cuit à point, et nous l'attaquâmes bravement. Cette chair noire, grossière, huileuse, qui flattait aussi peu l'odorat que le goût, nous parut un pauvre régal. Mais il fallait nous y accoutumer; si cette viande qui provenait d'un jeune animal nous répugnait, que serait-ce quand nous serions contraints de manger celle des vieux? Car il était probable que nous ne serions pas toujours à même de choisir notre gibier.

. . . .

Arrivés à l'extrémité de l'île, nous aperçûmes un grand nombre de phoques. Les jeunes jouaient entre eux, auprès de leurs mères. Au milieu du groupe un vieux mâle, qui semblait le monarque de ces lieux, se prélassait, regardant avec calme cette jeunesse folâtre qui s'ébattait autour de lui. Il avait l'air d'un vénérable patriarche prenant plaisir aux jeux de ses petits-enfants. Quand il ouvrait son énorme gueule pour bâiller, il montrait ses mâchoires presque entièrement dépourvues de dents. Son regard était d'une douceur singulière. Evidemment il était d'une extrême vieillesse. Nous lui donnâmes le nom de *Royal-Tom*.

Mais bientôt le vieux lion découvrit notre présence. Il poussa un grondement sonore et prolongé qui répandit l'alarme parmi toute la troupe. Alors nous fîmes une soudaine irruption au milieu des jeunes, et nous frappâmes avec nos bâtons les moins agiles. Il en resta sept sur place; nous nous hâtâmes de les entraîner hors de la vue de leurs compagnons. Musgrave, Alick et moi, après avoir remis nos gourdins à Harry, nous en saisîmes chacun deux, un de chaque main, par les nageoires postérieures; Harry, de sa main restée libre, prit le septième. Nous atteignîmes la plage, sautâmes dans le canot et nous reprîmes la direction d'Epigwait.

Peu d'instants après, nous vîmes les femelles, dont nous entendions les cris navrants, se jeter à la mer, accompagnées du vieux lion, et nager vers nous. Pendant longtemps elles s'acharnèrent à poursuivre le canot qui emportait leur progéniture. L'une d'elles bondissait hors de l'eau comme pour s'élancer dans le canot; nous étions inondés de l'écume qu'elle faisait jaillir en retombant.

Craignant qu'elle ne réussît à sauter dans l'embarcation et que son poids ne la fît chavirer, je pris mon fusil et tirai sur elle presque à bout pourtant. La détonation effraya les phoques; toute la bande rebroussa chemin et renonça à nous poursuivre.

. . . .

Le lendemain, nous fîmes une seconde visite à l'île Huit pour renouveler nos provisions.

Nous trouvâmes Royal-Tom entouré, comme la première fois, de plusieurs femelles et d'un grand nombre de jeunes. Le vieux monarque, nous montrant ses dents usées, vint nous provoquer au combat; mais, ne voulant pas lui ôter la vie, nous l'évitâmes pour tomber sur les jeunes. Nous en tuâmes onze. Un incident assez grotesque égaya notre chasse. Tandis que nous traînions nos victimes vers la mer, poursuivis de près par le vieux lion et ses femelles, George, qui était chargé d'un lourd fardeau, se trouva tout à coup, dans un étroit défilé face à face avec une grosse lionne. Par un mouvement instinctif, il lâcha sa proie, saisit une branche qui s'étendait au-dessus de sa tête et d'un bond l'enfourcha, tout juste assez tôt pour éviter la morsure de la bête. Mais celle-ci, qui tenait à sa vengeance, s'installa tranquillement sous la branche, la tête haute, les yeux braqués sur son ennemi. Plusieurs minutes s'écoulèrent ainsi, l'homme et le phoque s'observant mutuellement, dans une immobilité complète. Je ne sais quand le pauvre George aurait pu descendre de son perchoir si je n'étais arrivé avec mon fusil et n'avais logé une balle dans la tête de l'animal.

Nous voici donc encore en possession d'une ample provision de chair de phoque; mais que cette nourriture, exclusivement animale, nous lasse et nous répugne ! Que ne donnerions-nous pas pour avoir quelques légumes, ne serait-ce que les pelures de pommes de terre que, pendant la traversée, nous jetions par-dessus le bord!

Nous avons déjà essayé à plusieurs reprises de nous nourrir des racines qui croissent dans l'île, mais aucune ne nous a paru mangeable.

. . . .

En voyant un si grand nombre de ces animaux, qui depuis quelque temps étaient devenus rares, nous éprouvâmes une grande joie ; mais hélas ! cette joie ne fut pas de longue durée. Ces amphibies, — il nous fut bientôt facile de le comprendre, — se rassemblaient pour abandonner la baie. Nous vîmes les diverses phalanges se réunir en une seule et prendre la direction de l'entrée principale du port. Les lions de mer émigraient! On comprendra notre consternation. C'était notre pain quotidien qui s'en allait.

Vite, d'un commun élan, nous courons vers le rivage, nous lançons le canot et nous gagnons l'île Huit, dans l'espoir d'y trouver quelques retardataires, car notre provision de viande fraîche était presque épuisée. Mais nos recherches sont inutiles; la plage est déserte ; Royal-Tom lui-même n'y est pas ; lui aussi, il a probablement quitté

Massacre de phoques.

son domaine favori. Il nous faut retourner à Épigwait les mains vides.

Nous étions tristes, abattus. Nous avions la disette, la misère en perspective.

Il fallut dès lors nous mettre à la ration, car nous étions obligés d'entamer les quelques morceaux de salé que nous avions suspendus aux chevrons de la chaumière. Le sel et la fumée avaient bien conservé cette viande, mais l'huile qu'elle contenait était devenue rance et lui donnait un goût de poisson gâté qui la rendait malsaine. Nous n'avions pas le choix, nous continuâmes à en faire usage, bien que notre santé en souffrît, ce qui nous inspira les plus vives inquiétudes pour l'avenir.

Plus que jamais nous tâchions d'y ajouter des moules, du poisson et quelques cormorans, tués à coups de fusil sur les rochers, mais le temps ne nous permettait que rarement d'aller à la pêche; et quant aux oiseaux, nous n'en tirions qu'à la dernière extrémité, pour ménager le plus possible le peu de munitions qui nous restait. Notre situation était bien misérable.

Il fait très froid, le thermomètre marque deux degrés au-dessous du zéro. Depuis huit jours, nous avons un mauvais temps presque continuel. Les pluies ont fait fondre la neige, excepté sur les hauteurs, où la gelée en la solidifiant a ajouté une nouvelle couche aux glaciers qui couronnent les pics.

Le ciel s'est enfin éclairci. Le soleil se montre par moments; sa lumière est bien pâle; cependant, quand elle brille, tous les glaciers jettent des milliers d'étincelles; on dirait des diadèmes de diamants.

Tous ces jours-ci, nous avons vécu d'un peu de phoque. Nous sommes faibles et malades.

Aujourd'hui, le vent s'étant apaisé, nous avons mis le canot à la mer pour aller voir si, dans le bras de l'ouest, nous ne trouvons pas quelque lion de mer.

La baie, que naguère nous ne traversions jamais sans apercevoir plusieurs de ces animaux, est maintenant déserte. Nous ramions lentement, car nous n'avions pas beaucoup de forces; enfin nous sommes arrivés à l'entrée du bras. Nous nous sommes arrêtés un moment à l'île Masquée pour reprendre haleine et nous reposer un peu.

Tandis qu'Alick attachait le canot à une pointe de rocher, Musgrave avait l'air de prêter l'oreille et d'entendre quelque chose. En effet, un sourd grognement retentit au-dessus de nous.

Saisissant nos armes, fusil et bâtons, nous sautons lestement à terre, et, après avoir fait quelques pas, nous nous trouvons en présence de trois phoques. L'un d'eux est notre ancienne connaissance, sa majesté Royal-Tom, que nous croyions parti; les deux autres sont des femelles, ses épouses sans doute, aussi vieilles que lui.

Ainsi Royal-Tom n'a pu se décider à abandonner ces lieux qui lui sont familiers, ou bien il ne s'est pas senti la force de suivre la bande des émigrants. Il aura abdiqué son pouvoir en faveur de quelque jeune lionceau, son descendant, qui a conduit son peuple en des régions plus propices, hors des atteintes de l'homme, l'ennemi de sa race, le meurtrier de ses enfants. Quant à lui, il achèvera ses jours ici, où il a vécu, où il a régné si longtemps.

Le vieux monarque nous reconnaît, il laisse en arrière ses deux compagnes et s'avance à notre rencontre, en poussant comme à l'ordinaire son rugissement de défi. Il nous en coûte de tuer ces pauvres animaux, et surtout le vieux lion, que nous avions toujours respecté; mais le besoin nous presse, la famine nous menace, il n'y a pas à reculer. Quelques instants après, les trois bêtes sont étendues sans vie au fond de notre embarcation.

(RAYNAL, *Les Naufragés des Auckland.*)

VOCABULAIRE
DES MOTS TECHNIQUES

Abajoue. Poche formée par la distension des joues chez les singes, divers rongeurs et d'autres animaux.

Accalmie. Terme de marine. Retour du calme, ou intervalle de calme pendant une tempête.

Accipitres. Mot latin françisé ; synonyme d'oiseaux de proie.

Accoster. Terme de marine. Se ranger à la côte ou le long d'un navire.

Aileron. Bout de l'aile. Se dit aussi des nageoires des cétacés.

Ajoupa. Hutte de branches et de feuillages.

Amarré. Terme de marine. Attaché avec une corde, une chaîne, etc.

Amazones. Héroïnes fabuleuses de l'antiquité. Se dit de femmes guerrières.

Amphibie. Signifie littéralement : qui a double vie. Se dit des animaux qui paraissent vivre indifféremment dans l'air et dans l'eau : en ce sens, il n'y a pas d'animaux véritablement amphibies. Se dit aussi des animaux qui, comme les grenouilles, vivent dans l'eau pendant une période de leur vie (têtard) et dans l'air pendant l'autre.

Amphipodes. Nom qui désigne tout un groupe de petits crustacés.

Amulette. Objet qu'on porte sur soi par superstition en lui attribuant le pouvoir de préserver du mal ou d'amener du bien.

Ananas. Fruit délicieux produit par une plante des pays chauds. On le cultive dans les serres.

Andouiller. Petite corne qui pousse sur le bois des cerfs. Tous les ans, à chaque chute du bois, il en vient un de plus, jusqu'à ce que chaque bois ait cinq pointes : le cerf est alors dit *dix cors*.

Angle facial. Angle fait par deux lignes qui se croisent à la base des dents médianes de la mâchoire supérieure et dont l'une passe par le trou de l'oreille, tandis que l'autre s'appuie sur le front. L'angle facial est beaucoup plus ouvert chez l'homme que chez aucun animal, et chez l'homme blanc plus que chez le nègre.

Anse. Petit golfe de forme arrondie et peu profond.

Antidote. Mot qui veut dire donné contre : Contre-poison.

Apathie. Lenteur à sentir et à agir.

Apophyse. Saillie des os.

Araser. Mettre de niveau, détruire jusqu'au sol. Ou encore, passer tout près d'un obstacle.

Arc-bouté. Placé en forme d'arc-boutant, c'est-à-dire de demi-arc servant à soutenir un mur.

Armide. Personnage d'un poème du Tasse : *la Jérusalem délivrée*. Le Tasse est un célèbre poète italien qui vivait au seizième siècle.

Assagayes, Sagaies, Zagaies. Armes de sauvages. Sortes de javelots qu'ils lancent à la main.

A toc d'aviron. Terme de marine. Marcher aussi rapidement qu'on peut à l'aviron.

Aviron. Rame.

Bâbord. Côté gauche d'un navire quand on est dessus et qu'on regarde l'avant.

Babouin. Singe africain du genre des *cynocéphales*, c'est-à-dire des singes à tête de chien.

Bananiers. Plantes des pays chauds, qui ont de magnifiques feuilles, et portent des fruits bons à manger.

Bandoulier. Brigand qui vole sur les grands chemins.

Bardes. Anciens poètes gaulois Se dit, par extension, des poètes de peuples peu civilisés.

Barre. Terme de marine. Obstacle produit par des dépots de sable ou de caillous à l'entrée de certains fleuves.

Barye. Célèbre sculpteur contemporain.

Basaltique. Formé de basalte, sortes de roches dures rejetées par d'anciens volcans.

Basse-taille. Voix d'homme très basse.

Bauhinias. Plantes de la famille des Légumineuses.

Bayadère. Danseuse indienne.

Bétel. Mélange de plantes que l'on mâche dans les pays tropicaux d'Orient.

Bivac ou **Bivouac**. Lieu où stationne une troupe armée en campagne.

Bivalve. Qui a deux valves. Se dit des mollusques, comme l'huître, la moule, etc.

Blindage. Revêtement métallique formant cuirasse autour de navires ou de forts.

Blockhaus. Petit bâtiment disposé de manière à permettre une défense facile.

Boisseau. Ancienne mesure de capacité pour les grains. Valait environ un huitième d'hectolitre.

Bossoirs. Terme de marine. Pièces de bois situées à l'avant du navire, où sont suspendues les ancres.

Boucaner. Faire sécher à la fumée de la viande ou du poisson.

Bouée. Terme de mar. Corps flottant qui sert à marquer un passage, à attacher des bateaux, etc.

Branle-bas. Terme de marine. Mettre à bas les *branles* ou hamacs pour se préparer au combat.

Brasse. Mesure de cinq pieds, employée pour estimer la profondeur de l'eau.

Bredouille. Revenir bredouille signifie revenir de la chasse sans avoir rien tué.

Brise. Vent peu violent.

Bubale. Grande antilope africaine.

Bungalow. Nom donné dans l'Inde aux habitations européennes.

Bush. Mot anglais qui veut dire buisson, fourré.

Cabalistique. Qui appartient à la *Cabale*, science prétendue pour commercer avec les prétendus êtres surnaturels.

Calebasse. Fruit qui, vidé et séché, peut servir à contenir des liquides.

Calleux. Qui a des callosités, c'est-à-dire des épaississements de la peau.

Camargue. Delta formé par les deux principales branches du Rhône.

Caméléopard. Vieux nom de la girafe. Veut dire exactement chameau-léopard.

Canaliculé. Percé de petits canaux.

Canoa. Mot espagnol qui veut dire canot.

Carapace. Enveloppe dure des crustacés, des tortues, etc.

Carnivore. Nom donné aux animaux qui mangent de la viande.

Caroncules. Excroissances charnues, comme celles qui ornent la tête du dindon, du coq, etc.

Caroubier. Arbre de la famille des Legumineuses, qui croît en Orient, et dans le sud de l'Europe. Ses fruits sont comestibles.

Case. Maisonnette bâtie par les nègres.

Caudale. De la queue. Nageoire caudale, plumes caudales, etc.

Cépée. Touffe de bois taillis sortant d'un même pied.

Cétacés. Mammifères marins qui n'ont que des membres antérieurs.

Chambranle. Bordure ou encadrement d'une porte, d'une cheminée, etc.

Chanterelle. Nom donné à la femelle de perdrix qu'on fait *chanter* en cage pour attirer d'autres perdrix.

Cheik. Chef d'une fraction de tribu arabe.

Chéloniens. Nom scientifique des tortues.

Chenal. Passage où peuvent s'engager les bateaux dans une rivière, un lac, ou une basse mer.

Chikaris. Chasseurs indigènes dans l'Inde.

Chromatique. Qui a rapport aux couleurs (en grec *chrôma*). Se dit aussi, pour des raisons peu connues, de certaines dispositions musicales.

Cicindèle. Insecte carnassier très agile de l'ordre des Coléoptères.

Clapotis. Bruit qui résulte du mouvement vif et rapide des vagues.

Conferves. Algues d'eau douce.

Congénères. Qui appartient au même genre.

Conserve (de). Terme de marine. Se dit de navires qui font route ensemble.

Convolvulus. Plantes grimpantes de la famille du liseron.

Cornac. Conducteur d'un éléphant.

Couagga. Espèce de cheval rayé voisine du zèbre.

Coulées basaltiques. Masses

de basaltes qui ont coulé sur le sol en sortant de terre, et se sont refroidies en présentant des aspects plus ou moins bizarres.

Couler. Terme de marine. Se dit d'un bateau qui s'enfonce sous l'eau.

Coulies. Émigrants indiens ou chinois qui vont travailler en diverses régions.

Crépusculaire. Qui vient au moment du crépuscule, c.-à-d. un peu après le coucher du soleil.

Crique. Petite baie ou anse.

Crustacés. Classe d'articulés presque tous aquatiques (homard, écrevisse, crabe, crevette, cloporte, etc.).

Débarcadère. Endroit d'une côte ou d'un quai qu'on peut accoster pour y débarquer.

Débouquer. Terme de marine. Sortir d'un canal (comme d'une bouche).

Débucher. Terme de chasse. Sortir d'un buisson.

Décapode. Qui a dix pieds. Les écrevisses, les crabes, sont des crustacés décapodes.

Dérive. Aller à la dérive, être entraîné hors de sa route.

Détourner. Terme de chasse. Tourner autour d'un gibier pour s'assurer de la place qu'il occupe.

Diapason. Tige d'acier recourbée qui donne une note déterminée.

Dol. Tromperie, fraude.

Dolce far-niente. Littéralement : *doux faire-rien*, douce oisiveté.

Domesticité. État d'une espèce animale complètement soumise à l'homme.

Douar. Mot arabe : agglomération de tentes ou de huttes.

Douille. Partie creuse d'un instrument destiné à retenir un manche.

Échouer. Se dit d'un bateau qui touche un écueil et ne peut plus flotter.

Écoutille. Ouverture qui sur un navire fait communiquer deux étages.

Embraquer. Terme de marine. Raidir.

Empaumure. Le haut du bois du cerf, qui s'élargit comme la *paume* de la main.

Encenser. Se dit d'un cheval qui secoue la tête de haut en bas, comme un *encensoir*.

Envergure. Longueur comprise entre les bouts des deux ailes écartées d'un oiseau.

Escarre. Partie du corps mortifiée par le feu, par la gangrène, etc.

Estacade. Ensemble de grosses pièces de bois destinées à former un pont, un chenal, etc.

Ethnologue. Personne qui s'occupe d'ethnologie, c'est-à-dire de l'étude comparée des peuples.

Évents. Trous situés au sommet de la tête des cétacés et de certains poissons.

Faisandé. Se dit d'une viande qui commence à se gâter, et est dans l'état où les gourmets aiment à manger le faisan.

Faune. Ensemble des animaux d'une contrée.

Félin. Qui tient du chat (en latin *felis*).

Fémur. Os de la cuisse.

Ferlées (voiles). Terme de marine. Voiles pliées et attachées le long de la vergue.

Fiord. Mot norvégien qui désigne un golfe étroit et profond.

Forcer. Forcer un animal, c'est le

prendre par fatigue à la course.

Gaffe. Perche avec pointe ou croc de fer qui sert à pêcher ou à conduire un bateau.

Gaillard. Terme de marine. Partie du pont d'un navire situé à l'avant (gaillard d'avant) et à l'arrière (gaillard d'arrière).

Gamme. Les sept notes principales de la musique disposées selon leur ordre naturel.

Garrot. Partie du corps d'un cheval située au haut du cou et des épaules.

Gastronomie. L'art de faire bonne chère.

Gauchos. Population de l'Amérique du Sud.

Gaur. Bison de l'Inde.

Glotte. Ouverture du larynx, entre les deux cordes vocales.

Gnou. Espèce de grande antilope de l'Afrique du sud.

God save the Queen. Littéralement : Dieu sauve la reine. Début du chant national des Anglais.

Goldmountains. Littéralement montagnes d'or. Montagnes de l'Amérique du Nord.

Grain. Nuage qui précède l'orage et amène une pluie violente.

Graminée. Famille végétale importante. Les céréales et beaucoup d'herbes sont des graminées.

Grizzly-bear. Littéralement : gris-ours. Grand ours de l'Amérique du Nord.

Guano. Engrais formé par les déjections d'oiseaux de mer. On le trouve dans quelques îles sur la côte du Pérou.

Haler. Tirer sur une corde ou une chaîne.

Hallali. Terme de chasse. Cri annonçant que la bête est prise.

Hallier. Buisson.

Haodah. Siège qui se place sur le dos de l'éléphant.

Hauban. Terme de marine. Cordages attachant les mâts.

Houdi. Affût fortifié pour la chasse au tigre.

Houka. Pipe turque ou persane,

Housse. Couverture fixée sous ou sur la selle.

Humérus. Os du bras.

Hummocks. Blocs faisant saillie sur un champ de neige.

Hyménoptères. Ordre des Insectes, où se trouvent les abeilles, les guêpes, les fourmis, etc.

Insolite. Qui est contraire à l'usage.

Intrus. Celui qui s'introduit quelque part sans en avoir le droit.

Kane. Célèbre voyageur américain.

Lagune. Petit lac, flaque d'eau dans des régions marécageuses, ou communiquant avec la mer.

Laotiens. Populations du Laos, région de l'Indo-Chine.

Lazo. Longue corde terminée par un nœud coulant, dont se servent beaucoup de peuplades pour la chasse ou la guerre.

Lemmings. Mammifères rongeurs qui voyagent en bandes innombrables de Russie en Norvège.

Lianes. Végétaux grimpants qui poussent avec abondance dans les forêts des pays chauds.

Lingots. Métal coulé dans des moules de formes diverses.

Loutre. Mammifère carnivore qui vit de poissons.

Lucullus. Consul romain célèbre par sa richesse et son faste.

Machete. Sorte de couteau-sabre usité dans l'Amérique du Sud.

Maître Queux. Chef des cuisiniers.

Mandarin. Fonctionnaire chinois.

Marais-Pontins. Marais situés dans le voisinage de Rome, et qui sont célèbres surtout par leur insalubrité.

Marégraphe. Instrument destiné à l'observation précise des marées.

Marigot. Lieu marécageux que traverse un petit cours d'eau.

Mascaret. Barre d'eau qui dans de certaines conditions remonte les fleuves et cause des dégâts sur leurs rives.

Mélomane. Qui aime passionnément la musique.

Mille. Mesure de longueur usitée dans divers pays : notre mille marin vaut 1852 mètres; le mille anglais 1609 mètres.

Mimosa. Plantes de la famille des Légumineuses. La sensitive est un mimosa.

Molosse. Espèce de chiens employés par les anciens à la chasse ou à la garde des troupeaux. Se dit aujourd'hui d'un gros chien.

Moustiquaire. Rideau de gaze destiné à protéger contre les *moustiques*, ou *cousins*.

Nager. Terme de marine. Ramer.

Néophyte (nouveau-né). Nom donné par l'Église aux nouveaux catholiques.

Nordenskiold. Célèbre voyageur suédois contemporain.

Œsophage. Tube qui conduit les aliments de la bouche à l'estomac.

Onguiculé. Qui a de petits ongles.

Oryx. Espèce de grande antilope africaine.

Outarde. Oiseau de l'ordre des Échassiers.

Pachyderme (peau épaisse). Mammifères comprenant les rhinocéros, les sangliers, les hippopotames, les tapirs, etc.

Pagaie. Rame dont on se sert dans les mers orientales.

Pampas. Plaine déserte de l'Amérique du Sud.

Panique. Terreur subite et sans fondement.

Paraphernalia. Biens particuliers de la femme mariée, dont l'administration et la jouissance lui sont laissées.

Paravent. Meuble composé de châssis mobiles, dont on se sert pour se garantir du vent dans une chambre.

Paroxysme. La plus forte intensité d'un accès de douleur, de colère, etc.

Pâtis. Lande ou friche, où l'on fait paître les bestiaux. D'anciens pâtis sont devenus dans beaucoup de pays des places publiques, des champs de foire, etc.

Pawniès. Tribu d'Indiens de l'Amérique du Nord.

Pectorales. Les nageoires pectorales sont les nageoires paires antérieures des poissons. Elles correspondent aux bras.

Pemmican. Viande séchée.

Pénitencier. Sorte de prison.

Persée. Personnage mythologique, fils de Jupiter et de Danaé.

Peuls. Peuples qui habitent les vallées du Sénégal.

Pinte. Ancienne mesure pour les liquides. La pinte de Paris valait à peu près le litre.

Pirogue. Embarcation légère, faite généralement d'une seule pièce de bois.

Plantigrade. Qui marche sur la plante des pieds. Se dit des ours et autres mammifères semblables.

Poncho. Couverture qui est un des principaux vêtements des habitants de l'Amérique du Sud.

Poreux. Qui a des pores ou petits trous.

Proboscidien. Qui a une trompe; se dit des éléphants.

Protubérance. Éminence, saillie.

Pseudo. Mot grec qui veut dire mensonge ;se met devant certains mots pour signifier que la qualité qu'ils expriment est fausse.

Putois. Petit mammifère carnivore, destructeur de lapins et de volailles.

Rancho. Habitation ou petite ferme.

Raquette. Instrument aplati et muni d'un manche, qui sert à jouer à la paume ou au volant ; se dit aussi de planchettes qu'on se place sous les pieds pour marcher sur la neige.

Raréfaction. Action de raréfier, de rendre rare, de faire occuper un plus grand volume sans changement de poids : la chaleur raréfie l'air et tous les corps.

Rauquement. Cri rauque, rude, comme enroué.

Réal. Petite monnaie d'argent d'Espagne qui vaut environ 25 centimes.

Reis. Titre de certains officiers ou fonctionnaires turcs. Se dit aussi du patron d'une barque turque.

Rembucher (se). Terme de chasse : rentrer sous bois.

Rémiges. Longues plumes de l'aile des oiseaux.

Remorquer. Prendre à la remorque ; se dit d'un navire qui en tire un autre derrière lui à l'aide d'un câble ou d'une chaîne.

Remous. Retour et refoulement de l'eau derrière un navire en marce ou contre un rochers.

Réquisition. Action de requérir, c'est-à-dire d'exiger. Se dit aussi des choses exigées.

Ressac. Retour tumultueux des vagues sur elles-mêmes après avoir heurté des rochers.

Rotin Arbrisseau à tige grêle dont on fait des cannes.

Roupie. Monnaie indienne : la roupie d'or vaut près de 40 fr.; celle d'argent environ 2 fr. 50.

Sagaie. V. ASSAGAYES.

Satyre. Demi-dieu qui habitait les bois et avait des jambes et des pieds de bouc.

Sauriens. Ordre des Reptiles qui comprend les lézards, les iguanes, les caméléons, etc.

Savanes. Plaines avec prairies.

Scalper. Arracher la peau du crâne : coutume des Indiens de l'Amérique septentrionale.

Scier. Terme de marine. Ramer à l'envers, en arrière.

Seine. Grand filet.

Sérosité. Liquide transparent et incolore qui se trouve dans certaines cavités du corps des animaux.

Serres. Pieds griffus des oiseaux de proie.

Simien. Qui appartient au singe (en latin *simius*).

Sommeil hivernal. Sommeil de certains mammifères (marmotte, loir, hérisson, chauve-souris, etc.) qui dorment pendant toute la saison froide.

Souder. Joindre ensemble des

pièces de métal, soit par la chaleur seule (fer), soit à l'aide d'une matière interposée ou *soudure* (étain et plomb, etc.). Se dit plus généralement d'un accollement de branches d'arbres, etc.

Soupentes. Courroies qui soutiennent une voiture. Chambrette entre deux planchers.

Sowari. Cortège, cavalcade dans l'Inde.

Spatulé. En force de *spatule*, sorte de cuiller aplatie.

Sphinx. Monstre fabuleux. Désigne aussi certains papillons.

Spleen. Veut dire en anglais *rate*. Est employé pour désigner une maladie de tristesse.

Sportsmen. Hommes de *sport*, mot anglais qui désigne tout exercice en plein air.

Squaws. Femmes des Indiens de l'Amérique du Nord.

Sybaritisme. Vie douce et efféminée : à cause de la réputation des habitants de Sybaris, ville de l'Italie méridionale.

Tafia. Eau-de-vie faite avec les déchets de la fabrication du sucre de canne.

Taille-mer. Terme de marine. Pièce de bois placée à l'avant du navire, et qui coupe l'eau.

Tam-tam. Sorte de disque métallique fabriqué par les Chinois, et qui rend, quand on le frappe, un son puissant et mélodieux.

Tantalisé. Mis à l'état de Tantale, personnage fabuleux qui, sans cesse mourant de faim et de soif, cherchait à saisir des fruits qui s'enfuyaient et de l'eau qui lui échappait.

Tardigrade. Qui marche lentement. Se dit de plusieurs espèces d'animaux.

Tête (faire). Terme de chasse. Se dit quand la bête se retourne et résiste aux chiens.

Texture. Entrelacement des parties qui composent un corps.

Tibia. Principal os de la jambe.

Touaregs. Peuplades d'origine berbère qui habitent les montagnes du Sahara.

Tramail. Sorte de filet.

Traquenard. Sorte de piège.

Tribord. Côté droit d'un navire quand on regarde l'avant.

Trille. Terme de musique. Mouvement rapide de deux notes voisines.

Vagissement. Cri des enfants nouveau-nés.

Vampire. Être chimérique qui sort du tombeau pour sucer le sang des vivants. Désigne aussi une sorte de chauve-souris qui suce les animaux endormis.

Veneur. Celui qui est chargé de faire chasser les chiens courants.

Ventriloques. Individus qui modifient le son de leur voix de façon à faire croire qu'elle vient de divers endroits. On croyait jadis qu'ils parlaient avec leur ventre, d'où leur nom.

Ver de Guinée. Sorte de ver très allongé qui se loge sous la peau et y occasionne une tumeur douloureuse.

Verruqueux. Qui est garni de saillies ou tubercules semblables à des verrues.

Verste. Mesure de longueur en Russie, qui vaut un peu plus d'un kilomètre.

Virer. Aller en tournant.

Virus. Principe de transmission des maladies contagieuses.

Visqueux. Se dit d'un liquide épais, poisseux.

Wigwams. Huttes des Indiens de l'Amérique du Nord.

Yard. Mesure de longueur anglaise, qui vaut $0^{m},91$.

Yoloffs. Peuplades nègres de Sénégambie.

TABLE DES MATIÈRES

ASIE

AMÉRIQUE

AUSTRALIE.

NOUVELLE-ZÉLANDE ET AUKLAND.

4888. — IMPRIMERIE A. LAHURE
rue de Fleurus, 9, à Paris.

www.ingramcontent.com/pod-product-compliance
Ingram Content Group UK Ltd.
Pitfield, Milton Keynes, MK11 3LW, UK
UKHW012005240726
13965UKWH00001B/175

9 782013 253864